世界技能大赛 3D 数字游戏艺术项目创新教材

Maya 2023 三维动画建模案例教程

伍福军　张巧玲　李　明　编著

电子工业出版社
Publishing House of Electronics Industry
北京 · BEIJING

内 容 简 介

本书根据作者多年的教学经验，以及对高职高专院校实际情况（强调学生的动手能力）的了解而编写。在编写过程中，编者将 Maya 2023 的基本功能、游戏制作流程、影视动画制作流程融入实例的讲解过程中，使读者边学边练，既能掌握软件功能，又能尽快掌握操作技巧。本书内容包括 Maya 2023 建模基础、制作枪械模型——G56 突击步枪、制作坦克模型、制作动画室内场景模型——书房、制作动画室外场景模型——国学书院、制作影视动画写实人物模型——小乔、制作机器人模型——卡尔、制作游戏角色模型——香草·戴亚·欧尔巴和制作卡通角色模型——莱德。

本书既可作为高职高专院校、中等职业学校、技工院校的影视动画专业和游戏专业的教材，也可以作为三维动画和游戏制作人员与爱好者的参考用书。

图书在版编目（CIP）数据

Maya 2023 三维动画建模案例教程 / 伍福军，张巧玲，李明编著. —北京：电子工业出版社，2022.8
世界技能大赛 3D 数字游戏艺术项目创新教材
ISBN 978-7-121-35445-8

Ⅰ．①M⋯ Ⅱ．①伍⋯ ②张⋯ ③李⋯ Ⅲ．①三维动画软件－中等专业学校－教材 Ⅳ．①TP391.414

中国版本图书馆 CIP 数据核字（2022）第 124002 号

责任编辑：郭穗娟
印　　刷：涿州市般润文化传播有限公司
装　　订：涿州市般润文化传播有限公司
出版发行：电子工业出版社
　　　　　北京市海淀区万寿路 173 信箱　　邮编　100036
开　　本：787×1092　1/16　印张：27　　字数：691.2 千字
版　　次：2022 年 8 月第 1 版
印　　次：2024 年 8 月第 4 次印刷
定　　价：89.00 元

凡所购买电子工业出版社图书有缺损问题，请向购买书店调换。若书店售缺，请与本社发行部联系，联系及邮购电话：（010）88254888，88258888。

质量投诉请发邮件至 zlts@phei.com.cn，盗版侵权举报请发邮件至 dbqq@phei.com.cn。

本书咨询联系方式：（010）88254502，guosj@phei.com.cn。

前　　言

本书是根据编者多年的教学经验编写而成的。全书精心挑选了 33 个经典案例进行详细介绍，并通过这些案例的配套练习来巩固所学内容。本书采用实际操作与理论分析相结合的方法，让学生在案例和专题制作过程中培养设计思维并掌握理论知识，同时，扎实的理论知识又为实际操作奠定了坚实的基础，使学生每做完一个案例就会有所收获，从而提高学生的动手能力与学习兴趣。

编者对本书的编写体系进行了精心设计，按照"案例内容简介→案例效果欣赏→案例制作（步骤）流程→制作目的→制作过程中需要解决的问题→详细操作步骤→拓展训练"这一思路编排，旨在达到以下效果。

（1）通过案例内容简介，使读者在学习本案例之前，对要学习的案例（专题）有一个大致的了解。

（2）通过案例效果欣赏，提高读者学习的积极性和主动性。

（3）通过案例制作（步骤）流程，使读者了解整个案例制作的流程、案例用到的知识点和制作的大致步骤。

（4）通过介绍制作目的，使读者在学习之前明确学习的目的，做到有的放矢。

（5）通过介绍制作过程中需要解决的问题，使读者了解通过本案例的学习需要解决哪些问题，带着问题去学习。

（6）通过介绍详细操作步骤，使读者掌握整个案例的制作过程、制作方法、注意事项和技巧。

（7）通过拓展训练，使读者进一步巩固所学知识，提升对知识的迁移能力。

本书的知识结构如下。

第 1 章 Maya 2023 建模基础，主要通过 4 个案例介绍消防栓模型、古代床弩模型、煤油灯模型和缥岚虎啸兵器模型的制作。

第 2 章制作枪械模型——G56 突击步枪，主要通过 4 个案例介绍枪械模型的中模、低模和高模的制作流程、方法和技巧。

第 3 章制作坦克模型，主要通过 4 个案例介绍坦克模型的中模、低模和高模的制作流程、方法和技巧。

第 4 章制作动画室内场景模型——书房，主要通过 5 个案例全面介绍动画室内场景模型的制作流程、方法和技巧。

第 5 章制作动画室外场景模型——国学书院，主要通过 5 个案例全面介绍动画室外场景模型的制作流程、方法和技巧。

第 6 章制作影视动画写实人物模型——小乔，主要通过 4 个案例介绍影视动画写实人物模型的制作流程、方法和技巧。

第 7 章制作机器人模型——卡尔,主要通过 2 个案例介绍机器人模型的制作流程、方法和技巧。

第 8 章制作游戏角色模型——香草·戴亚·欧尔巴,主要通过 3 个案例介绍游戏角色模型的制作流程、方法和技巧。

第 9 章制作卡通角色模型——莱德,主要通过 2 个案例介绍卡通角色模型的制作流程、方法和技巧。

编者把 Maya 2023 的基本功能和新功能融入案例的讲解过程中,使读者可以边学边练,既能掌握软件功能,又能尽快掌握各种模型的制作流程、方法和技巧。读者通过本书可以随时翻阅、查找所需要效果的制作内容。

广东省岭南工商第一技师学院院长陈公凡和副院长林漫对本书进行了全面审阅和指导,广东省岭南工商第一技师学院张巧玲编写第 1~3 章,广东省技师学院李明编写第 4~6 章,广东省岭南工商第一技师学院伍福军编写第 7~9 章。

对本书中所涉及的相关参考图,仅作为教学范例使用,版权归原作者及制作公司所有,本书编者在此对他们表示真诚的感谢!

由于编者水平有限,本书可能存在疏漏之处,敬请广大读者批评指正!编者联系电子邮箱:763787922@qq.com。

若读者需要本书配套素材、源文件和多媒体教学视频,可联系编者或责任编辑。

编　者

2022 年 3 月

目　　录

第 1 章　Maya 2023 建模基础

知识点:

案例 1　制作消防栓模型
案例 2　制作古代床弩模型
案例 3　制作煤油灯模型
案例 4　制作缥岚虎啸兵器模型

说明:

　　本章主要通过 4 个案例介绍 Maya 2023 建模基础知识，包括多边形建模的方法、基本流程以及技巧。熟练掌握本章内容是深入学习后续章节的基础。

教学建议课时数:

　　一般情况下，需要 16 课时，其中理论学习占 4 课时，实际操作占 12 课时（特殊情况下可做相应调整）。

在本章中，主要通过 5 个案例全面介绍 Maya 2023 的基本操作、相关设置、与建模相关的基本操作、道具模型的制作流程。本章内容是读者顺利学习后续章节的必备知识。

案例 1　制作消防栓模型

一、案例内容简介

本案例主要使用 Maya 2023 中【建模】模块下的相关命令，根据参考图制作消防栓模型。

二、案例效果欣赏

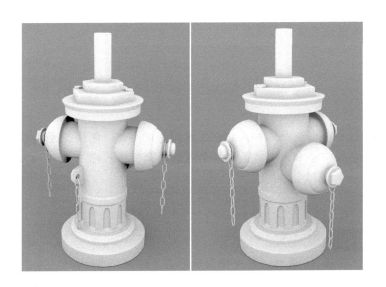

三、案例制作流程（步骤）

任务八：对模型进行卡边处理
任务七：制作消防栓防盗扣模型
任务六：制作链条模型
任务五：制作消防栓吸水管连接部件模型

案例1
制作消防栓
模型

任务一：收集参考图和模型结构分析
任务二：创建项目和保存场景文件
任务三：导入参考图
任务四：制作消防栓的主体模型

四、制作目的

（1）收集参考图。
（2）掌握消防栓模型的制作原理和流程。

（3）掌握消防栓模型制作过程中的布线原则。

（4）提高对建模命令的综合应用能力。

五、制作过程中需要解决的问题

（1）熟悉 Maya 2023 的基本操作。

（2）分析参考图结构。

（3）掌握模型的布线原则。

（4）灵活使用【建模】模块下的各个命令。

六、详细操作步骤

任务一：收集参考图和模型结构分析

本案例主要介绍如何使用多边形建模技术制作 1 个消防栓模型。在制作前需要收集有关消防栓的素材，如图 1.1 所示。

图 1.1　消防栓素材

根据收集到的消防栓参考图可知，消防栓分为主体、消防栓吸水管连接部件、螺栓和链条、消防栓防盗扣等部分。可先对各部分单独制作模型，然后进行组合。

视频播放：关于具体介绍，请观看配套视频“任务一：收集参考图和模型结构分析.wmv”。

任务二：创建项目和保存场景文件

在使用 Maya 2023 制作项目之前，首先需要创建项目文件，然后把收集的参考图复制到项目中的“sourceimages”文件夹中，方便参考图的调用，防止其丢失。

1. 创建项目文件

步骤 01：启动 Maya 2023。

步骤 02：创建项目文件。在菜单栏中单击【文件】→【项目窗口】命令，弹出【项目窗口】对话框。在该对话框中设置项目名称和项目保存路径，其他参数采用默认设置，如图 1.2 所示。

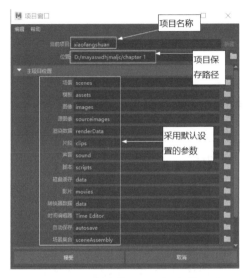

图 1.2 【项目窗口】对话框参数设置

步骤 03：参数设置完毕，单击【接受】按钮，进行项目文件的设置。

2. 保存场景文件

步骤 01：在菜单栏中单击【文件】→【保存场景】命令（或按键盘上的"Ctrl+S"组合键），弹出【另存为】对话框，设置文件保存的路径和名称，如图 1.3 所示。

图 1.3 设置文件保存的路径和名称

步骤 02：设置完毕，单击【另存为】按钮，保存场景文件。

步骤 03：把收集的参考图文件复制到项目中的"sourceimages"文件夹下。

视频播放：关于具体介绍，请观看配套视频"任务二：创建项目和保存场景文件.wmv"。

任务三：导入参考图

导入参考图的目的是为制作提供参考而不是作为精确定位用。导入参考图的具体操作方法如下。

1. 导入步骤

步骤 01：将视图切换到前视图。

步骤 02：在前视图菜单栏中单击【视图】→【图像平面】→【导入图像…】命令，弹出【打开】对话框，在该对话框中选择需要导入的参考图，如图 1.4 所示。

步骤 03：选择参考图之后，单击【打开】按钮，导入参考图。

步骤 04：调节参考图的位置。调节之后，参考图在各个视图中的位置如图 1.5 所示。

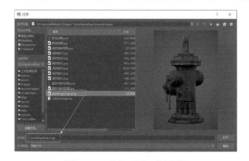 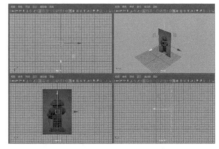

图 1.4　【打开】对话框　　　　　　图 1.5　参考图在各个视图中的位置

2. 锁定图层

在操作过程中，为了防止对参考图误操作，通常需要把参考图所在的图层锁定。

步骤 01：选择导入的参考图。在【显示】面板中单击 ◙（创建新图层并选定对象）图标，如图 1.6 所示。在创建图层的同时把选定的参考图添加到新建的图层中。

步骤 02：锁定图层。单击图层中的第 3 个显示框按钮，出现字母"R"，表示已锁定图层，如图 1.7 所示。

步骤 03：重命名图层。将光标移到"layer1"上双击，弹出【编辑层】对话框。在该对话框中输入图层的名称，如图 1.8 所示。单击【保存】按钮，给图层重命名并保存。

视频播放：关于具体介绍，请观看配套视频"任务三：导入参考图.wmv"。

任务四：制作消防栓的主体模型

消防栓主体模型的制作，主要通过创建圆柱体并对其进行挤出和调节来完成。

步骤 01：创建第 1 个圆柱体，其大小和位置如图 1.9 所示。

图 1.6　单击选定的按钮　　　　图 1.7　锁定图层　　　　图 1.8　【编辑层】对话框设置

步骤 02：挤出面。选择所创建的圆柱体顶面，单击【多边形建模】工具架中的 （"挤出"工具）图标，对选择的面进行挤出。

步骤 03：对挤出的面进行变换操作。选中挤出面，使用移动和缩放工具对挤出面进行缩放和移动，效果如图 1.10 所示。

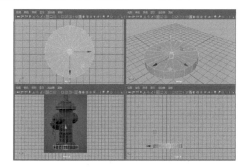

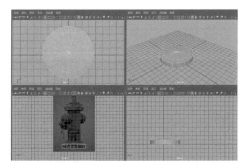

图 1.9　创建的第 1 个圆柱体大小和位置　　　　图 1.10　移动和缩放之后的效果

步骤 04：方法同上，根据消防栓的结构，继续对圆柱体顶面进行挤出和变换操作，该操作需要进行多次。最终的消防栓主体模型如图 1.11 所示。

步骤 05：制作消防栓的螺栓模型。创建第 2 个圆柱体，把该圆柱体的"轴向细分数"值设为 6，删除其底面。制作好的消防栓的螺栓模型如图 1.12 所示。

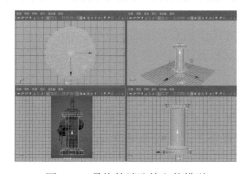

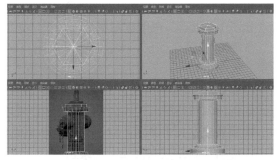

图 1.11　最终的消防栓主体模型　　　　图 1.12　制作好的消防栓的螺栓模型

步骤 06：把创建的螺栓模型复制 1 份，对其进行缩放和位置调节，效果如图 1.13 所示。

步骤 07：继续复制 1 份螺栓模型，对其进行缩放和位置调节，效果如图 1.14 所示。

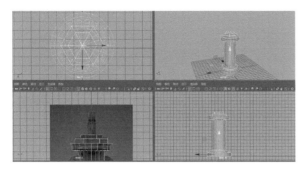

图 1.13　步骤 06 的螺栓模型效果

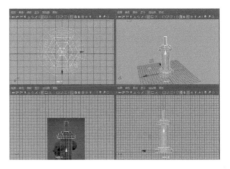

图 1.14　步骤 07 的螺栓模型效果

步骤 08：再复制 2 份螺栓模型，对其进行缩放和位置调节，效果如图 1.15 所示。

步骤 09：插入循环边。在菜单栏中单击【网格工具】→【插入循环边】命令，给消防柱主体模型插入 4 条循环边，如图 1.16 所示。

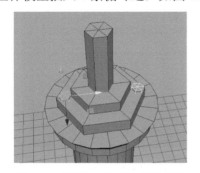

图 1.15　步骤 08 的螺栓模型效果

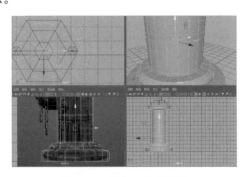

图 1.16　插入 4 条循环边

步骤 10：挤出面并对其进行适当缩放。选择如图 1.17 所示的循环面，单击【多边形建模】工具架中的 （"挤出"工具）图标，先对选择的面进行挤出，再对挤出的面进行适当缩放和"局部平移 Z"参数调节，效果如图 1.18 所示。

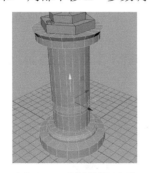

图 1.17　选择的循环面

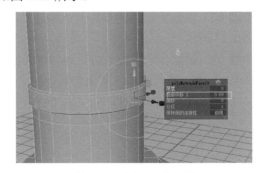

图 1.18　步骤 10 的效果

步骤 11：继续挤出面并对其进行缩放。选择如图 1.19 所示的面（间隔选择）。单击【多边形建模】工具架中的 （"挤出"工具）图标，先对选择的面进行挤出，再对挤出的面进行适当缩放和"局部平移 Z"参数调节，效果如图 1.20 所示。

图 1.19　选择需要挤出的面

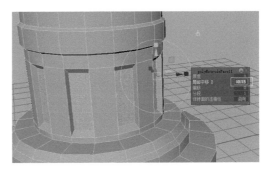

图 1.20　步骤 11 的效果

步骤 12：插入循环边。在菜单栏中单击【网格工具】→【插入循环边】命令，在每个挤出的面的中间插入 1 条循环边，如图 1.21 所示。

步骤 13：使用移动工具调节所插入的循环边位置，调节位置之后的效果如图 1.22 所示。

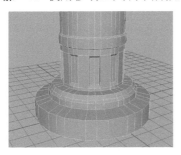

图 1.21　插入 1 条循环边

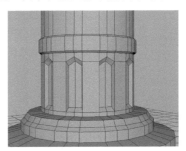

图 1.22　调节位置之后的效果

视频播放：关于具体介绍，请观看配套视频"任务四：制作消防栓的主体模型.wmv"。

任务五：制作消防栓吸水管连接部件模型

消防栓吸水管连接部件模型通过创建球体并对球体进行挤出、调节和缩放来制作。

步骤 01：创建球体并调节其大小和位置。创建 1 个球体，调节其大小和位置之后的效果如图 1.23 所示。

步骤 02：删除多余的面。切换到球体的面编辑模式，选择半个球体的表面，按键盘上的"Delete"键，将其删除，效果如图 1.24 所示。

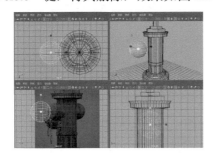

图 1.23　调节创建的球体大小和位置之后的效果

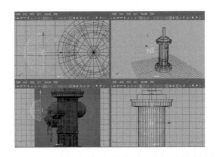

图 1.24　删除半个球体的表面之后的效果

步骤 03：选择开放边并对其进行挤出和变换调节。切换到边编辑模式，通过双击选择剩余球体的开放边。在菜单栏中单击【编辑网格】→【挤出】命令，对选择的开放边进行挤出，对挤出边进行缩放操作。挤出和缩放之后的效果如图 1.25 所示。

步骤 04：方法同上，继续对选择的边进行挤出、缩放和位置调节，效果如图 1.26 所示。

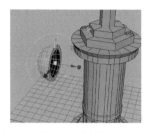
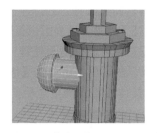

图 1.25　挤出和缩放之后的效果　　　　　　图 1.26　挤出、缩放和位置调节之后的效果

步骤 05：方法同上，删除球体另一端的部分表面，挤出边和变换调节，最终效果如图 1.27 所示。

步骤 06：合并开放边。选择开放边，在菜单栏中单击【编辑网格】→【合并到中心】命令，对开放边进行合并。合并开放边之后的效果如图 1.28 所示。

图 1.27　最终效果　　　　　　　　　图 1.28　合并开放边之后的效果

步骤 07：制作螺栓模型。创建 1 个"轴向细分数"值为 5 的圆柱体，删除该圆柱体被遮住的底面，调节好螺栓的位置和大小，如图 1.29 所示。

步骤 08：将制作好的模型复制 2 份，调节它们的位置，效果如图 1.30 所示。

图 1.29　调节之后的螺栓位置和大小　　　　图 1.30　复制和位置调节之后的效果

视频播放：关于具体介绍，请观看配套视频"任务五：制作消防栓吸水管连接部件模型.wmv"。

任务六：制作链条模型

链条模型的制作，通过创建1个圆环，调节其顶点、进行缩放和复制来完成。

步骤01：创建圆环。在菜单栏中单击【创建】→【多边形基本体】→【圆环】命令，在视图中创建1个圆环，如图1.31所示。

步骤02：对边进行倒角处理。切换到圆环的边编辑模式。选择需要倒角的循环边，如图1.32所示。在菜单栏中单击【编辑网格】→【倒角】命令，弹出【倒角】命令参数设置框，参数的具体设置和倒角之后的效果如图1.33所示。

图1.31 创建的圆环

图1.32 选择需要倒角的循环边

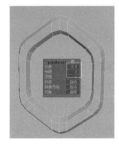

图1.33 参数的具体设置和倒角之后的效果

步骤03：对倒角之后的圆环进行缩放和顶点位置调节，调节之后的效果如图1.34所示。

步骤04：复制和位置调节。根据参考图，对制作好的链条模型进行复制和位置调节。复制和位置调节之后的效果如图1.35所示。

步骤05：制作与消防栓链接的部分链条模型。复制一段链条，并进入边编辑模式，对边进行位置和缩放操作，最终效果如图1.36所示。

图1.34 缩放和位置调节之后的效果

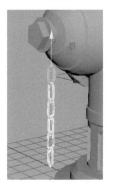

图1.35 复制和位置调节之后的效果

图1.36 最终效果

视频播放：关于具体介绍，请观看配套视频"任务六：制作链条模型.wmv"。

任务七：制作消防栓防盗扣模型

消防栓防盗扣模型制作主要通过创建平面，对平面进行挤出、顶点调节、插入循环边和雕刻来完成。

步骤 01：创建 1 个平面，选择可创建平面的 4 条边，对边进行挤出和顶点位置调节，平面效果如图 1.37 所示。

步骤 02：删除中间的面，对剩余面进行挤出和位置调节，删除与消防栓接触部位的平面，效果如图 1.38 所示。

步骤 03：选择需要倒角的边，在菜单栏中单击【编辑网格】→【倒角】命令，弹出【倒角参数】设置面板。具体参数设置和效果如图 1.39 所示。

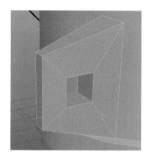

图 1.37　挤出和调节顶点　　　图 1.38　删除与消防栓　　　图 1.39　具体参数
　　　位置之后的平面　　　　接触部位的平面效果　　　　设置和效果

步骤 04：单击 ▱（"多切割"工具）图标，给模型添加边。添加边之后的效果如图 1.40 所示。

步骤 05：插入循环边。在菜单栏中单击【网格工具】→【插入循环边】命令，对模型插入循环边，如图 1.41 所示。

步骤 06：对模型进行平滑处理。在菜单栏中单击【网格】→【平滑】命令，设置平滑参数。平滑处理之后的效果如图 1.42 所示。

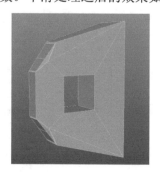

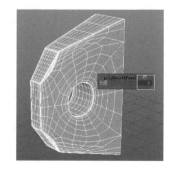

图 1.40　添加边之后的效果　　　图 1.41　插入的循环边　　　图 1.42　平滑处理之后的效果

步骤 07：对模型进行松弛处理。选择模型，在菜单栏中单击【网格工具】→【雕刻工具】→【松弛工具】命令，对模型中的不平滑之处进行松弛处理，效果如图 1.43 所示。

步骤 08：调节已制作好的消防栓防盗扣模型的位置，调节位置之后的效果如图 1.44 所示。

步骤 09：方法同上，复制链条并调节好其位置，最终效果 1.45 所示。

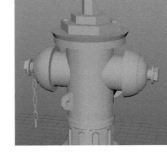

图 1.43　松弛处理之后的效果　　　图 1.44　调节位置之后的效果　　　图 1.45　最终效果

视频播放：关于具体介绍，请观看配套视频"任务七：制作消防栓防盗扣模型.wmv"。

任务八：对模型进行卡边处理

对模型进行卡边处理的目的是为制作高精度模型做准备，方便在后续材质环节进行高低模烘焙处理。卡边处理主要通过【插入循环边】、【多切割】和【倒角】命令来完成。在此，以消防栓主体模型卡边处理为例进行介绍。其他模型的卡边处理由读者自己完成，可以参考本书配套教学视频。

卡边的原则是对每个结构的位置添加两条边，卡边的宽度决定结构的尖锐程度。卡边离结构线越近，结构越尖锐；否则，结构越平滑。

步骤 01：在菜单栏中单击【网格工具】→【插入循环边】命令，给模型插入循环边，插入 3 条循环边，如图 1.46 所示。

步骤 02：方法同上，在其他内凹的部位插入循环边，效果如图 1.47 所示。

步骤 03：选择需要倒角的边，如图 1.48 所示。

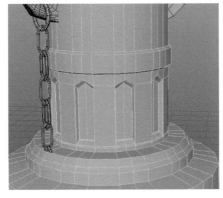
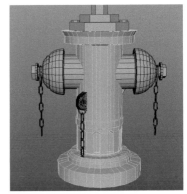

图 1.46　插入的 3 条　　　　图 1.47　插入循环边之后的效果　　　图 1.48　选择需要倒角的边
　　　　循环边

步骤 04：在菜单栏中单击【编辑网格】→【倒角】命令，弹出【倒角】对话框。具体参数设置和倒角之后的效果如图 1.49 所示。

步骤 05：方法同上，继续对消防栓的其他部件模型进行卡边和倒角处理，最终效果如图 1.50 所示。

步骤 06：给卡边之后的模型进行平滑处理。选择所有部件模型，在菜单栏中单击【网格】→【平滑】命令，对选择的模型进行平滑处理，效果如图 1.51 所示。

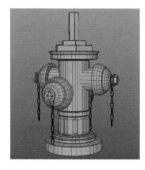

图 1.49　具体参数设置和　　　　　图 1.50　最终效果　　　　　图 1.51　平滑处理
　　　　　倒角之后的效果　　　　　　　　　　　　　　　　　　　　　之后的效果

视频播放：关于具体介绍，请观看配套视频"任务八：对模型进行卡边处理.wmv"。

七、拓展训练

根据所学知识完成以下模型的制作。

案例2 制作古代床弩模型

一、案例内容简介

本案例主要介绍古代床弩的基本知识及其模型的制作原理、流程、方法和技巧。

二、案例效果欣赏

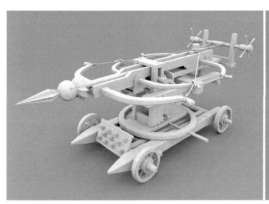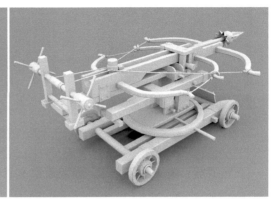

三、案例制作流程（步骤）

任务十一：制作床弩车轮模型

任务十：制作床弩箭模型

任务九：制作床弩的牵引绳模型

任务八：制作床弩的弓模型

任务七：制作绞轴模型

案例2 制作古代床弩模型

任务一：古代床弩简介

任务二：制作床弩底座转动部件模型

任务三：制作床弩底座固定部件模型

任务四：制作床弩前部攻击部件模型

任务五：制作床弩支架模型

任务六：制作箭槽和箭槽固定装置模型

四、制作目的

（1）掌握参考图的收集方法。

（2）掌握古代床弩模型的制作原理、流程、方法和技巧。

（3）掌握古代床弩的基本结构。

（4）掌握古代床弩的工作原理。

五、制作过程中需要解决的问题

（1）床弩的发展历史。

（2）床弩在古代战争中的作用。

（3）床弩各个部件之间的结构关系。

六、详细操作步骤

任务一：古代床弩简介

床弩最早出现在战国时期，宋朝时期得到发展，利用 3 张弓或更多张弓的合力发射巨大的弩箭，射程可达 500m 以上，堪称弩箭武器的顶峰之作。

床弩需由武将操作，可以向指定方向射出 1 支巨大的弩箭，对单个目标造成重大伤害。床弩的射击精度极高，属于精确狙杀型器械。古代床弩和野战炮的参考图如图 1.52 所示，本案例利用这 2 个参考图制作床弩模型。

图 1.52　古代床弩和野战炮的参考图

视频播放：关于具体介绍，请观看配套视频"任务一：古代床弩简介.wmv"。

任务二：制作床弩底座转动部件模型

对床弩底座模型，没有具体尺寸要求。制作该模型时，需要先仔细观察参考图并分析其结构，确定床弩底座模型各个部件之间的比例关系。在此，以床弩底座的转动部件为基本体。

1. 制作床弩底座的转动部件的主体模型

步骤 01：在菜单栏中单击【创建】→【多边形基本体】→【管道】命令，在视图中创建 1 个管道。其大小和参数设置如图 1.53 所示。

步骤 02：倒角处理。选择需要倒角的 1 条循环边，在菜单栏中单击【编辑网格】→【倒角】命令，倒角参数设置和效果如图 1.54 所示。

步骤 03：方法同上，选择剩余的 3 条循环边进行倒角，根据倒角的大小设置参数。最终效果如图 1.55 所示。

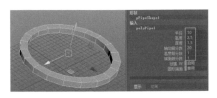

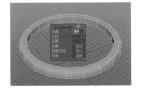

图 1.53　管道的大小和参数设置　　图 1.54　倒角参数设置和效果　　图 1.55　最终效果

2. 制作转动部件的支架承载板和转动杠模型

步骤 01：创建 1 个立方体，并将立方体两端的面删除，调节好其位置，效果如图 1.56 所示。

步骤 02：选择需要倒角的 4 条边，在菜单栏中单击【编辑网格】→【倒角】命令。倒角参数设置和效果如图 1.57 所示。

步骤 03：创建 1 个圆柱体并调节好其位置，调节之后的圆柱体位置和效果如图 1.58 所示。

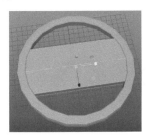

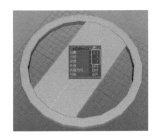

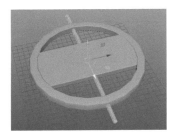

图 1.56　调节位置后的效果　　图 1.57　倒角参数和效果　　图 1.58　调节之后的圆柱体位置和效果

步骤 04：在菜单栏中单击【网格工具】→【插入循环边】命令，给模型插入 2 条循环边，如图 1.59 所示。

步骤 05：选择圆柱体两侧需要进行挤出的面，在菜单栏中单击【网格工具】→【挤出】命令，挤出效果和参数设置如图 1.60 所示。

步骤 06：对圆柱体两端的面进行适当缩放，缩放之后的效果如图 1.61 所示。

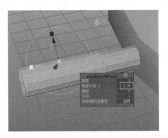

图 1.59　插入的 2 条循环边　　图 1.60　挤出效果和参数设置　　图 1.61　缩放之后的效果

视频播放：关于具体介绍，请观看配套视频"任务二：制作床弩底座转动部件模型.wmv"。

任务三：制作床弩底座固定部件模型

床弩底座固定部件模型的制作主要通过创建立方体和圆柱体，并对立方体和圆柱体进行倒角和变换操作来完成。

步骤 01：创建 1 个立方体，立方体的比例大小如图 1.62 所示。

步骤 02：插入 1 条循环边。在菜单栏中单击【网格工具】→【插入循环边】命令，插入 1 条循环边并对立方体的前端面进行缩放，效果如图 1.63 所示。

步骤 03：进行倒角处理。选择圆柱体的 4 条边，在菜单栏中单击【编辑网格】→【倒角】命令，对选择的边进行倒角处理。倒角之后的效果如图 1.64 所示。

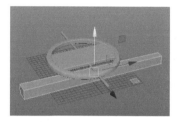
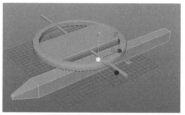

图 1.62　立方体的比例大小　　　图 1.63　插入 1 条循环边和　　　图 1.64　倒角之后的效果
　　　　　　　　　　　　　　　　　缩放之后的效果

步骤 04：插入 4 条循环边。在菜单栏中单击【网格工具】→【插入循环边】命令，插入 4 条循环边。4 条循环边的位置如图 1.65 所示。

步骤 05：复制面。选择插入循环边中间的面。在菜单栏中单击【网格工具】→【复制】命令，将选择的循环面（网格）复制 1 份，如图 1.66 所示。

步骤 06：选择复制的面，对复制的面进行挤出和缩放，挤出和缩放之后的效果如图 1.67 所示。

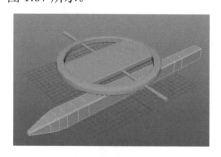
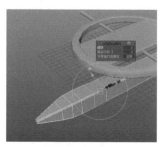

图 1.65　4 条循环边的位置　　　图 1.66　复制的面　　　图 1.67　挤出和缩放
　　　　　　　　　　　　　　　　　　　　　　　　　　　　　之后的效果

步骤 07：方法同上，继续对后面插入的 2 条循环边之间的面进行复制、挤出和缩放，效果如图 1.68 所示。

步骤 08：对制作好的模型进行复制和位置调节，效果如图 1.69 所示。

步骤 09：方法同上，制作床弩底座其他固定部件模型，最终效果如图 1.70 所示。

图 1.68　复制、挤出和
缩放之后的效果

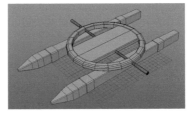

图 1.69　复制和位置调节
之后的效果

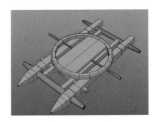

图 1.70　最终效果

视频播放：关于具体介绍，请观看配套视频"任务三：制作床弩底座固定部件模型.wmv"。

任务四：制作床弩前部攻击部件模型

床弩前部攻击部件模型的制作，主要通过创建立方体并对其进行编辑来完成。

步骤 01：创建 1 个立方体，该立方体的大小和位置如图 1.71 所示。

步骤 02：在菜单栏中单击【网格工具】→【插入循环边】命令，插入 4 条循环边，4 条循环边的位置如图 1.72 所示。

步骤 03：挤出面操作。选择需要挤出的面，在菜单栏中单击【网格工具】→【挤出】命令，对选择的面进行挤出和调节，效果如图 1.73 所示。

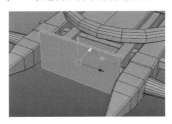

图 1.71　立方体的
大小和位置

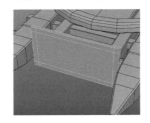

图 1.72　4 条循环边的位置

图 1.73　挤出调节
之后的效果

步骤 04：挤出操作。选择如图 1.74 所示的面，对选择的面执行【挤出】命令，并对挤出面的顶点进行位置调节。挤出和调节之后的效果如图 1.75 所示。

步骤 05：对顶点进行焊接。切换到顶点编辑模式。单击【多边形建模】工具架中的 █（"目标焊接"工具）图标，对顶点进行焊接，顶点焊接之后的效果如图 1.76 所示。

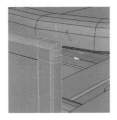

图 1.74　选择的面

图 1.75　挤出和调节之后的效果

图 1.76　顶点焊接之后的效果

步骤 06：方法同上，继续对其余 3 个面进行挤出和焊接，效果如图 1.77 所示。

步骤 07：在菜单栏中单击【创建】→【多边形基本体】→【圆锥体】命令，在视图中创建 1 个圆锥体并删除其底面，效果如图 1.78 所示。

步骤 08：先对创建的圆锥体进行复制和位置调节，再进行整体旋转，效果如图 1.79 所示。

 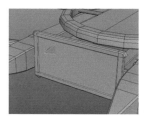 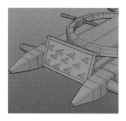

图 1.77　对其余 3 个面挤出、　　　图 1.78　删除圆锥体　　　图 1.79　复制和位置
焊接和调节之后的效果　　　　　　底面之后的效果　　　　　调节之后的效果

视频播放：关于具体介绍，请观看配套视频"任务四：制作床弩前部攻击部件模型.wmv"。

任务五：制作床弩支架模型

床弩支架模型的制作主要通过创建立方体，并对立方体插入循环边、删除面、挤出面、桥接等相关操作来完成。

1. 制作床弩固定框架模型

步骤 01：创建 1 个立方体，给立方体插入 3 条循环边并调节这些循环边的位置，如图 1.80 所示。

步骤 02：切换到面编辑模式，删除多余的面，效果如图 1.81 所示。

步骤 03：挤出操作。选择顶面开放边，执行【挤出】命令，对挤出面的顶点进行位置调节。挤出和调节之后的效果如图 1.82 所示。

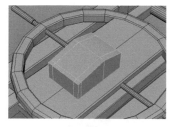 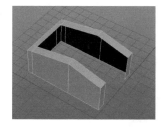 

图 1.80　插入循环边和　　　　图 1.81　删除多余的面　　　图 1.82　挤出和调节
位置调节　　　　　　　　　　之后的效果　　　　　　　之后的效果

步骤 04：合并操作。选择如图 1.83 所示的 2 个顶点，在菜单栏中单击【编辑网格】→【合并到中心】命令，合并选择的 2 个顶点。

步骤 05：方法同上，把图 1.84 所示的 2 个顶点也进行合并。

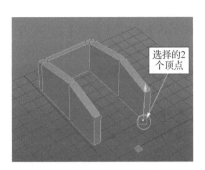

图 1.83　选择的 2 个顶点

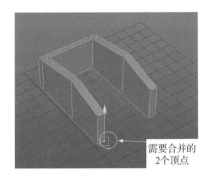

图 1.84　选择需要合并的 2 个顶点

2. 制作床弩竖立支架模型

步骤 01：创建 1 个立方体，插入循环边，调节其位置；删除该立方体底面和中间需要添加空洞的面，效果如图 1.86 所示。

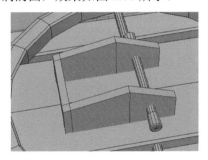

图 1.85　制作 1 根固定杠

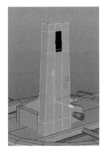

图 1.86　步骤 01 的效果

步骤 02：桥接操作。选择需要桥接的边，在菜单栏中单击【编辑网格】→【桥接】命令，进行桥接。桥接之后的效果如图 1.87 所示。

步骤 03：制作铁块包裹和铆钉模型。复制面并对其进行挤出和缩放。然后，创建圆柱体并对其进行变换。制作好的铁块包裹和铆钉模型如图 1.88 所示。

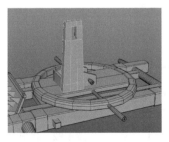

图 1.87　桥接之后的效果

图 1.88　制作好的铁块包裹和铆钉模型

步骤 04：复制 1 个立柱和 1 个固定杠，调节好它们的位置，效果如图 1.89 所示。

步骤 05：制作横向固定板模型。创建 1 个立方体，删除其两端的面，调节好其位置并进行倒角处理。制作好的横向固定板模型如图 1.90 所示。

3. 制作中间横支架模型

中间横支架模型的制作方法比较简单，与床弩底座固定部件模型的制作方法基本相同，在此不再赘述（具体操作可以参考本书配套视频）。制作好的中间横支架模型如图 1.91 所示。

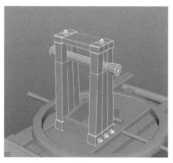
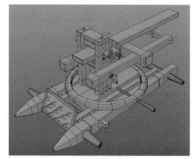

图 1.89　复制的立柱和固定　　图 1.90　制作好的横向　　图 1.91　制作好的中间横
杠在调节位置之后的效果　　固定板模型　　支架模型

视频播放： 关于具体介绍，请观看配套视频"任务五：制作床弩支架模型.wmv"。

任务六：制作箭槽和箭槽固定装置模型

1. 制作箭槽模型

箭槽模型的制作，主要通过创建基本几何体、执行布尔和差集运算、分割边来完成。

步骤 01： 创建 1 个立方体。调节立方体的顶点位置，调节之后的立方体形状如图 1.92 所示。

步骤 02： 创建 1 个圆柱体，其位置和大小如图 1.93 所示。

步骤 03： 先选择所创建的立方体，再选择圆柱体，在菜单栏中单击【网格】→【布尔】→【差集】命令，执行布尔和差集运算，效果如图 1.94 所示。

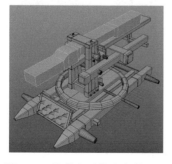
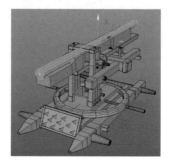
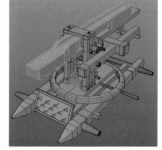

图 1.92　调节之后的立方体形状　　图 1.93　圆柱体的　　图 1.94　执行布尔差集
位置和大小　　运算之后的效果

步骤 04： 使用【插入循环边】命令和【多切割】命令，给进行布尔和差集运算之后的模型分别插入循环边和添加边。然后，根据参考图调节顶点位置，最终效果如图 1.95 所示。

2. 制作箭槽固定装置模型

箭槽主要由前后 2 个固定装置固定。

步骤 01：创建 1 个立方体，删除其多余的面，调节边的位置，效果如图 1.96 所示。

步骤 02：挤出面。选择剩余面，在菜单栏中单击【编辑网格】→【挤出】命令，对挤出的面进行适当调节，效果如图 1.97 所示。

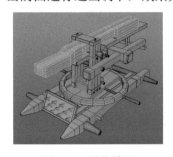
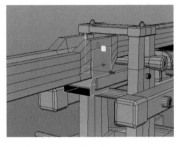
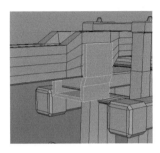

图 1.95　最终效果　　　　图 1.96　删除多余的面、　　　图 1.97　调节之后的效果
　　　　　　　　　　　　　　调节边的位置之后的效果

步骤 03：倒角处理。选择需要倒角的 4 条边，在菜单栏中单击【编辑网格】→【倒角】命令。倒角参数和倒角效果如图 1.98 所示。

步骤 04：插入循环边和添加边。使用【网格工具】命令组中的【插入循环边】命令和【多切割】命令，分别给模型插入循环边和添加边，效果如图 1.99 所示。

步骤 05：方法同上，创建箭槽后部的固定装置模型，效果如图 1.100 所示。

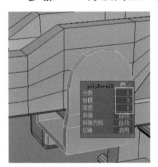

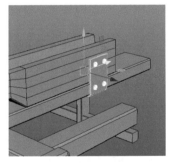

图 1.98　倒角参数设置和　　　图 1.99　插入循环边和添加边　　图 1.100　箭槽后部的
　　　　　倒角之后的效果　　　　　　　　之后的效果　　　　　　　　　　固定装置模型效果

视频播放：关于具体介绍，请观看配套视频"任务六：制作箭槽和箭槽固定装置模型.wmv"。

任务七：制作绞轴模型

绞轴模型制作方法比较简单，主要通过创建圆柱体和立方体，再对圆柱体和立方体进行挤出和调节来完成。在此，不再赘述。绞轴模型最终效果如图 1.101 所示。

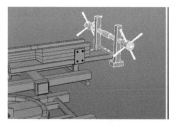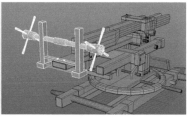

图 1.101　绞轴模型最终效果

视频播放：关于具体介绍，请观看配套视频"任务七：制作绞轴模型.wmv"。

任务八：制作床弩的弓模型

床弩的弓主要分前弓、主弓和后弓 3 种。这 3 种弓的形状基本一致，只是大小不同而已。弓模型的制作方法如下：创建立方体和曲线，使用曲线作为挤出的引导线制作模型，对模型进行适当调节。

步骤 01：创建 1 个立方体，删除与箭槽接触的面。所创建的立方体大小和位置如图 1.102 所示。

步骤 02：选择立方体的顶面，在菜单栏中单击【编辑网格】→【倒角】命令，进行倒角处理。倒角之后的效果如图 1.103 所示。

步骤 03：创建曲线。在菜单栏中单击【创建】→【曲线工具】→【CV 曲线工具】命令，在顶视图中创建 1 条曲线，如图 1.104 所示。

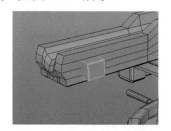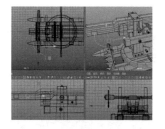

图 1.102　所创建的立方体　　　图 1.103　倒角之后的效果　　　图 1.104　创建 1 条曲线
　　　　　大小和位置

步骤 04：先选择立方体倒角之后的顶面，再选择曲线，在菜单栏中单击【编辑网格】→【挤出】命令，设置挤出参数。挤出参数设置和效果如图 1.105 所示。

步骤 05：对挤出的模型进行倒角、挤出和缩放，效果如图 1.106 所示。

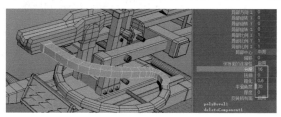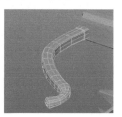

图 1.105　挤出参数设置和效果　　　　　图 1.106　倒角、挤出和缩放之后的效果

步骤 06：通过对制作好的弓模型进行镜像复制和变换调节，完成其他弓模型的制作。制作好的其他弓模型如图 1.107 所示。

步骤 07：床弩的牵引和扳机装置模型制作方法比较简单，通过对 1 个立方体和圆柱体进行倒角即可，如图 1.108 所示。

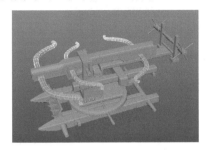

图 1.107　制作好的其他弓模型　　　　图 1.108　床弩的牵引和扳机装置模型

视频播放：关于具体介绍，请观看配套视频"任务八：制作床弩的弓模型.wmv"。

任务九：制作床弩的牵引绳模型

床弩的牵引绳模型制作，通过创建引导线和闭合曲线并对其挤出来完成。

步骤 01：创建曲线。在菜单栏中单击【创建】→【曲线工具】→【CV 曲线工具】命令，在视图中创建曲线，调节曲线的控制点，对其进行形态调节。调节之后的曲线效果如图 1.109 所示。

步骤 02：创建 1 个圆形。在菜单栏中单击【创建】→【NRBS 基本体】→【圆形】命令，创建 1 个圆形。圆形的大小和位置如图 1.110 所示。

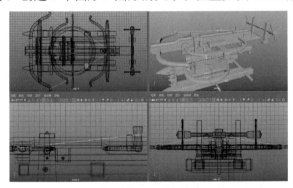
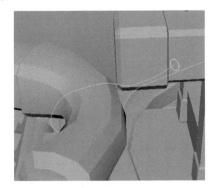

图 1.109　调节之后的曲线效果　　　　图 1.110　圆形的大小和位置

步骤 03：挤出。先选择圆形，再选择曲线。在菜单栏中单击【曲面】→【挤出】→▣命令属性图标，弹出【挤出选项】对话框。设置【挤出选项】对话框参数，具体参数设置如图 1.111 所示。

步骤 04：参数设置完毕，单击【挤出】按钮，沿路径进行挤出。挤出的模型效果如图 1.112 所示。

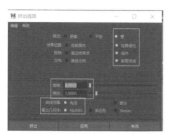

图 1.111　【挤出选项】对话框的参数设置

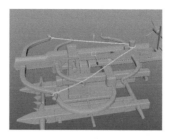

图 1.112　挤出的模型效果

步骤 05：创建 2 个圆环，把它们作为牵引绳的滑轮。这 2 个圆环的大小和位置如图 1.113 所示。

步骤 06：方法同上，制作其他牵引绳的模型，效果如图 1.114 所示。

图 1.113　2 个圆环的大小和位置

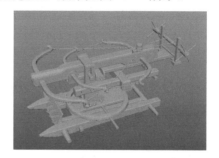

图 1.114　其他牵引绳的模型效果

视频播放：关于具体介绍，请观看配套视频"任务九：制作床弩的牵引绳模型.wmv"。

任务十：制作床弩箭模型

床弩箭模型的制作，通过创建圆锥体和球体并对它们进行编辑来完成。

步骤 01：创建 1 个圆锥体。在菜单栏中单击【创建】→【多边形基本体】→【圆锥体】命令，创建 1 个圆锥体。切换到顶点编辑模式，对顶点进行缩放，缩放之后的圆锥体效果如图 1.115 所示。

步骤 02：选择圆锥体的底面，把它挤出 3 次并进行缩放和移动，效果如图 1.116 所示。

步骤 03：进行圆角处理。选择最后挤出的面，在菜单栏【编辑网格】→【圆形圆角】命令，对挤出的面进行圆角处理。圆角处理之后的效果如图 1.117 所示。

图 1.115　缩放之后的
圆锥体效果

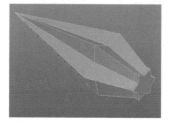

图 1.116　挤出 3 次并进行缩放和
移动之后的效果

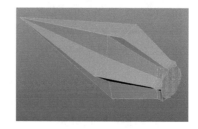

图 1.117　圆角处理
之后的效果

步骤 04：方法同上，继续进行挤出、缩放和移动，最终效果如图 1.118 所示。

步骤 05：制作床弩箭上的火药包。创建 1 个球体，对球体进行挤出和调节，效果如图 1.119 所示。

步骤 06：制作火药包的引线。创建 1 个圆柱体，对圆柱体进行挤出和调节即可。最终的火药包引线效果如图 1.120 所示。

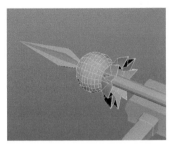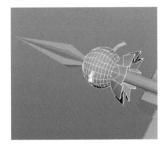

图 1.118　最终效果　　　图 1.119　对球体进行挤出和　　　图 1.120　最终的火药包
　　　　　　　　　　　　　　　　调节之后的效果　　　　　　　　　　引线效果

视频播放：关于具体介绍，请观看配套视频"任务十：制作床弩箭模型.wmv"。

任务十一：制作床弩车轮模型

床弩车轮模型的制作，通过创建管道和圆柱体并对其进行挤出和调节来完成。

步骤 01：在菜单栏中单击【创建】→【多边形基本体】→【管道】命令，在视图中创建 1 个管道，其大小和位置如图 1.121 所示。

步骤 02：对边进行倒角处理。选择需要倒角的边，在菜单栏中单击【编辑网格】→【倒角】命令，倒角之后的效果如图 1.122 所示。

步骤 03：复制和挤出操作。选择需要复制的面，在菜单栏中单击【编辑网格】→【复制】命令。复制的面如图 1.123 所示。

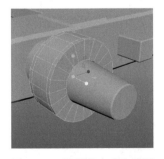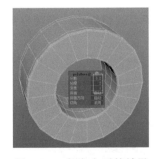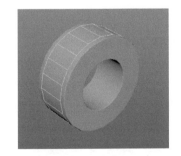

图 1.121　管道的大小和位置　　　图 1.122　倒角之后的效果　　　图 1.123　复制的面

步骤 04：选择复制的面，在菜单栏中单击【编辑网格】→【挤出】命令，对复制的面进行挤出；调节挤出高度并删除多余的面，最终效果如图 1.124 所示。

步骤 05：倒角处理。选择需要倒角的面，执行【倒角】命令。倒角参数设置和效果如图 1.125 所示。

步骤 06：方法同上，再制作 1 个管道模型，并对其进行复制、挤出和倒角处理。最终的外轮效果如图 1.126 所示。

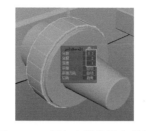
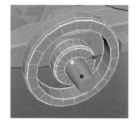

图 1.124　最终效果　　　　图 1.125　倒角参数设置和效果　　　　图 1.126　最终的外轮效果

步骤 07：创建 1 个球体，先删除该球体的一半，再复制 29 个铆钉并调节好它们的位置，效果如图 1.127 所示。

步骤 08：制作车轮支撑轴模型。创建 1 个圆柱体，在该圆柱体上插入循环边，选择需要挤出的面进行挤出。制作好的车轮支撑轴模型如图 1.128 所示。

步骤 09：把车轮支撑轴模型复制 7 份并调节好它们的位置，效果如图 1.129 所示。

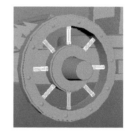

图 1.127　调节好位置的　　　　图 1.128　制作好的车轮　　　　图 1.129　复制和调节位置之后的
　　　　铆钉效果　　　　　　　　　　支撑轴模型　　　　　　　　　车轮支撑轴模型效果

步骤 10：把制作好的车轮模型复制 3 份并调节好它们的位置，效果如图 1.130 所示。

步骤 11：制作车轮固定装置模型。创建 1 个圆柱体和圆环，对创建的圆柱体进行倒角处理，对倒角好的圆柱体进行复制、移动和旋转操作。制作好的车轮固定装置模型如图 1.131 所示。

步骤 12：把制作好的车轮固定装置模型复制 3 份，调节好它们的位置，最终的车轮固定装置模型效果如图 1.132 所示。

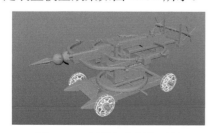

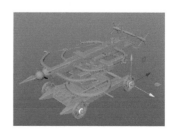

图 1.130　调节好位置之后的　　　　图 1.131　车轮固定　　　　图 1.132　最终的车轮固定
　　　3 个车轮模型效果　　　　　　　　　装置模型　　　　　　　　　装置模型效果

视频播放：关于具体介绍，请观看配套视频"任务十一：制作床弩车轮模型.wmv"。

七、拓展训练

根据所学知识完成以下模型的制作。

案例 3　制作煤油灯模型

一、案例内容简介

本案例主要介绍煤油灯的构造及其模型的制作原理、流程、方法和技巧。

二、案例效果欣赏

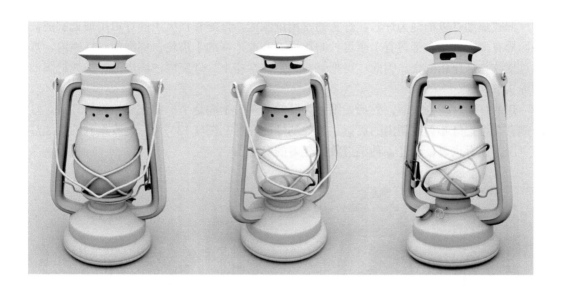

三、案例制作流程（步骤）

任务八：制作灯罩防护铁丝模型

任务七：制作灯罩托盘支架的固定调节装置模型

任务六：制作灯罩的托盘模型

任务五：制作煤油灯的手提支架模型

案例3 制作煤油灯模型

任务一：煤油灯简介

任务二：制作灯座模型

任务三：制作灯罩模型

任务四：制作灯罩盖模型

四、制作目的

（1）掌握参考图的收集方法。
（2）掌握煤油灯模型的制作原理、流程、方法和技巧。
（3）掌握煤油灯的基本结构。
（4）掌握煤油灯的工作原理。

五、制作过程中需要解决的问题

（1）煤油灯的发展历史。

（2）煤油灯的作用。

（3）煤油灯各个部件之间的结构关系。

六、详细操作步骤

任务一：煤油灯简介

旧式煤油灯以棉绳为灯芯，灯头通常用铜制成，灯座和挡风用的灯罩用玻璃制成。灯头四周有多个爪子，旁边有1个可控制棉绳上升或下降的小齿轮。棉绳伸到灯座内，灯头通过螺纹与灯座相配合。因此，可把灯头扭紧在灯座上。灯座内注满煤油，棉绳把煤油吸到绳头上。

煤油灯质材多为玻璃，外形如细腰大肚的葫芦，上面是个形如张嘴蛤蟆的灯头，灯头一侧有个可把灯芯调进调出的旋钮，以控制灯的亮度。图 1.133 所示为收集到的煤油灯的参考图，读者也可以通过各种渠道收集更多的参考图。

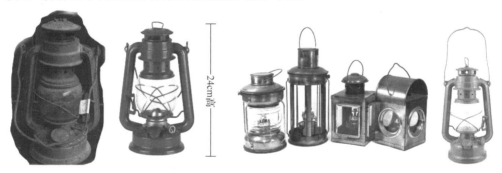

图 1.133　煤油灯参考图

视频播放：关于具体介绍，请观看配套视频"任务一：煤油灯简介.wmv"。

任务二：制作灯座模型

灯座模型的制作通过绘制曲线并对其进行旋转操作来完成。

步骤 01：创建 1 个名为"meiyoudeng"的项目文件。

步骤 02：导入参考图。切换到【front（前）】视图，在前视图菜单栏中单击【视图】→【图像平面】→【导入图像…】命令，弹出【打开】对话框。在该对话框中选择需要导入的参考图，如图 1.134 所示。单击【打开】按钮，导入参考图。调节参考图的大小和位置，调节之后的参考图效果如图 1.135 所示。

提示：参考图只作为建模的比例、结构和大致位置关系参考，不宜用于模型大小和位置的严格对位。

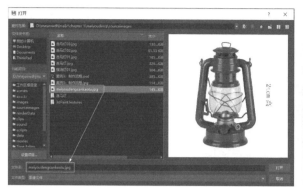

图 1.134　在【打开】对话框中选择需要导入的参考图

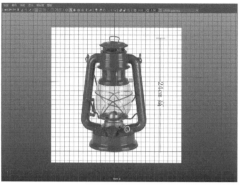

图 1.135　调节之后的参考图效果

步骤 03：绘制曲线。在菜单栏中单击【创建】→【曲线工具】→【CV 曲线工具】命令，在前视图中绘制如图 1.136 所示的曲线。

步骤 04：旋转操作。选择创建的曲线，在菜单栏中单击【曲面】→【旋转】→■命令属性图标，弹出【旋转选项】对话框。【旋转选项】对话框参数设置如图 1.137 所示。

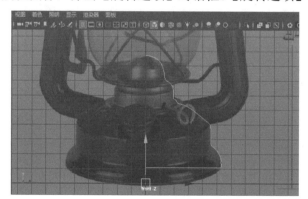

图 1.136　绘制的曲线

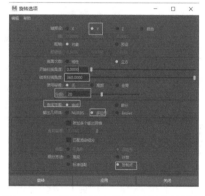

图 1.137　【旋转选项】对话框参数设置

步骤 05：参数设置完毕，单击【旋转】按钮，进行旋转操作。旋转得到的模型如图 1.138 所示。

步骤 06：删除历史记录。选择旋转得到的模型和曲线，在菜单栏中单击【编辑】→【按类型删除全部】→【历史】命令，删除历史记录，使曲线与旋转得到的模型之间失去关联。

步骤 07：创建 1 个立方体。该立方体的大小和位置如图 1.139 所示。

步骤 08：布尔和差集运算。先选择旋转得到的模型，再选择上一步创建的立方体，在菜单栏中单击【网格】→【布尔】→【差集】命令，执行布尔和差集运算，效果如图 1.140 所示。

步骤 09：使用【插入循环边】命令和【合并到中心】命令，对布尔和差集运算之后的模型分别插入循环边和合并顶点。编辑之后的效果如图 1.141 所示。

图 1.138 旋转得到的模型

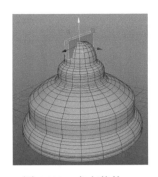

图 1.139 立方体的
大小和位置

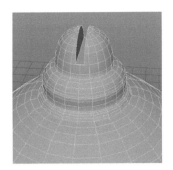

图 1.140 执行布尔差集运算
之后的效果

步骤 10：删除多余的面，效果如图 1.142 所示。

步骤 11：挤出操作。选择模型，在菜单栏中单击【编辑网格】→【挤出】命令，进行挤出操作。挤出之后的效果如图 1.143 所示。

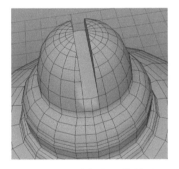

图 1.141 编辑之后的效果

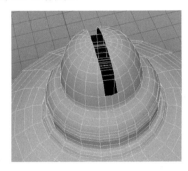

图 1.142 删除多余的面之后的效果

图 1.143 挤出之后的效果

步骤 12：选择 1 个面，对该面挤出 2 次并进行缩放和移动，把最后一次挤出的面删除，制作出 1 个小洞，如图 1.144 所示。

步骤 13：绘制曲线。在菜单栏中单击【创建】→【曲线工具】→【CV 曲线工具】命令，在前视图中绘制如图 1.145 所示的曲线。

步骤 14：创建 1 个圆柱体，对该圆柱体进行移动、缩放和旋转，效果如图 1.146 所示。

图 1.144 制作出的 1 个小洞

图 1.145 绘制的曲线

图 1.146 步骤 14 创建的
圆柱体的效果

步骤 15：先选择圆柱体的顶面，再选择曲线。在菜单栏中单击【编辑网格】→【挤出】命令，挤出参数设置和效果如图 1.147 所示。

步骤 16：创建 1 个圆柱体，该圆柱体的大小和位置如图 1.148 所示。

步骤 17：选择圆柱体的底面，对其进行挤出、缩放和移动。该操作需要进行多次，最终效果如图 1.149 所示。

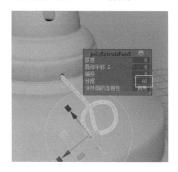

图 1.147　挤出参数设置和效果　　图 1.148　步骤 16 创建的　　图 1.149　最终效果
　　　　　　　　　　　　　　　　　　　　圆柱体大小和位置

视频播放：关于具体介绍，请观看配套视频"任务二：制作灯座模型.wmv"。

任务三：制作灯罩模型

灯罩模型的制作通过绘制曲线并对曲线进行旋转来完成。

步骤 01：根据参考图绘制曲线。在菜单栏中单击【创建】→【曲线工具】→【CV 曲线工具】命令，在前视图中绘制如图 1.150 所示的曲线。

步骤 02：选择已绘制的曲线。在菜单栏中单击【曲面】→【旋转】→▢命令属性图标，弹出【旋转选项】对话框，设置该对话框参数，如图 1.151 所示。

步骤 03：参数设置完毕，单击【旋转】按钮，旋转之后的效果如图 1.152 所示。

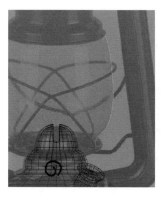
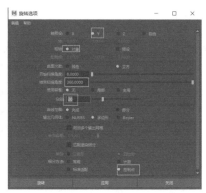
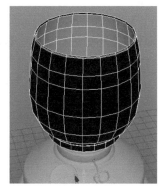

图 1.150　绘制的曲线　　　　图 1.151　【旋转选项】　　　图 1.152　旋转之后的效果
　　　　　　　　　　　　　　　　对话框参数设置

步骤 04：法线方向调整。从旋转的效果可以看出，法线反了。选择旋转得到的模型，在菜单栏中单击【网格显示】→【反向】命令，调整法线方向。调整法线方向之后的效果如图 1.153 所示。

视频播放：关于具体介绍，请观看配套视频"任务三：制作灯罩模型.wmv"。

任务四：制作灯罩盖模型

灯罩盖模型制作方法如下：创建圆柱体，调节该圆柱体循环边的位置，对循环边进行缩放后得到灯罩盖的结构，然后通过面的挤出制作出灯罩盖上的气孔模型。

步骤 01：创建 1 个圆柱体，根据灯罩盖的结构调节该圆柱体循环边的位置，调节之后的圆柱体如图 1.154 所示。

步骤 02：根据灯罩盖的结构，对循环边进行缩放，效果如图 1.155 所示。

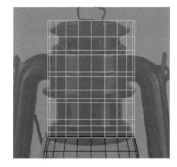
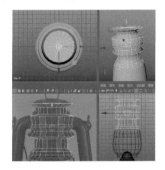

图 1.153　调整法线方向　　　图 1.154　调节之后的　　　图 1.155　缩放之后的效果
　　　之后的效果　　　　　　　　　圆柱体

步骤 03：使用【倒角】命令，根据灯罩盖的结构对循环边进行倒角，效果如图 1.156 所示。

步骤 04：挤出和变换操作。选择顶面并对其进行挤出、移动和缩放，效果如图 1.157 所示。

步骤 05：制作煤油灯的手提部件模型。创建 1 个圆环，切换到圆环的边编辑模式，对圆环的循环边进行倒角、移动和旋转。手提部件模型的最终效果如图 1.158 所示。

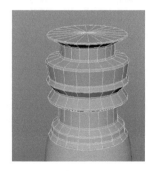

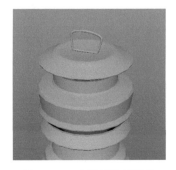

图 1.156　倒角之后的效果　　　图 1.157　挤出、移动和　　　图 1.158　手提部件模型的
　　　　　　　　　　　　　　　缩放之后的效果　　　　　　　　最终效果

步骤 06：制作手提部件的固定装置模型。创建 1 个圆柱体，删除该圆柱体两端的面，对该圆柱体进行挤出和顶点位置调节，制作好的手提部件的固定装置模型如图 1.159 所示。

步骤 07：制作灯罩盖上的小气孔模型。插入 2 条循环边，选择需要挤出的面，如图 1.160 所示。间隔选择，选择 10 个面，依次进行挤出、缩放和移动 2 次，删除多余的面，最终的小气孔模型效果如图 1.161 所示。

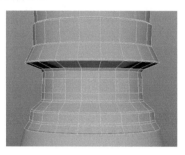

图 1.159　制作好的手提
部件的固定装置模型　　　　　图 1.160　选择需要挤出的面　　　　图 1.161　最终的小气孔模型效果

步骤 08：方法同上，制作灯罩盖上的大气孔模型，如图 1.162 所示。

步骤 09：对从灯罩内挤出的边进行桥接和挤出，效果如图 1.163 所示。

步骤 10：煤油灯底座、灯罩和灯罩盖的整体模型效果如图 1.164 所示。

图 1.162　制作好的灯罩盖上的
大气孔模型　　　　　　　图 1.163　桥接和挤出
之后的效果　　　　　　　图 1.164　煤油灯底座、灯罩
和灯罩盖的整体模型效果

视频播放：关于具体介绍，请观看配套视频"任务四：制作灯罩盖模型.wmv"。

任务五：制作煤油灯的手提支架模型

煤油灯的手提支架模型的制作，通过绘制闭合曲线并对其进行挤出来完成。

步骤 01：在顶视图中创建 1 个圆形。在菜单栏中单击【创建】→【NURBS 基本体】→【圆形】命令，在顶视图中创建 1 个圆形。调节圆形位置和大小之后的效果如图 1.165 所示。

步骤 02：对闭合曲线进行重建。选择闭合曲线，在菜单栏中单击【曲线】→【重建】命令，弹出【重建曲线选项】对话框，具体参数设置如图 1.166 所示。单击【重建】按钮，进行重建。

步骤 03： 调节闭合曲线的形状。选择闭合曲线，切换到闭合曲线的控制点编辑模式，通过对控制点进行缩放来调节形状。调节之后的曲线形状如图 1.167 所示。

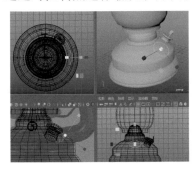

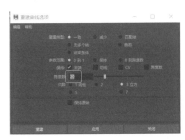

图 1.165　调节圆形位置和　　　图 1.166　【重建曲线选项】　　　图 1.167　调节之后的
　　　大小之后的效果　　　　　　　对话框参数设置　　　　　　　　曲线形状

步骤 04： 绘制曲线。在菜单栏中单击【创建】→【曲线工具】→【CV 曲线工具】命令，在前视图中绘制如图 1.168 所示的曲线。

步骤 05： 挤出操作。先选择闭合曲线，再选择其他曲线，在菜单栏中单击【曲面】→【挤出】→▣命令属性图标，弹出【挤出选项】对话框。该对话框的参数设置如图 1.169 所示。

步骤 06： 参数设置完毕，单击【挤出】按钮，进行挤出。挤出之后的效果如图 1.170 所示。

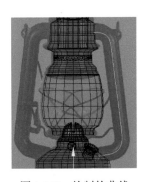

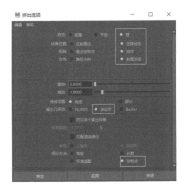

图 1.168　绘制的曲线　　　　　图 1.169　【挤出选项】对话框　　　图 1.170　挤出之后的效果
　　　　　　　　　　　　　　　　　　参数设置

步骤 07： 方向调整和位置调节。选择挤出的模型，在菜单栏中单击【网格显示】→【反向】命令，调整方向。对闭合曲线和其他曲线位置进行适当调节，效果如图 1.171 所示。

步骤 08： 制作煤油灯手提支架的固定装置模型。创建 1 个圆柱体，对该圆柱体进行挤出和删除多余的面，制作出如图 1.172 所示的手提支架的固定装置模型。

步骤 09： 把制作好的手提支架的固定装置模型镜像复制 1 份，调节好其位置。2 个对称的手提支架模型的固定装置模型如图 1.173 所示。

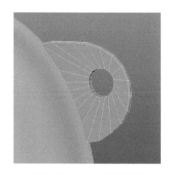

图 1.171　调整方向和位置　　　图 1.172　手提支架的　　　图 1.173　2 个对称的手提
　　　　　之后效果　　　　　　　　　　固定装置模型　　　　　　　支架的固定装置模型

视频播放：关于具体介绍，请观看配套视频"任务五：制作煤油灯的手提支架模型.wmv"。

任务六：制作灯罩的托盘模型

灯罩托盘模型的制作通过创建圆环、选择圆环的面进行挤出和调节来完成。

步骤 01：创建圆环。在菜单栏中单击【创建】→【多边形基本体】→【圆环】命令，在顶视图中创建 1 个圆环，调节好其位置，效果如图 1.174 所示。

步骤 02：挤出和调节。选择圆环中需要挤出的循环面进行挤出和调节，该操作需要进行 3 次，最终效果如图 1.175 所示。

步骤 03：显示其他模型，整体效果如图 1.176 所示。

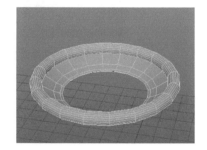

图 1.174　调节位置之后的圆环效果　　　　　图 1.175　最终效果　　　　　图 1.176　整体效果

视频播放：关于具体介绍，请观看配套视频"任务六：制作灯罩的托盘模型.wmv"。

任务七：制作灯罩托盘支架的固定调节装置模型

该装置模型的制作通过创建圆柱体并对其进行删除面、挤出边和调节来完成。

步骤 01：创建 1 个圆柱体，将其底面和侧面删除，只保留圆柱体的顶面，如图 1.177 所示。

步骤 02：对剩余的面进行挤出和删除，效果如图 1.178 所示。

步骤 03：选择边并对其进行挤出 2 次，挤出的效果如图 1.179 所示。

图 1.177　只剩下顶面的
圆柱体

图 1.178　对剩余的面进行
挤出和删除之后的效果

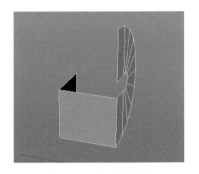

图 1.179　挤出的效果

步骤 04：选择转折处的边进行倒角处理并对其顶点位置进行调节，倒角和位置调节之后的效果如图 1.180 所示。

步骤 05：方法同上，选择边进行挤出操作和顶点位置调节，效果如图 1.181 所示。

步骤 06：选中模型并对其挤出 2 次和位置调节，效果如图 1.182 所示。

图 1.180　倒角和位置调节
之后的效果

图 1.181　挤出和位置调节
之后的效果

图 1.182　挤出 2 次和
位置调节之后的效果

步骤 07：给制作好的模型插入循环边，效果如图 1.183 所示。

步骤 08：显示制作好的模型，通过旋转和移动调节其位置。调节好位置之后的模型如图 1.184 所示。

图 1.183　插入循环边之后的效果

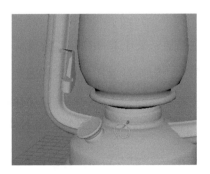

图 1.184　调节好位置之后的模型

视频播放：关于具体介绍，请观看配套视频"任务七：制作灯罩托盘支架的固定调节装置模型.wmv"。

任务八：制作灯罩防护铁丝模型

灯罩防护铁丝模型的制作，通过创建曲线和圆柱体并对圆柱体的顶面沿所创建的曲线挤出来完成。

步骤 01：创建曲线。在菜单栏中单击【创建】→【曲线工具】→【CV 曲线工具】命令，在视图中绘制如图 1.185 所示的曲线。

步骤 02：创建 1 个圆柱体，删除该圆柱体的底面，调节圆柱体的大小和位置，如图 1.186 所示。

步骤 03：挤出操作。先选择圆柱体的顶面，再选择所创建的曲线。在菜单栏中单击【编辑网格】→【挤出】命令，弹出挤出参数设置快捷面板。挤出参数设置和效果如图 1.187 所示。

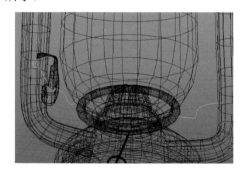

图 1.185　绘制的曲线　　　　图 1.186　圆柱体的　　　　图 1.187　挤出参数
　　　　　　　　　　　　　　　　大小和位置　　　　　　　　设置和效果

步骤 04：重复步骤 01～步骤 03，制作其余铁丝模型效果。制作好的铁丝模型如图 1.188 所示。

步骤 05：将制作好的所有模型显示出来，煤油灯的最终效果如图 1.189 所示。

图 1.188　制作好的铁丝模型　　　　　　图 1.189　煤油灯的最终效果

视频播放：关于具体介绍，请观看配套视频"任务八：制作灯罩防护铁丝模型.wmv"。

七、拓展训练

根据所学知识完成以下模型的制作。

案例 4　制作缥岚虎啸兵器模型

一、案例内容简介

本案例主要介绍缥岚虎啸兵器的构造及其模型的制作原理、流程、方法和技巧。

二、案例效果欣赏

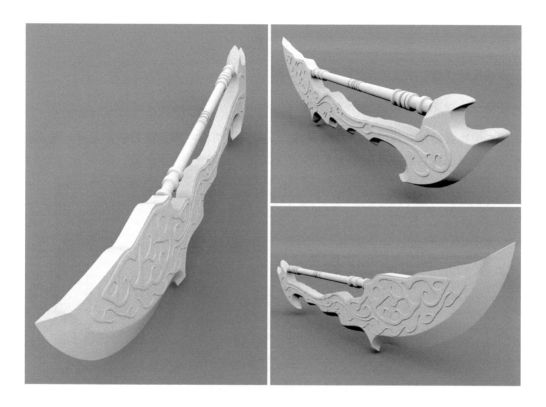

三、案例制作流程（步骤）

任务五： 制作缥岚虎啸兵器模型的高模

任务四： 制作缥岚虎啸兵器的花纹模型

案例4
制作缥岚虎啸
兵器模型

任务一： 缥岚虎啸兵器简介

任务二： 制作缥岚虎啸兵器的刀柄模型

任务三： 制作缥岚虎啸兵器的刀身模型

四、制作目的

（1）掌握参考图的收集方法。

（2）掌握缥岚虎啸兵器模型的制作原理、流程、方法和技巧。

（3）掌握缥岚虎啸兵器的基本结构。

五、制作过程中需要解决的问题

（1）了解古代兵器的发展历史。

（2）缥岚虎啸兵器的作用。

（3）缥岚虎啸兵器各个部件之间的结构关系。

六、详细操作步骤

任务一：缥岚虎啸兵器简介

缥岚虎啸兵器是游戏中的一种短兵器，该兵器的结构主要包括刀柄、刀身、装饰花纹三部分。缥岚虎啸兵器参考图如图 1.190 所示。

图 1.190　缥岚虎啸兵器参考图

视频播放：关于具体介绍，请观看配套视频"任务一：缥岚虎啸兵器简介.wmv"。

任务二：制作缥岚虎啸兵器的刀柄模型

缥岚虎啸兵器的刀柄模型的制作，通过创建圆柱体并对其进行挤出、调节和提取面来完成。

步骤 01：根据前面案例所学知识，将参考图导入侧视图中，调节好其位置，如图 1.191 所示。

提示：导入的参考图不能作为对位图形，只能作为模型的参考图和模型比例调节依据。

步骤 02：创建 1 个圆柱体，调节该圆柱体的大小和位置。调节好的圆柱体如图 1.192 所示。

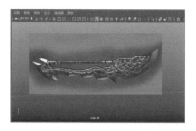

图 1.191　导入的参考图位置

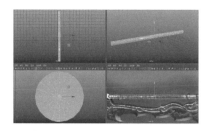

图 1.192　调节好的圆柱体

步骤 03：插入循环边。在菜单栏中单击【网格工具】→【插入循环边】命令，根据参考图刀柄的结构插入循环边。插入的循环边如图 1.193 所示。

步骤 04：挤出操作。选择模型中间的面，在菜单栏中单击【编辑网格】→【挤出】命令，对选择的面进行挤出操作，挤出之后的效果如图 1.194 所示。

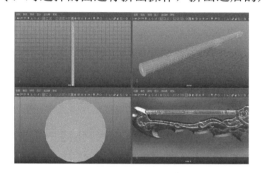

图 1.193　插入的循环边

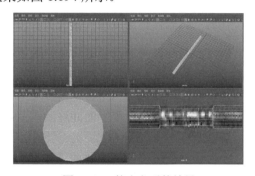

图 1.194　挤出之后的效果

步骤 05：提取面。选择挤出的面，在菜单栏中单击【编辑网格】→【提取】命令，将选择的面单独提取为独立的面。第 1 次提取面之后的效果如图 1.195 所示。

步骤 06：方法同上，根据参考图，继续提取面。多次提取面之后的效果如图 1.196 所示。

步骤 07：挤出操作。根据参考图选择在中间段提取的面，在菜单栏中单击【编辑网格】→【挤出】命令，先对选择的面进行挤出，再对其进行适当的缩放，挤出和缩放之后的效果如图 1.197 所示。

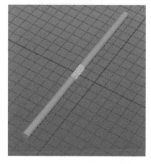

图 1.195　第 1 次提取面
之后的效果

图 1.196　多次提取面
之后的效果

图 1.197　挤出和缩放
之后的效果

步骤 08：方法同上，继续对所提取的其他面进行挤出和缩放，刀柄模型最终效果如图 1.198 所示。

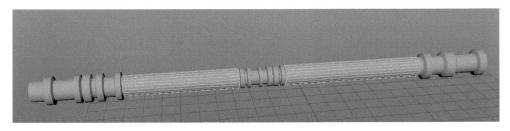

图 1.198　刀柄模型最终效果

视频播放：关于具体介绍，请观看配套视频"任务二：制作缥岚虎啸兵器的刀柄模型.wmv"。

任务三：制作缥岚虎啸兵器的刀身模型

缥岚虎啸兵器的刀身模型制作，通过创建 1 个平面并对平面的边进行挤出和调节，再使用【桥接】、【插入循环边】和【多切割】命令进行边连接、插入循环边和添加边来完成。

步骤 01：创建 1 个平面。在菜单栏中单击【创建】→【多边形基本体】→【平面】命令，在侧视图中创建 1 个平面并适当调节其顶点的位置，如图 1.199 所示。

步骤 02：挤出边和调节。选择平面右侧的边，在菜单栏中单击【编辑网格】→【挤出】命令，对选择的边进行挤出并调节其位置，效果如图 1.200 所示。

步骤 03：方法同上，继续对边进行挤出和位置调节，效果如图 1.201 所示。

 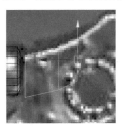 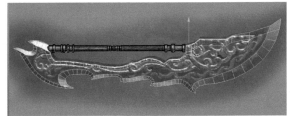

图 1.199　调节好顶点　　图 1.200　挤出和调节　　　图 1.201　挤出和位置调节之后的效果
位置之后的平面　　　边位置之后的效果

步骤 04：填充洞。双击选中如图 1.202 所示的边界边，在菜单栏中单击【网格】→【填充洞】命令，执行填充洞操作。填充洞之后的效果如图 1.203 所示。

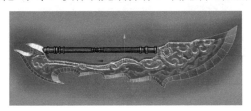 

图 1.202　选择的边界边　　　　　图 1.203　步骤 04 填充洞之后的效果

步骤 05：使用【多切割】命令和【插入循环边】命令，分别给模型添加边和插入循环边，并对添加和插入的边进行顶点位置调节，效果如图 1.204 所示。

步骤 06：切换刀刃部分的边，对边的位置进行调节，调节之后的效果如图 1.205 所示。

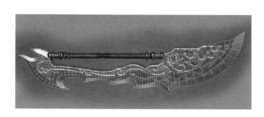

图 1.204　步骤 05 的效果

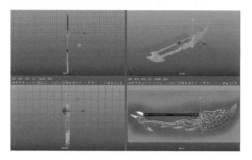

图 1.205　步骤 06 的效果

步骤 07：镜像复制。选择调节好的模型。在菜单栏中单击【编辑】→【特殊复制】→▣命令属性图标，弹出【特殊复制选项】对话框。该对话框参数的设置如图 1.206 所示。参数设置完毕，单击【特殊复制】按钮，进行镜像复制。特殊复制的效果如图 1.207 所示。

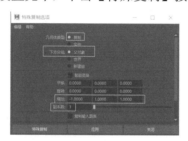

图 1.206　【特殊复制选项】对话框参数设置

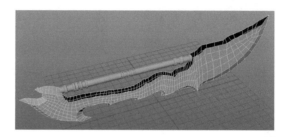

图 1.207　特殊复制的效果

步骤 08：结合操作。选择复制的模型和原模型。在菜单栏中单击【网格】→【结合】命令，把选择的所有模型结合为 1 个模型。

步骤 09：合并模型。选择结合之后的模型。在菜单栏中单击【编辑网格】→【合并】命令，把所选对象合并。

步骤 10：填充洞。选择刀身模型的边界边，在菜单栏中单击【网格】→【填充洞】命令，进行填充洞。填充洞之后的效果如图 1.208 所示。

步骤 11：添加边。在菜单栏中单击【网格工具】→【多切割】命令，给模型添加边。添加边之后的效果如图 1.209 所示。

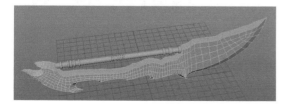

图 1.208　步骤 10 填充洞之后的效果

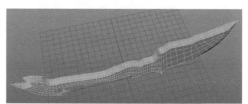

图 1.209　添加边之后的效果

视频播放：关于具体介绍，请观看配套视频"任务三：制作缥岚虎啸兵器的刀身模型.wmv"。

任务四：制作缥岚虎啸兵器的花纹模型

缥岚虎啸兵器的花纹模型的制作方法与刀身模型的制作方法基本相同，即通过创建平面，对平面的边进行挤出和调节来完成。

步骤01：创建平面并调节其顶点的位置。在菜单栏中单击【创建】→【NURBS 基本体】→【平面】命令，在侧视图中创建 1 个平面，调节平面的顶点位置，如图 1.210 所示。

步骤02：选择平面右侧的边，在菜单栏中单击【编辑网格】→【挤出】命令，执行边的挤出。然后，调节挤出边的位置，如图 1.211 所示。

步骤03：方法同上，根据花纹的结构，继续选择边进行挤出并对挤出边的顶点位置进行调节。花纹效果如图 1.212 所示。

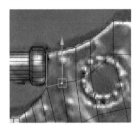  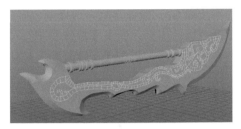

图 1.210　调节顶点位置　　图 1.211　挤出边在调节　　　　图 1.212　花纹效果
　　　之后的平面　　　　　　　位置之后的效果

步骤04：方法同上，根据花纹结构，继续绘制刀身的花纹。绘制的花纹如图 1.213 所示。

步骤05：结合操作。选择所有已绘制的花纹。在菜单栏中单击【网格】→【结合】命令，把所有花纹结合为 1 个模型。

步骤06：挤出操作。选择花纹模型，在菜单栏中单击【编辑网格】→【挤出】命令，先对花纹模型进行挤出操作，再对挤出的面进行适当缩放，效果如图 1.214 所示。

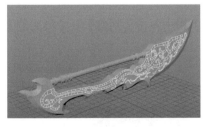 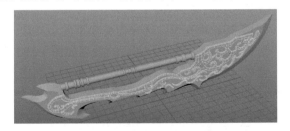

图 1.213　绘制的花纹　　　　　　　　图 1.214　挤出和缩放之后的效果

步骤07：把制作好的花纹镜像复制 1 份并调节其位置，花纹最终效果如图 1.215 所示。

视频播放：关于具体介绍，请观看配套视频"任务四：制作缥岚虎啸刀兵器的花纹模型.wmv"。

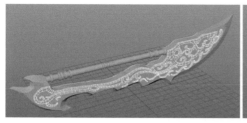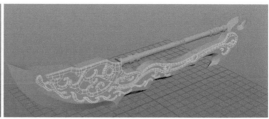

图 1.215　花纹最终效果

任务五：制作缥岚虎啸兵器模型的高模

高模的制作通过先对中模插入循环边和倒角处理，再对插入循环边和倒角之后的模型进行平滑处理来完成。

下面以给花纹插入循环边为例。

步骤 01： 在菜单栏中单击【编辑网格】→【插入循环边】命令，给缥岚虎啸兵器第 1 个侧面的花纹插入循环边。插入循环边之后的效果如图 1.216 所示。

步骤 02： 选择插入循环边之后的花纹，在菜单栏中单击【网格】→【平滑】命令，进行平滑处理。平滑处理之后的效果如图 1.217 所示。

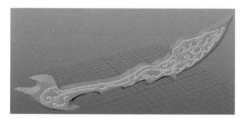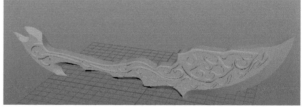

图 1.216　插入循环边之后的效果　　　　图 1.217　平滑处理之后的效果

步骤 03： 方法同上，给缥岚虎啸兵器第 2 个侧面的花纹、刀柄和刀身插入循环边并进行倒角和平滑处理。最终的缥岚虎啸兵器模型如图 1.218 所示。

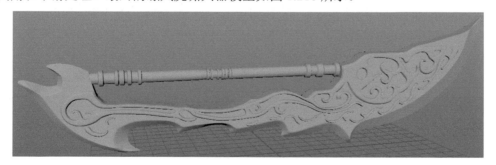

图 1.218　最终的缥岚虎啸兵器模型

视频播放： 关于具体介绍，请观看配套视频"任务五：制作缥岚虎啸兵器模型的高模.wmv"。

七、拓展训练

根据所学知识完成以下模型的制作。

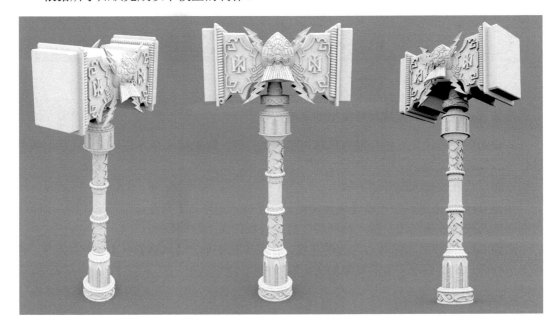

第2章 制作枪械模型——G56突击步枪

知识点：

案例1 素材准备与模型大形的搭建

案例2 制作G56突击步枪的中模

案例3 制作G56突击步枪的高模

案例4 制作G56突击步枪的低模

说明：

本章主要以G56突击步枪为例，介绍游戏中的枪械模型的制作流程。通过4个案例详细介绍G56突击步枪模型的素材准备、模型大形的搭建和中/高/低模制作的详细步骤。

教学建议课时数：

一般情况下，需要16课时，其中理论学习占4课时，实际操作占12课时（特殊情况下可做相应调整）。

案例1 素材准备与模型大形的搭建

一、案例内容简介

本案例主要介绍游戏中的枪械模型的素材准备、模型大形（轮廓）的搭建及注意事项。

二、案例效果欣赏

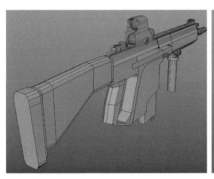

三、案例制作流程（步骤）

任务十二：模型大形搭建的注意事项

任务十一：制作G56突击步枪的瞄准装置模型大形

任务十：制作G56突击步枪的卡槽模型大形

任务九：制作G56突击步枪的支架模型大形

任务八：制作G56突击步枪的后座及其与枪身的连接部件和缓冲部件模型大形

任务七：搭建G56突击步枪的扳机模型大形

案例1 素材准备与模型大形搭建

任务一：收集参考图和分析模型结构

任务二：创建项目文件和自定义工具架

任务三：导入参考图

任务四：搭建枪管模型大形

任务五：搭建枪身前部模型大形

任务六：搭建枪身后部和弹夹模型大形

四、制作目的

（1）掌握参考图的收集方法。

（2）熟悉参考图的分类和结构分析。

（3）根据参考图搭建模型大形。

（4）熟悉搭建模型大形的注意事项。

（5）掌握 G56 突击步枪模型大形的搭建方法。

五、制作过程中需要解决的问题

（1）提高对素材的分析能力。

（2）分解游戏中的枪械模型的基本制作流程。

（3）熟悉游戏开发流程。

（4）灵活使用【建模】模块下的各个命令。

六、详细操作步骤

任务一：收集参考图和分析模型结构

本案例主要介绍如何使用多边形建模技术制作 G56 突击步枪的模型。在制作前需要收集有关 G56 突击步枪的参考图，如图 2.1 所示。

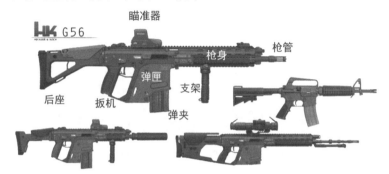

图 2.1　G56 突击步枪参考图

根据收集的参考图可知，G56 突击步枪分为枪管、枪身、支架、扳机、弹匣、弹夹、后座和瞄准装置 8 个部分。对各部分单独制作模型，然后进行组合。

视频播放：关于具体介绍，请观看配套视频"任务一：收集参考图和分析模型结构.wmv"。

任务二：创建项目文件和自定义工具架

1. 创建项目文件

步骤 01：启动 Maya 2023。

步骤 02：创建项目文件。在菜单栏中单击【文件】→【项目窗口】命令，弹出【项目窗口】对话框。在该对话框中设置项目文件名称和保存路径，其他参数采用默认设置，如图 2.2 所示。

步骤 03：参数设置完毕，单击【接受】按钮，进行项目文件的设置。

2. 保存项目文件

步骤 01：在菜单栏中单击【文件】→【保存场景】命令（或按键盘上的 Ctrl+S 组合

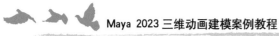

键），弹出【另存为】对话框。在该对话框设置项目文件的保存路径和名称，如图 2.3 所示。

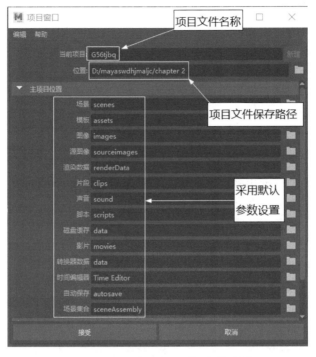

图 2.2 【项目窗口】对话框参数设置

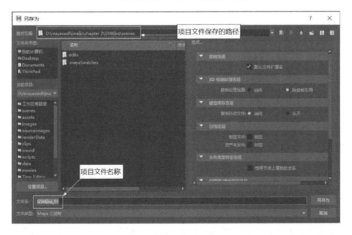

图 2.3 在【另存为】对话框中设置项目文件的保存路径和名称

步骤 02：设置完毕，单击【另存为】按钮，保存项目文件。
步骤 03：把收集到的素材文件复制到项目中的"sourceimages"文件夹下。

3. 创建自定义工具架

为了提高工作效率，建议将一些常用命令放在自定义的工具架中。

步骤 01：创建自定义工具架。将光标移到界面左上角的 ⚙（用于修改工具架的项目菜单）图标上，弹出如图 2.4 所示的快捷菜单。把光标移到【新建工具架】命令上单击，弹出【创建新工具架】对话框，在该对话框输入自定义的工具架名称，如图 2.5 所示。单击【确定】按钮，完成自定义工具架的创建，如图 2.6 所示。

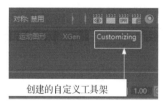

图 2.4　快捷菜单　　　　图 2.5　【创建新工具架】对话框　　　图 2.6　创建的自定义工具架

步骤 02：给自定义工具架添加常用命令的快捷图标。在此，以添加可删除历史记录的命令快捷图标为例。按住 "Shift+Ctrl" 组合键不放的同时，在菜单栏中单击【编辑】→【按类型删除全部】→【历史】命令，即可将【历史】命令的快捷图标添加到自定义的工具架中，如图 2.7 所示。

步骤 03：方法同上，继续添加其他常用命令的快捷图标，如图 2.8 所示。

图 2.7　添加【历史】命令的快捷图标　　　　图 2.8　添加其他常用命令的快捷图标

提示：在以后的模型制作过程中，不用单击菜单栏中的相应命令，只须单击工具架中相应的快捷图标。

视频播放：关于具体介绍，请观看配套视频 "任务二：创建项目文件和自定义工具架.wmv"。

任务三：导入参考图

导入参考图的目的是为制作 G56 突击步枪模型提供参考，这样可以提高模型的精确程度。参考图导入的具体操作方法如下。

步骤 01：导入参考图。在侧视图的子菜单栏中单击【视图】→【图像平面】→【导入图像…】命令，弹出【打开】对话框。在该对话框中选择需要导入的参考图，如图 2.9 所示。单击【打开】按钮，导入参考图。

步骤 02：调节参考图的大小和位置。对导入的参考图进行适当缩放并调节其位置，如图 2.10 所示。

图 2.9　在【打开】对话框中选择需要
导入的参考图

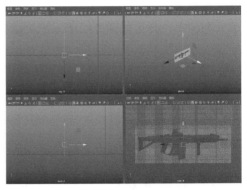

图 2.10　参考图的缩放和位置调节

步骤 03：选择导入的参考图，按住"Ctrl+A"组合键，显示参考图的属性控制面板。设置属性控制面板中的"属性编辑器"选项卡参数，如图 2.11 所示。设置好参数之后的效果如图 2.12 所示。

图 2.11　"属性编辑器"选项卡参数设置

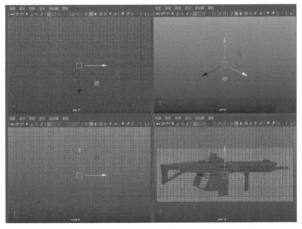

图 2.12　设置好参数之后的效果

视频播放：关于具体介绍，请观看配套视频"任务三：导入参考图.wmv"。

任务四：搭建枪管模型大形

枪管模型大形的搭建，主要通过创建圆柱体、插入循环边并对其进行挤出和缩放来完成。

步骤 01：创建 1 个圆柱体。在菜单栏中单击【创建】→【多边形基本体】→【圆柱体】命令，在前视图中创建 1 个圆柱体，把该圆柱体的"轴向细分数"值设为 24，如图 2.13 所示。

步骤 02：变换操作。根据参考图对所创建的圆柱体进行缩放和位置调节，效果如图 2.14 所示。

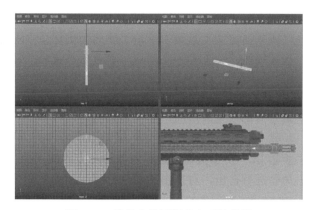

图 2.13　圆柱体的参数设置　　　　　　图 2.14　缩放和位置调节之后的效果

步骤 03：插入循环边。在菜单栏中单击【网格工具】→【插入循环边】命令，根据枪管的结构插入 4 条循环边，如图 2.15 所示。

步骤 04：挤出和变换操作。选择循环边之间的循环面，在菜单栏中单击【编辑网格】→【挤出】命令，对选择的循环面进行挤出和缩放，效果如图 2.16 所示。

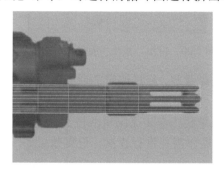

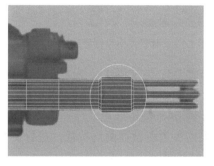

图 2.15　插入的 4 条循环边　　　　　　图 2.16　挤出和缩放之后的效果

步骤 05：方法同上，创建 2 个 "轴线细分数" 值为 16 的圆柱体。根据参考图的结构插入 2 条循环边并对它们进行缩放和位置调节，效果如图 2.17 所示，2 个枪管模型在透视图中的效果如图 2.18 所示。

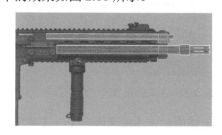

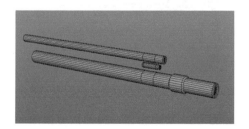

图 2.17　缩放和位置调节之后的效果　　　图 2.18　2 个枪管模型在透视图中的效果

步骤 06：冻结对象。选择制作好的枪管模型，在菜单栏中单击【修改】→【冻结变换】命令（或在自定义工具架中单击■图标），冻结选中的枪管模型。

步骤 07：删除历史记录。在菜单栏中单击【编辑】→【按类型删除全部】→【历史】命令（或在自定义工具架中单击"删除历史记录"图标），把历史记录删除。

视频播放：关于具体介绍，请观看配套视频"任务四：搭建枪管模型大形.wmv"。

任务五：搭建枪身前部模型大形

枪身前部模型大形的搭建，通过创建立方体并对其进行编辑来完成。

步骤 01：创建 1 个立方体，调节该立方体的大小和位置，如图 2.19 所示。

步骤 02：挤出操作。选择所创建立方体的顶面，在菜单栏中单击【编辑网格】→【挤出】命令进行挤出，对挤出的面进行移动和缩放，效果如图 2.20 所示。

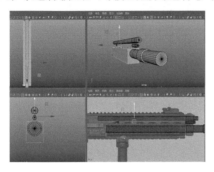 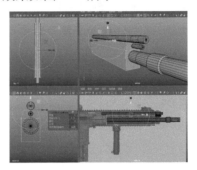

图 2.19　调节大小和位置之后的立方体　　　图 2.20　挤出、移动和缩放之后的效果

步骤 03：方法同上，继续进行挤出、缩放和位置调节。经过编辑之后的枪身前部模型在各个视图中的效果如图 2.21 所示。

步骤 04：倒角处理。选择需要倒角的边，在菜单栏中单击【编辑网格】→【倒角】命令，根据参考图设置倒角参数，进行倒角处理。该操作需要进行 3 次，最终效果如图 2.22 所示。

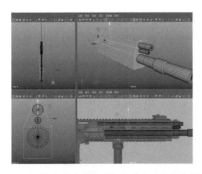 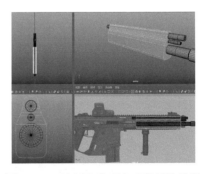

图 2.21　枪身前部模型在各个视图中的效果　　　图 2.22　3 次倒角处理之后的最终效果

步骤 05：挤出操作。选择需要挤出的面，在菜单栏中单击【编辑网格】→【挤出】命令，进行挤出。对挤出的面进行移动，效果图 2.23 所示。

步骤 06：插入循环边。在菜单栏中单击【网格工具】→【插入循环边】命令，插入 2 条循环边并调节顶点位置，效果如图 2.24 所示。

图 2.23　挤出和移动之后的效果

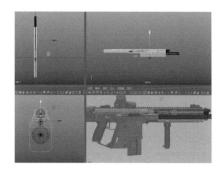

图 2.24　插入循环边并调节顶点位置之后的效果

视频播放：关于具体介绍，请观看配套视频"任务五：搭建枪身前部模型大形.wmv"。

任务六：搭建枪身后部和弹匣模型大形

枪身后部模型大形的搭建通过【创建多边形】命令创建多边形，对创建的多边形进行挤出和位置调节来完成。

步骤 01：创建多边形。在菜单栏中单击【网格工具】→【创建多边形】命令，在侧视图中根据参考图创建多边形，创建的第 1 个多边形如图 2.25 所示。

步骤 02：对创建的多边形进行挤出、缩放和位置调节，效果如图 2.26 所示。

图 2.25　创建的多边形

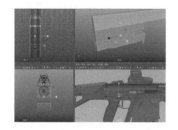

图 2.26　挤出缩放和位置调节之后的效果

步骤 03：方法同上，继续根据参考图创建第 2 个多边形，对创建的多边形进行挤出和变换操作，效果如图 2.27 所示。

步骤 04：方法同上，继续根据参考图创建第 3 个多边形，对创建的多边形进行挤出和变换操作，最终效果如图 2.28 所示。

步骤 05：创建立方体。在菜单栏中单击【创建】→【多边形基本体】→【立方体】命令，在侧视图中创建 1 个立方体。

步骤 06：根据参考图，先调节所创建的立方体的顶点位置，再对其进行宽度缩放，效果如图 2.29 所示。

步骤 07：选择弹匣模型大形，在自定义工具架中单击 █（删除历史记录）图标和 █（冻结变换）图标，删除历史记录和进行冻结变换。

视频播放：关于具体介绍，请观看配套视频"任务六：搭建枪身后部和弹匣模型大形.wmv"。

 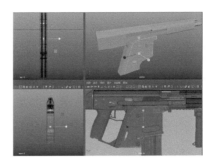

图 2.27　第 2 个多边形挤出和变换操作之后的效果　　图 2.28　第 3 个多边形挤出和变换操作之后的效果

任务七：搭建 G56 突击步枪的扳机模型大形

扳机模型大形的制作主要通过创建立方体、插入循环边并进行挤出、倒角和顶点位置调节来完成。

步骤 01：插入循环边。在菜单栏中单击【网格工具】→【插入循环边】命令，插入的循环边如图 2.30 所示。

图 2.29　位置调节和宽度缩放之后的效果　　图 2.30　插入的循环边

步骤 02：挤出和顶点位置调节。选择需要挤出的面，在菜单栏中单击【编辑网格】→【挤出】命令，进行挤出并对挤出的面进行位置调节。再进行一次挤出和位置调节，效果如图 2.31 所示。

步骤 03：创建 1 个立方体并调节其顶点，再对该立方体的宽度进行缩放，效果如图 2.32 所示。

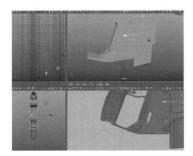 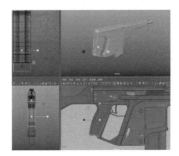

图 2.31　2 次挤出和位置调节之后的效果　　图 2.32　立方体宽度缩放之后的效果

步骤 04：插入循环边和调节顶点位置。在菜单栏中单击【网格工具】→【插入循环边】命令，给立方体插入 2 条循环边。然后根据参考图调节顶点的位置，效果如图 2.33 所示。

步骤 05：倒角处理。选择需要倒角的 4 条边，在菜单栏中单击【编辑网格】→【倒角】命令，在弹出的对话框中设置倒角参数，如图 2.34 所示。倒角之后的效果如图 2.35 所示。

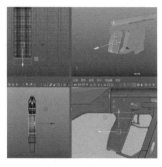

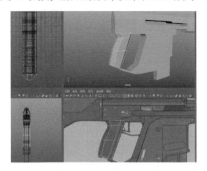

图 2.33　插入循环边和调节顶点　　图 2.34　设置倒角　　图 2.35　倒角之后的效果
　　　　　位置之后的效果　　　　　　　　参数

视频播放：关于具体介绍，请观看配套视频"任务七：搭建 G56 突击步枪的扳机模型大形.wmv"。

任务八：制作 G56 突击步枪的后座及其与枪身的连接部件和缓冲部件模型大形

G56 突击步枪的后座及其与枪身的连接部件和缓冲部件模型大形的制作，通过创建立方体并对其进行挤出、倒角和顶点位置调节来完成。

1. 制作后座与枪身连接部件模型大形

步骤 01：创建 1 个立方体，调节该立方体的位置和大小，效果如图 2.36 所示。

步骤 02：倒角处理。选择需要倒角的边，在菜单栏中单击【编辑网格】→【倒角】命令，在弹出的对话框中设置倒角参数，具体参数设置如图 2.37 所示，倒角之后的效果如图 2.38 所示。

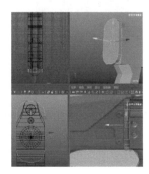

图 2.36　调节立方体的位置和大小　　图 2.37　步骤 02 的倒角　　图 2.38　倒角之后的效果
　　　　　之后的效果　　　　　　　　　参数设置

2. 制作后座的模型大形

步骤 01：创建 1 个立方体，对其进行缩放和顶点位置调节，效果如图 2.39 所示。

步骤 02：挤出操作。选择需要挤出的面，在菜单栏中单击【编辑网格】→【挤出】命令，进行挤出并调节顶点的位置，效果如图 2.40 所示。

步骤 03：插入循环边和调节顶点位置。在菜单栏中单击【网格工具】→【插入循环边】命令，插入循环边，调节顶点的位置，效果如图 2.41 所示。

图 2.39　缩放和调节顶点
位置之后的效果

图 2.40　挤出和调节顶点
位置之后的效果

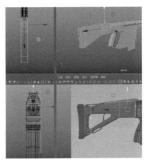
图 2.41　插入循环边和调节
顶点位置之后的效果

步骤 04：倒角处理。选择需要倒角的边，在菜单栏中单击【编辑网格】→【倒角】命令，在弹出的对话框中设置倒角参数，如图 2.42 所示，倒角之后的效果如图 2.43 所示。

3. 制作后座与枪身之间的缓冲部件

步骤 01：创建 1 个立方体，调节该立方体大小和顶点位置，效果如图 2.44 所示。

图 2.42　步骤 04 的倒角
参数设置

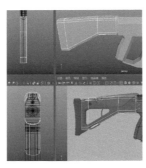
图 2.43　倒角之后的效果

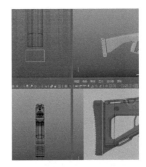
图 2.44　调节立方体大小和顶点
位置之后的效果

步骤 02：倒角和顶点位置调节。选择需要倒角的边，在菜单栏中单击【编辑网格】→【倒角】命令，倒角参数设置如图 2.45 所示。对倒角之后的模型顶点位置进行调节，调节之后的效果如图 2.46 所示。

步骤 03：挤出操作。选择需要挤出的面，在菜单栏中单击【编辑网格】→【挤出】命令，挤出参数设置如图 2.47 所示，挤出之后的效果如图 2.48 所示。

图 2.45 倒角参数设置

图 2.46 顶点位置调节之后的效果

图 2.47 挤出参数设置

步骤 04：进行第 2 次挤出操作，对挤出的面进行调节，挤出和调节之后的效果如图 2.49 所示。

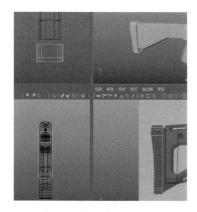
图 2.48 挤出之后的效果

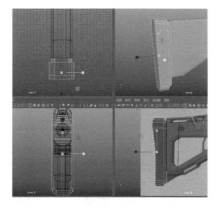
图 2.49 第 2 次挤出和调节之后的效果

视频播放：关于具体介绍，请观看配套视频"任务八：制作 G56 突击步枪的后座及其与枪身的连接部件和缓冲部件模型大形.wmv"。

任务九：制作 G56 突击步枪的支架和螺栓模型大形

支架模型大形的制作，通过创建圆柱体和球体，对创建的圆柱体和球体进行挤出和调节来完成。

1. 制作支架模型大形

步骤 01：创建 1 个圆柱体，选择该圆柱体的顶面进行 2 次挤出，同时进行缩放和移动操作，圆柱体的最终效果如图 2.50 所示。

步骤 02：插入循环边。在菜单栏中单击【网格工具】→【插入循环边】命令，给创建的圆柱体插入 1 条循环边，如图 2.51 所示。

步骤 03：选择循环面，在菜单栏中单击【编辑网格】→【复制】命令，复制的面如图 2.52 所示。

步骤 04：挤出操作。对复制的面进行挤出和位置调节，效果如图 2.53 所示。

步骤 05：给模型插入 2 条循环边，如图 2.54 所示。

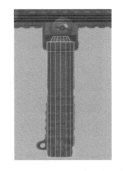

图 2.50　圆柱体的最终效果　　　图 2.51　插入 1 条循环边　　　图 2.52　复制的面

步骤 06：桥接操作。选择需要桥接的面，在菜单栏中单击【编辑网格】→【桥接】命令，进行桥接操作。桥接之后的效果如图 2.55 所示。

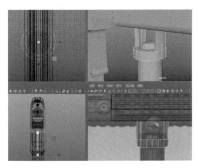

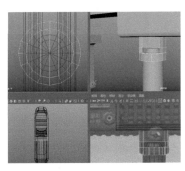

图 2.53　挤出和位置调节之后的效果　　图 2.54　插入 2 条循环边　　图 2.55　桥接之后的效果

2. 制作螺栓大形

步骤 01：在侧视图中创建 1 个球体并删除一半球体，如图 2.56 所示。

步骤 02：挤出和缩放操作。选择半球体的开放边，进行挤出、缩放和位置调节 2 次，效果如图 2.57 所示。

步骤 03：把制作好的螺栓镜像复制 1 份，调节好其位置。复制的螺栓效果如图 2.58 所示。

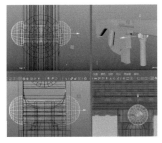

图 2.56　半球体　　　　图 2.57　挤出、缩放和位置　　　图 2.58　复制的螺栓效果
　　　　　　　　　　　　　　调节 2 次之后的效果

视频播放：关于具体介绍，请观看配套视频"任务九：制作 G56 突击步枪的支架和螺栓模型大形.wmv"。

任务十：制作 G56 突击步枪的卡槽模型大形

卡槽模型大形的制作通过提取面，对所提取的面进行挤出、插入循环边和位置调节来完成。

步骤 01：选择需要提取的面，在菜单栏中单击【编辑网格】→【提取】命令，提取的面如图 2.59 所示。

步骤 02：挤出和调节。选择提取的面，在菜单栏中单击【编辑网格】→【挤出】命令，进行挤出操作，对挤出的面进行位置调节，效果如图 2.60 所示。

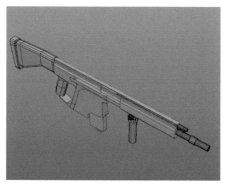

图 2.59　提取的面

图 2.60　挤出和位置调节之后的效果

步骤 03：插入循环边并调节顶点位置。根据参考图所示结构，插入循环边并调节其顶点位置，效果如图 2.61 所示。

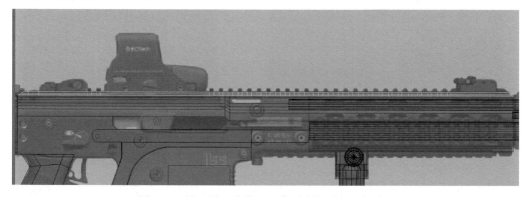

图 2.61　插入循环边并调节其顶点位置之后的效果

步骤 04：选择所插入的循环边之间的顶面，进行挤出和缩放，效果如图 2.62 所示。

步骤 05：方法同上，制作第 2 个卡槽模型大形。制作好的第 2 个卡槽模型大形如图 2.63 所示。

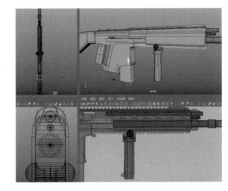

图 2.62　挤出和缩放之后的效果　　　　图 2.63　制作好的第 2 个卡槽模型大形

视频播放：关于具体介绍，请观看配套视频"任务十：制作 G56 突击步枪的卡槽模型大形.wmv"。

任务十一：制作 G56 突击步枪的瞄准装置模型大形

瞄准装置模型大形的制作主要通过提取面和复制面，对提取的面和复制的面进行挤出和位置调节来完成。在本案例中需要制作 3 个瞄准装置模型，即后端、中间、前端瞄准装置模型。

1. 制作后端瞄准装置模型

步骤 01：选择需要提取的面，如图 2.64 所示，在菜单栏中单击【编辑网格】→【提取】命令，提取面。提取的面如图 2.65 所示。

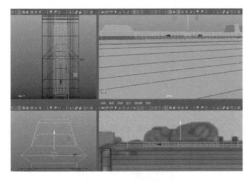

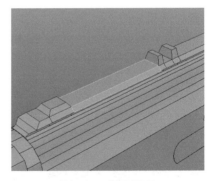

图 2.64　选择的面　　　　　　　　　图 2.65　提取的面

步骤 02：对提取的面进行挤出和调节。选择提取的面，在菜单栏中单击【编辑网格】→【挤出】命令，进行挤出操作并对挤出的面进行位置调节，效果如图 2.66 所示。

步骤 03：插入循环边。在菜单栏中单击【网格工具】→【插入循环边】命令，根据步枪的结构插入如图 2.67 所示的循环边。

步骤 04：挤出和调节。选择需要挤出的面，在菜单栏中单击【编辑网格】→【挤出】命令，进行挤出操作并对挤出的面进行位置调节，效果如图 2.68 所示。

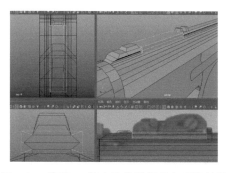

图 2.66　步骤 03 挤出和位置调节之后的效果

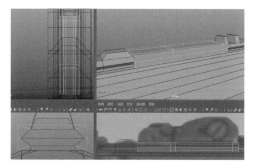

图 2.67　插入的循环边

步骤 05：方法同上，根据后端瞄准装置的结构继续挤出和位置调节，最终效果如图 2.69 所示。

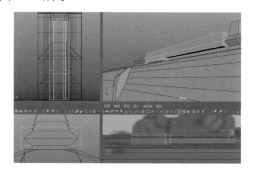

图 2.68　步骤 04 挤出和位置调节之后的效果

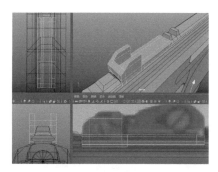

图 2.69　最终效果

步骤 06：方法同上，根据后端瞄准装置的结构继续对面进行挤出和位置调节，效果如图 2.70 所示。

步骤 07：制作螺栓模型。创建 1 个圆柱体，给它插入 2 条循环边，对该圆柱体的面进行挤出。制作好的螺栓模型效果如图 2.71 所示。

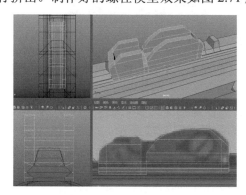

图 2.70　步骤 06 挤出和位置调节之后的效果

图 2.71　制作好的螺栓模型

步骤 08：创建 1 个管道。在菜单栏中单击【创建】→【多边形基本体】→【管道】命令，在顶视图中创建 1 个管道，其大小和位置如图 2.72 所示。

步骤 09：挤出和倒角处理。选择需要挤出的面进行挤出和位置调节，然后进行倒角处理，效果如图 2.73 所示。

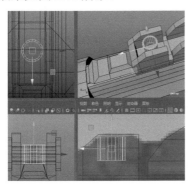

图 2.72　管道的大小和位置

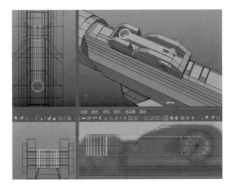

图 2.73　挤出、位置调节和倒角之后的效果

2. 制作中间瞄准装置模型

步骤 01：创建 1 个管道。在菜单栏中单击【创建】→【多边形基本体】→【管道】命令，在顶视图中创建 1 个管道，其大小和位置如图 2.74 所示。

步骤 02：删除管道下半部的面，根据中间瞄准装置的结构对剩下的面进行 8 次挤出和位置调节，效果如图 2.75 所示。

图 2.74　管道的大小和位置

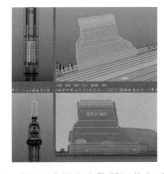

图 2.75　进行 8 次挤出和位置调节之后的效果

步骤 03：创建 1 个正方体。在菜单栏中单击【创建】→【多边形基本体】→【立方体】命令，在顶视图中创建 1 个正方体，如图 2.76 所示。

步骤 04：给创建的正方体添加平滑命令。选择创建的正方体，在菜单栏中单击【网格】→【平滑】命令，设置平滑参数。平滑之后的效果如图 2.77 所示。

步骤 05：对平滑之后的立方体顶点位置进行调节和缩放，调节之后的效果如图 2.78 所示。

步骤 06：把前面制作好的模型复制 1 个，切换到顶面编辑模式，对顶点的位置进行调节，效果如图 2.79 所示。

步骤 07：螺栓模型的制作。把前面制作好的螺栓复制 1 份，适当进行位置调节。制作好的螺栓模型如图 2.80 所示。

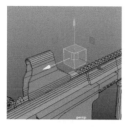

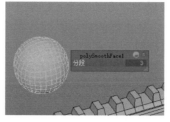

图 2.76　创建的正方体　　　图 2.77　平滑之后的效果　　　图 2.78　调节之后的效果

3. 制作前端瞄准装置模型

步骤 01：插入循环边。在菜单栏中单击【网格工具】→【插入循环边】命令，插入如图 2.81 所示的 2 条循环边。

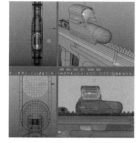

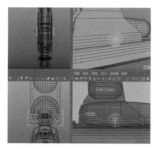

图 2.79　步骤 05 复制和顶　　图 2.80　制作好的螺栓模型　　图 2.81　插入的 2 条循环边
　　点位置调节之后的效果

步骤 02：复制面。选择需要提取的面，在菜单栏中单击【编辑网格】→【复制】命令，复制的面如图 2.82 所示。

步骤 03：挤出操作。选择复制的面，在菜单栏中单击【编辑网格】→【挤出】命令，进行挤出操作并对挤出的面进行位置调节，效果如图 2.83 所示。

步骤 04：插入循环边。根据前端瞄准装置的结构插入循环边，插入的循环边如图 2.84 所示。

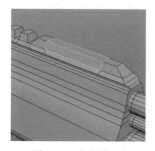

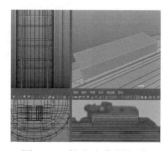

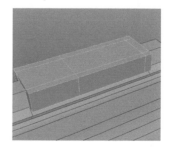

图 2.82　复制的面　　　　　图 2.83　挤出和位置调节　　　图 2.84　插入的循环边
　　　　　　　　　　　　　　　之后的效果

步骤 05：根据前端瞄准装置的结构，选择需要挤出的面并对其进行 3 次挤出和顶点位置调节，效果如图 2.85 所示。

步骤 06：制作前端瞄准装置模型。方法同上，创建 1 个管道，删除其后半部，对剩余部分进行填充、挤出和倒角操作。制作好的前端瞄准装置模型如图 2.86 所示。

步骤 07：把前面已制作的螺栓模型再复制 1 份，对复制的螺栓模型进行位置调节和倒角处理。位置调节和倒角之后的螺栓模型如图 2.87 所示。

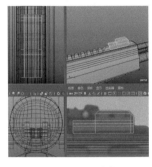 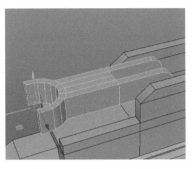 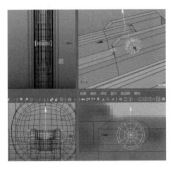

图 2.85　进行 3 次挤出和　　　图 2.86　制作好的前端　　　图 2.87　位置调节和倒角
位置调节之后的效果　　　　　　瞄准装置模型　　　　　　之后的螺栓模型

视频播放：关于具体介绍，请观看配套视频"任务十一：制作 G56 突击步枪的瞄准装置模型大形.wmv"。

任务十二：模型大形搭建的注意事项

在进行模型大形搭建时，需要注意一些事项。下面，以 G56 突击步枪模型大形搭建为例说明注意事项。

1. 结构正确

所谓结构正确是指在搭建模型大形时，需要根据模型的形态结构，先选择合适的基本体，再对基本体进行位置调节。正确结构与错误结构对比如图 2.88 所示，左图结构不正确，是因为其中枪的支架模型大形为 1 个圆柱体，需要用圆柱体来搭建模型大形。

（a）错误结构　　　　　　　　　　　　　（b）正确结构

图 2.88　正确结构与错误结构对比

2. 布线合理

布线合理是指模型布线尽量做到横平竖直，符合审美观，不要出现混乱的布线效果。图 2.89（b）中的模型布线比图 2.89（a）中的模型布线更合理。

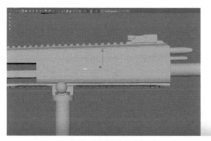 

（a）布线不合理　　　　　　　　　　　　　　　（b）布线合理

图 2.89　布线合理性的对比

3. 比例正确

比例正确是指模型中的各个子模型之间（或模型本身）的比例关系要符合模型的实际比例要求，不能出现比例失调。图 2.90（a）中的模型比例不正确，给人的感觉比较臃肿；图 2.90（b）中的模型比例正确，比例符合实际，给人的感觉很舒服。

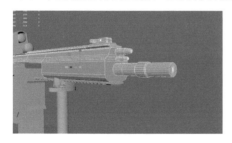 

（a）错误比例　　　　　　　　　　　　　　　（b）正确比例

图 2.90　正确比例与错误比例

4. 适当穿插

穿插是指模型与模型之间的重叠关系，如果在制作中模型与模型之间穿插过多或重叠严重，将直接影响模型的烘焙、UV 制作和材质绘制。图 2.91（a）所示为过多穿插的模型，图 2.91（b）所示为适当穿插的模型。

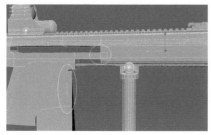 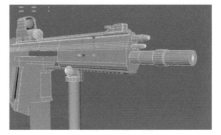

（a）过多穿插的模型　　　　　　　　　　　　　（b）适当穿插的模型

图 2.91　过多穿插与适当穿插

以上 4 点是判断 1 个模型大形的搭建是否合理的依据,希望读者在建模中注意这 4 点。

视频播放:关于具体介绍,请观看配套视频"任务十二:模型大形搭建的注意事项.wmv"。

七、拓展训练

根据所学知识和提供的参考图,完成以下枪械模型大形的搭建。

案例 2 制作 G56 突击步枪的中模

一、案例内容简介

本案例主要以 G56 突击步枪为例，详细介绍游戏模型的中模制作原理、流程、方法、技巧和注意事项。

二、案例效果欣赏

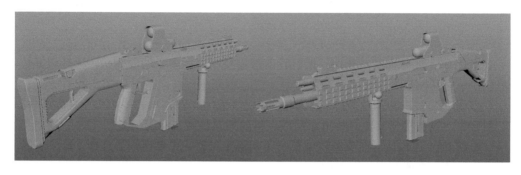

三、案例制作流程（步骤）

任务十四：制作G56突击步枪其他部件的中模

任务十三：制作G56突击步枪后座与人体接触部分的中模

任务十二：制作G56突击步枪后座的中模

任务十一：制作G56突击步枪后座的铁皮中模

任务十：制作G56突击步枪后座与枪身连接部件的中模

任务九：制作G56突击步枪的扳机中模

任务八：制作G56突击步枪的枪把中模

案例2 制作G56突击步枪的中模

任务一：中模的概念和枪管中模的制作

任务二：制作枪管固定装置中模

任务三：制作G56突击步枪的枪身中模

任务四：制作G56突击步枪的枪身连接部件中模01

任务五：制作G56突击步枪的枪身连接部件中模02

任务六：制作G56突击步枪的弹匣中模

任务七：制作G56突击步枪的弹夹中模

四、制作目的

（1）掌握游戏中模制作的原理。

（2）掌握游戏中模制作的流程。

（3）掌握游戏中模的制作方法、技巧和注意事项。

五、制作过程中需要解决的问题

（1）对参考图的二次开发。

（2）检查 G56 突击步枪各个部件模型大形之间的结构关系是否正确、比例是否合理。

六、详细操作步骤

在游戏模型制作中，中模制作很重要，因为中模是低模与高模的过渡。例如，对中模减线，它就变成低模；对中模深入刻画，它就变成高模了。

任务一：中模的概念和枪管中模的制作

1. 中模的概念

中模是指对模型大形进行细化到边锁定（添加平滑命令）之前的模型。

2. 制作枪管中模

步骤 01：删除面和填充洞。把枪管前部需要制作洞效果的面删除，选择边界边，在菜单栏中单击【网格】→【填充洞】命令，进行填充洞操作，效果如图 2.92 所示。

步骤 02：挤出和缩放操作。选择填充洞之后的面，在菜单栏中单击【编辑网格】→【挤出】命令，设置挤出参数。挤出和缩放之后的效果如图 2.93 所示。

步骤 03：添加边，在菜单栏中单击【网格工具】→【多切割】命令，给挤出的面添加边。添加边之后的效果如图 2.94 所示。

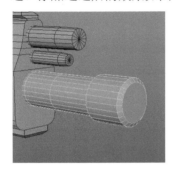
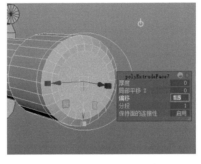
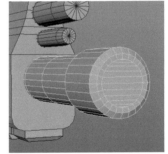

图 2.92　删除面和填充洞　　　图 2.93　挤出和缩放之后的效果　　　图 2.94　添加边之后的效果
　　　　　之后的效果

步骤 04：挤出操作。选择挤出的面，在菜单栏中单击【编辑网格】→【挤出】命令，对挤出的面进行位置调节，效果如图 2.95 所示。

步骤 05：继续挤出操作。选择需要挤出的面，根据枪管结构，进行 2 次挤出并调节位置，效果如图 2.96 所示。

步骤 06：桥接操作。选择需要桥接的面，在菜单栏中单击【编辑网格】→【桥接】命令，进行桥接操作。重复该操作，桥接 2 次之后的效果如图 2.97 所示。

步骤 07：挤出操作。选择需要挤出的面，在菜单栏中单击【编辑网格】→【挤出】命令，进行挤出操作并对挤出的面进行位置调节，效果如图 2.98 所示。

视频播放：关于具体介绍，请观看配套视频"任务一：中模的概念和枪管中模的制作.wmv"。

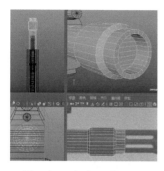

图 2.95 步骤 04 挤出和
位置调节之后的效果

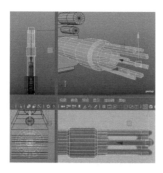

图 2.96 挤出 2 次之后的效果

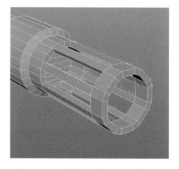

图 2.97 桥接 2 次之后的效果

任务二：制作枪管固定装置中模

枪管固定装置中模的制作通过复制面，对复制的面进行挤出和桥接操作来完成。

步骤 01：复制面。选择需要复制的循环面，在菜单栏中单击【编辑网格】→【复制】命令，进行复制操作。复制的面如图 2.99 所示。

步骤 02：挤出操作。选择复制的面，在菜单栏中单击【编辑网格】→【挤出】命令，设置挤出参数，效果如图 2.100 所示。

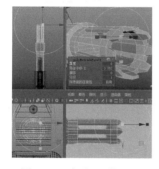

图 2.98 步骤 07 挤出和
位置调节之后的效果

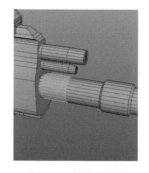

图 2.99 复制的面

图 2.100 挤出之后的效果

步骤 03：方法同上，对其余 2 个枪管的面进行复制和挤出操作，效果如图 2.101 所示。

步骤 04：结合模型。选择复制的模型和挤出的 3 个模型，在菜单栏中单击【网格】→【结合】命令，把选择的所有模型结合为 1 个模型。结合之后的效果如图 2.102 所示。

步骤 05：插入循环边。在菜单栏中单击【网格工具】→【插入循环边】命令，给模型插入 2 条循环边，如图 2.103 所示。

步骤 06：桥接操作。选择需要桥接的面，在菜单栏中单击【编辑网格】→【桥接】命令，进行桥接操作。桥接之后的效果如图 2.104 所示。

步骤 07：插入循环边和位置调节。在菜单栏中单击【网格工具】→【插入循环边】命令，给模型插入 2 条循环边并调节其位置，效果如图 2.105 所示。

步骤 08：方法同上，继续桥接、插入循环边和位置调节，效果如图 2.106 所示。

图 2.101　复制和挤出之后的效果

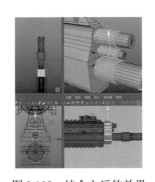
图 2.102　结合之后的效果

图 2.103　插入的 2 条循环边

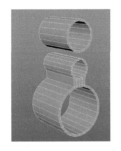
图 2.104　桥接之后的效果

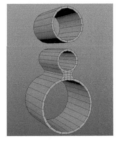
图 2.105　插入循环边和位置
调节之后的效果

图 2.106　桥接、插入循环边和
位置调节之后的效果

步骤 09：挤出操作。选择固定装置下部分的面进行 2 次挤出和缩放，效果如图 2.107 所示。

步骤 10：方法同上，对枪管固定装置上部分的面进行 2 次挤出和缩放，效果如图 2.108 所示。

步骤 11：倒角处理。选择需要倒角的边，在菜单栏中单击【编辑网格】→【倒角】命令，进行倒角处理。倒角之后的效果如图 2.109 所示。

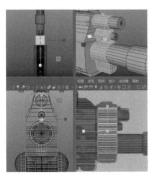
图 2.107　步骤 09 挤出和缩放
2 次之后的效果

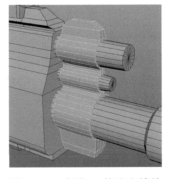
图 2.108　步骤 10 挤出和缩放
2 次之后的效果

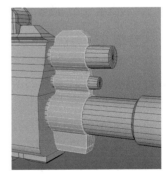
图 2.109　倒角之后的效果

步骤 12：删除枪管模型中多余的循环边。选择多余的循环边，按键盘上的"Ctrl+Delete"组合键，把选择的循环边删除。图 2.110 所示为删除多余循环边前后的对比。

步骤 13：倒角处理。选择枪管模型中需要倒角的边，在菜单栏中单击【编辑网格】→【倒角】命令，进行倒角处理。倒角参数设置和效果如图 2.111 所示。

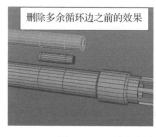
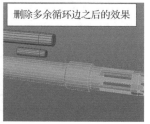
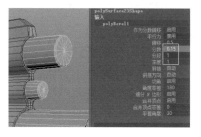

图 2.110　删除多余循环边前后的对比　　　　图 2.111　倒角参数设置和效果

视频播放：关于具体介绍，请观看配套视频"任务二：制作枪管固定装置中模.wmv"。

任务三：制作 G56 突击步枪的枪身中模

G56 突击步枪的枪身中模的制作通过对枪身模型大形插入循环边，根据枪身结构采用镜像复制和挤出来完成。

步骤 01：插入循环边。在菜单栏中单击【网格工具】→【插入循环边】命令，给枪身模型插入 3 条循环边，如图 2.112 所示。

步骤 02：删除多余的面，剩余面的效果如 2.113 所示。

步骤 03：创建 1 个立方体，对该立方体的边进行倒角处理。倒角之后的立方体效果如图 2.114 所示。

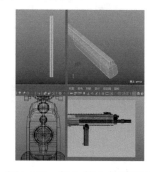
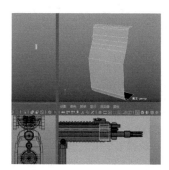
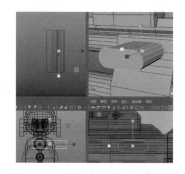

图 2.112　插入的 3 条循环边　　　图 2.113　剩余面的效果　　　图 2.114　倒角之后的立方体效果

步骤 04：复制和结合。把倒角之后的立方体复制 1 份，调节好其位置，把复制和被复制的立方体选中。在菜单栏中单击【网格】→【结合】命令，把选择的 2 个立方体结合为 1 个对象，效果如图 2.115 所示。

步骤 05：布尔和差集运算。先选择枪身剩余的模型，再选择结合之后的立方体，在菜单栏中单击【网格】→【布尔】→【差集】命令，进行布尔和差集运算，效果如图 2.116 所示。

步骤 06：删除多余的面，单击☑（"多切割"工具）图标，对布尔和差集运算之后的模型重新布线，效果如图 2.117 所示。

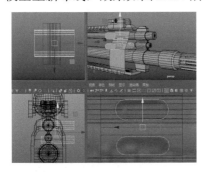 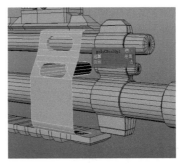 

图 2.115　结合之后的效果　　　图 2.116　布尔和差集运算　　图 2.117　重新布线
　　　　　　　　　　　　　　　　　　之后的效果　　　　　　　之后的效果

步骤 07：把重新布线之后的模型复制 5 份，调节好它们的位置，具体位置如图 2.118 所示。

步骤 08：结合操作。选择重新布线和复制的模型，在菜单栏中单击【网格】→【结合】命令，进行结合操作。然后，进入顶点编辑模式调节顶点位置，效果如图 2.119 所示。

步骤 09：合并操作。选择枪身，在菜单栏中单击【编辑网格】→【合并】命令，把模型中没有合并的顶点合并。

步骤 10：合并顶点之后，删除不需要的边，效果如图 2.120 所示。

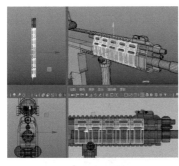 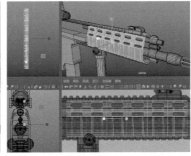 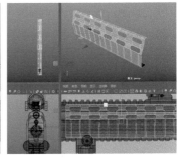

图 2.118　复制和调节位置　　　图 2.119　结合和调节顶点　　图 2.120　删除不需要的边
　　　　　　之后的效果　　　　　　　　位置之后的效果　　　　　　之后的效果

步骤 11：挤出操作。选择需要挤出的边，在菜单栏中单击【编辑网格】→【挤出】命令，进行挤出操作并调节挤出边的顶点位置。此操作执行 2 次，效果如图 2.121 所示。

步骤 12：创建立方体和倒角处理。在侧视图中创建 1 个立方体，对该立方体进行倒角处理。倒角之后的效果如图 2.122 所示。

步骤 13：布尔和差集运算。先选择枪身，再选择倒角之后的立方体，在菜单栏中单击【网格】→【布尔】→【差集】命令，进行布尔和差集运算并删除多余的面，效果如图 2.123 所示。

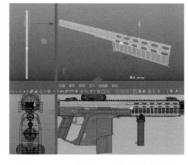

图 2.121　步骤 11 挤出和位置
调节 2 次之后的效果

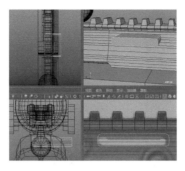

图 2.122　倒角之后的效果

图 2.123　删除多余的面
之后的效果

步骤 14：单击 ✎（"多切割"工具）图标，对布尔和差集运算之后的模型重新布线，效果如图 2.124 所示。

步骤 15：挤出操作。选择模型，在菜单栏中单击【编辑网格】→【挤出】命令，设置挤出参数，挤出效果如图 2.125 所示。

步骤 16：翻转法线。选择挤出的模型，在菜单栏中单击【网格显示】→【反向】命令，翻转法线，效果如图 2.126 所示。

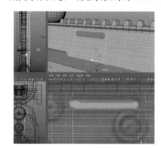

图 2.124　重新布线
之后的效果

图 2.125　挤出效果

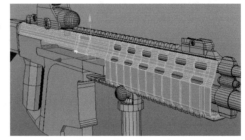

图 2.126　翻转法线之后的效果

步骤 17：插入循环边。在菜单栏中单击【网格工具】→【插入循环边】命令，插入 1 条循环边，如图 2.127 所示。

步骤 18：挤出操作。选择需要挤出的面，在菜单栏中单击【编辑网格】→【挤出】命令，对选择的面进行挤出和位置调节。该操作需要进行 2 次，效果如图 2.128 所示。

步骤 19：插入循环边。在菜单栏中单击【网格工具】→【插入循环边】命令，插入 1 条循环边，如图 2.129 所示。

步骤 20：挤出和缩放操作。选择需要挤出的面，在菜单栏中单击【编辑网格】→【挤出】命令，对选择的面进行挤出和缩放。该操作需要进行 2 次，效果如图 2.130 所示。

步骤 21：删除模型中间多余的面，把该模型镜像复制 1 份，效果如图 2.131 所示。

步骤 22：结合操作。选择需要结合的 2 个模型，在菜单栏中单击【网格】→【结合】命令，进行结合操作。

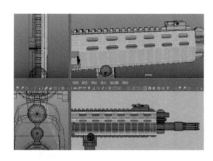

图 2.127　步骤 17 插入的 1 条循环边　　图 2.128　步骤 18 挤出和　　图 2.129　步骤 19 插入的
　　　　　　　　　　　　　　　　　　　　　　位置调节 2 次之后的效果　　　　　　循环边

步骤 23：合并操作。选择结合之后的模型，在菜单栏中单击【编辑网格】→【合并】命令，进行合并并删除合并处的循环边，效果如图 2.132 所示。

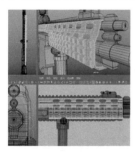

图 2.130　挤出和缩放 2 次　　　图 2.131　镜像复制的效果　　　图 2.132　合并之后的效果
　　　　　之后的效果

步骤 24：倒角处理。选择需要倒角的边，在菜单栏中单击【编辑网格】→【倒角】命令，进行倒角处理，效果如图 2.133 所示。

视频播放：关于具体介绍，请观看配套视频"任务三：制作 G56 突击步枪的枪身中模.wmv"。

任务四：制作 G56 突击步枪的枪身连接部件中模 01

枪身连接部件中模的制作，通过镜像复制模型、添加边和倒角来完成。

步骤 01：把枪身连接部件的模型独立显示出来，效果如图 2.134 所示。

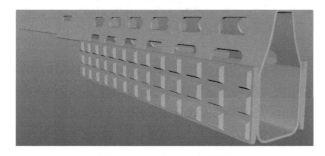

图 2.133　倒角之后的效果　　　　　　　　　图 2.134　独立显示效果

步骤 02：单击 ☑（"多切割"工具）图标，给枪身连接部件模型添加边，效果如图 2.135 所示。

步骤 03：倒角处理。选择需要倒角的边，在工具架中单击 ⚙（倒角）命令，对选择的边进行倒角处理，效果如图 2.136 所示。

步骤 04：创建 1 个圆柱体，对该圆柱体的面进行挤出和位置调节 2 次，效果如图 2.137 所示。

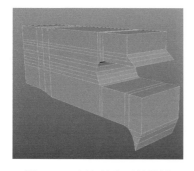
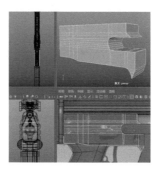
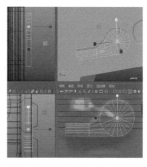

图 2.135　添加边之后的效果　　　图 2.136　步骤 03 倒角　　　图 2.137　挤出和位置
　　　　　　　　　　　　　　　　之后的效果　　　　　　　　调节 2 次之后的效果

步骤 05：倒角处理。选择需要倒角的边，在工具架中单击 ⚙（倒角）图标，对选择的边进行倒角处理，效果如图 2.138 所示。

步骤 06：把倒角之后的模型镜像复制 1 份，效果如图 2.139 所示。

视频播放：关于具体介绍，请观看配套视频"任务四：制作 G56 突击步枪的枪身连接部件中模 01.wmv"。

任务五：制作 G56 突击步枪的枪身连接部件中模 02

这部分中模的制作通过插入循环边、添加边、挤出和倒角来完成。

步骤 01：需要制作中模的模型大形如图 2.140 所示。

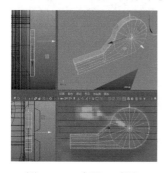
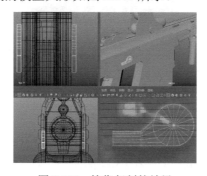

图 2.138　步骤 05 倒角　　　图 2.139　镜像复制的效果　　　图 2.140　模型大形效果
之后的效果

步骤 02：插入循环边。在工具架中单击 ▦（插入循环边）图标，给模型插入 2 条循环边，如图 2.141 所示。

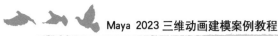

步骤 03：添加边和位置调节。在工具架中单击 ✎（"多切割"工具）图标，给模型添加边，然后根据枪的结构调节顶点的位置，效果如图 2.142 所示。

步骤 04：挤出操作。选择需要挤出的面，在工具架中单击 ▣（"挤出"工具）图标，对选择的面进行挤出和位置调节，效果如图 2.143 所示。

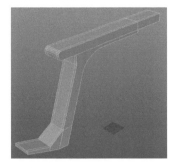
图 2.141　插入的 2 条循环边

图 2.142　添加边和位置调节之后的效果

图 2.143　挤出和位置调节之后的效果

步骤 05：在工具架中单击 ⊞（插入循环边）图标，给模型插入 1 条循环边。选择需要挤出的面，在工具架中单击 ▣（"挤出"工具）图标，对选择的面进行挤出操作。插入循环边和挤出之后的效果如图 2.144 所示。

步骤 06：在工具架中单击 ⊞（插入循环边）图标，给模型插入 1 条循环边，删除模型底部多余的面，效果如图 2.145 所示。

步骤 07：选择需要挤出的边，在工具架中单击 ▣（"挤出"工具）图标，对选择的边进行挤出和位置调节。选择需要合并的顶点，在工具架中单击 ▣（合并）图标，对没有合并的顶点进行合并，然后根据枪的结构调节顶点的位置，效果如图 2.146 所示。

图 2.144　插入循环边和挤出之后的效果

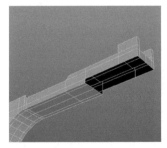
图 2.145　插入循环边和删除多余的面之后的效果

图 2.146　挤出、合并和顶点位置调节之后的效果

步骤 08：倒角处理。选择需要倒角的边，在工具架中单击 ▣（倒角）图标，对选择的边进行倒角处理。倒角之后的效果如图 2.147 所示。

步骤 09：清理文件。选择倒角之后的模型，在菜单栏中单击【网格】→【清理…】→命令属性 ▣ 图标，弹出【清理选项】对话框。设置该对话框参数，如图 2.148 所示。参数设置完毕，单击【清理】按钮，显示的模型效果如图 2.149 所示，说明模型显示正常。若出现被选中的面，则表示选中的面显示不正常。此时，需要进行检查和修改。

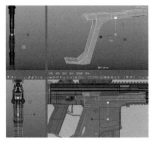

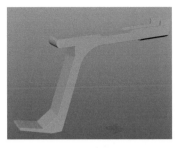

图 2.147　倒角之后的效果　　　图 2.148　【清理选项】对话框　　　图 2.149　执行【清理】命令
参数设置　　　　　　　之后显示的模型效果

视频播放：关于具体介绍，请观看配套视频"任务五：制作 G56 突击步枪的枪身连接部件中模 02.wmv"。

任务六：制作 G56 突击步枪的弹匣中模

G56 突击步枪的弹匣模型的制作方法如下：先使用【多切割】命令添加边，再使用【布尔】和【挤出】命令制作出枪的细节，最后进行倒角和布线。

步骤 01：把弹匣模型独立显示出来，如图 2.150 所示。

步骤 02：在工具架中单击 ![icon]（"多切割"工具）图标，给弹匣模型添加边，效果如图 2.151 所示。

步骤 03：删除模型多余的面，效果如图 2.152 所示。

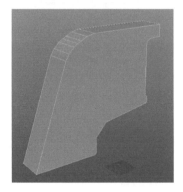

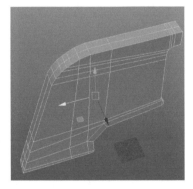

图 2.150　独立显示的弹匣模型　　　图 2.151　添加边之后的效果　　　图 2.152　删除多余的面
之后的效果

步骤 04：挤出和位置调节。选择需要挤出的面，在工具架中单击 ![icon]（"挤出"工具）图标，对选择的面进行挤出和位置调节，效果如图 2.153 所示。

步骤 05：倒角处理。选择需要倒角的边，在工具架中单击 ![icon]（倒角）图标，对选择的边进行倒角处理，效果如图 2.154 所示。

步骤 06：添加边。在工具架中单击 ![icon]（"多切割"工具）图标，给倒角之后的模型添加边，效果如图 2.155 所示。

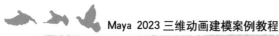

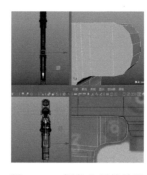

图 2.153　挤出和位置调节　　　　图 2.154　倒角之后的效果　　　　图 2.155　添加边之后的效果
　　　　　之后的效果

步骤 07：创建 1 个立方体并对其进行倒角和添加边。然后把该立方体复制 1 份并调节其位置。立方体的大小和位置如图 2.156 所示。

步骤 08：结合操作。选择 2 个立方体，在菜单栏中单击【网格】→【结合】命令，把选择的 2 个立方体结合为 1 个立方体。

步骤 09：布尔和差集运算。先选择弹匣模型，再选择结合之后的模型。在菜单栏中单击【网格】→【布尔】→【差集】命令，进行布尔和差集运算，效果如图 2.157 所示。

步骤 10：重新布线。在工具架中单击 ◪（"多切割"工具）图标，给弹匣模型重新布线。重新布线之后的效果如图 2.158 所示。

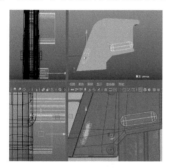

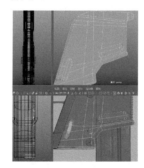

图 2.156　立方体的大小和位置　　　图 2.157　布尔和差集运算　　　　图 2.158　重新布线
　　　　　　　　　　　　　　　　　　　　　之后的效果　　　　　　　　　　　之后的效果

步骤 11：倒角处理。选择需要倒角的边，在工具架中单击 ▦（倒角）图标，对选择的边进行倒角处理。倒角之后的效果如图 2.159 所示。

步骤 12：把倒角之后的模型沿 X 轴镜像复制 1 份。

步骤 13：结合和合并。选择倒角和镜像复制的模型，先在菜单栏中单击【网格】→【结合】命令，再单击【编辑网格】→【合并】命令，把选择的模型进行结合和合并，效果如图 2.160 所示。

步骤 14：挤出操作。选择需要挤出的面，在工具架中单击 ▧（"挤出"工具）图标，对选择的面进行挤出和位置调节，效果如图 2.161 所示。

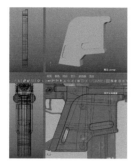

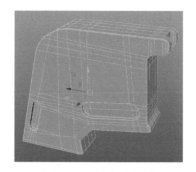

图 2.159　倒角之后的效果　　　　图 2.160　结合和合并　　　　图 2.161　挤出和位置调节
　　　　　　　　　　　　　　　　　　　　之后的效果　　　　　　　　　　之后的效果

视频播放：关于具体介绍，请观看配套视频"任务六：制作 G56 突击步枪的弹匣中模.wmv"。

任务七：制作 G56 突击步枪的弹夹中模

G56 突击步枪的弹夹中模的制作，通过对弹夹模型进行倒角、添加边、挤出和调节来完成。

步骤 01：倒角处理。选择弹夹模型需要倒角的边，在工具架中单击 （倒角）图标，对选择的边进行倒角处理。倒角之后的效果如图 2.162 所示。

步骤 02：把倒角之后的弹夹模型复制 1 份，作为与原模型进行布尔和差集运算的模型。先选择被复制的弹匣模型，再选择复制的弹夹模型，在菜单栏中单击【网格】→【布尔】→【差集】命令，进行布尔和差集运算，效果如图 2.163 所示。

步骤 03：重新布线。在工具架中单击 （"多切割"工具）图标，给弹夹模型重新布线。重新布线之后的效果如图 2.164 所示。

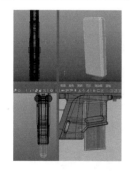

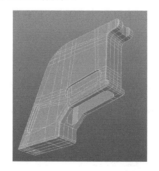

图 2.162　倒角之后的效果　　　图 2.163　布尔和差集运算之后的效果　　　图 2.164　重新布线之后的效果

步骤 04：填充洞和布线。选择边界边，先在菜单栏中单击【网格】→【填充洞】命令，再在工具架中单击 （"多切割"工具）图标，给模型重新布线。填充洞和重新布线之后的效果如图 2.165 所示。

步骤 05：插入循环边。在工具架中单击 （插入循环边）图标，根据弹夹结构插入循环边，效果如图 2.166 所示。

步骤 06：挤出面。选择需要挤出的面，在工具架中单击 （"挤出"工具）图标，对选择的面进行挤出和位置调节，效果如图 2.167 所示。

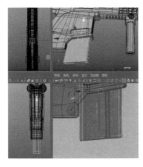
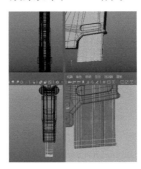
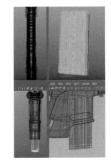

图 2.165　填充洞和重新布线　　　图 2.166　插入的循环边　　　图 2.167　步骤 06 挤出和
　　　　　之后的效果　　　　　　　　　　　　　　　　　　　　　位置调节之后的效果

步骤 07：继续挤出。选择需要挤出的面，在工具架中单击 （"挤出"工具）图标，对选择的面进行挤出和位置调节，效果如图 2.168 所示。

视频播放：关于具体介绍，请观看配套视频"任务七：制作 G56 突击步枪的弹夹中模.wmv"。

任务八：制作 G56 突击步枪的枪把中模

G56 突击步枪的枪把模型的制作方法如下：使用【插入循环边】和【多切割】命令，根据枪把的结构重新布线，对重新布线的模型进行挤出和位置调节。

步骤 01：插入循环边。在工具架中单击 （插入循环边）图标，根据枪把结构插入循环边，如图 2.169 所示。

步骤 02：倒角处理。选择需要倒角的边，在工具架中单击 （倒角）图标，对选择的边进行倒角处理。倒角和位置调节之后的效果如图 2.170 所示。

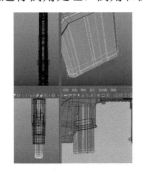
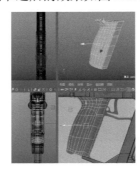
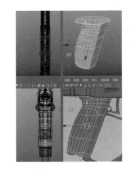

图 2.168　步骤 07 挤出调节　　　图 2.169　插入的循环边　　　图 2.170　倒角和位置调节
　　　　　之后的效果　　　　　　　　　　　　　　　　　　　　　之后的效果

步骤 03：删除枪把模型的一半，选择需要挤出的面，如图 2.171 所示。

步骤 04：对选择的面进行挤出和位置调节。此操作需要进行 3 次，效果如图 2.172 所示。

步骤 05：将制作好的模型镜像复制 1 份，选择调节好的模型和镜像复制的模型，在菜单栏中单击【网格】→【结合】命令，再单击【编辑网格】→【合并】命令，将选择的 2 个模型进行结合和合并，效果如图 2.173 所示。

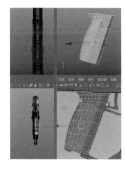
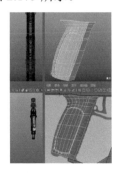
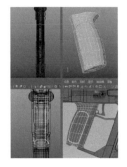

图 2.171　选择需要挤出的面　　图 2.172　挤出和位置调节 3 次　　图 2.173　结合和合并
　　　　　　　　　　　　　　　　　　　　之后的效果　　　　　　　　　　之后的效果

步骤 06：挤出操作。选择枪把模型的底面，在工具架中单击 █（"挤出"工具）图标，对选择的面进行挤出和位置调节，效果如图 2.174 所示。

步骤 07：继续挤出。选择枪把模型底面中需要挤出的面，在工具架中单击 █（"挤出"工具）图标，对选择的面进行挤出和位置调节，效果如图 2.175 所示。

步骤 08：方法同上，对选择的面进行挤出和位置调节，效果如图 2.176 所示。

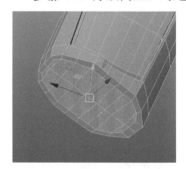
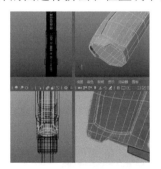
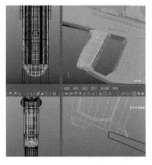

图 2.174　步骤 06 挤出和位置　　图 2.175　步骤 07 挤出和位置　　图 2.176　步骤 08 挤出和位置
　　　　　调节之后的效果　　　　　　　　调节之后的效果　　　　　　　　调节之后的效果

步骤 09：对枪把模型底部的边进行倒角处理。选择枪把底部需要倒角的边，在工具架中单击 █（倒角）图标，对选择的边进行倒角处理。倒角和位置调节之后的效果如图 2.177 所示。

视频播放：关于具体介绍，请观看配套视频"任务八：制作 G56 突击步枪的枪把中模.wmv"。

任务九：制作 G56 突击步枪的扳机中模

G56 突击步枪的扳机中模的制作，通过创建立方体并对其进行挤出、缩放和倒角来完成。

步骤 01：创建第 1 个立方体，把该立方体中与扳机连接的面删除，如图 2.178 所示。

步骤 02：挤出和位置调节。选择立方体的底面，在工具架中单击◻（挤出）命令，对选择的面进行挤出和位置调节。该操作需要操作 3 次，效果如图 2.179 所示。

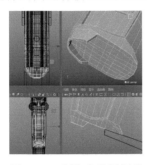
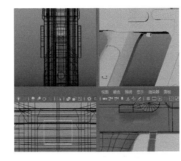

图 2.177　倒角和位置调节　　　图 2.178　创建立方体并删除其与　　　图 2.179　挤出和位置调节
　　　　　之后的效果　　　　　　　　　　　　扳机连接的面　　　　　　　　　　3 次之后的效果

步骤 03：方法同上，选择需要挤出的面进行挤出和位置调节，把与枪把接触的面删除，效果如图 2.180 所示。

步骤 04：倒角处理。选择需要倒角的边，在工具架中单击◻（倒角）图标，对选择的边进行倒角处理，倒角之后的效果如图 2.181 所示。

步骤 05：创建第 2 个立方体，对创建的立方体进行挤出、位置调节和倒角，效果如图 2.182 所示。

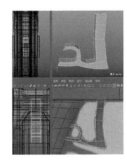

图 2.180　挤出位置调节　　　　　图 2.181　倒角之后的效果　　　　图 2.182　挤出、位置调节和
　　　　　之后的效果　　　　　　　　　　　　　　　　　　　　　　　　　　　倒角之后的效果

视频播放：关于具体介绍，请观看配套视频"任务九：制作 G56 突击步枪的扳机中模.wmv"。

任务十：制作 G56 突击步枪后座与枪身连接部件的中模

该部件中模的制作通过先使用【多切割】命令添加边，再使用【倒角】命令对添加的边进行倒角来完成。

步骤 01：G56 突击步枪后座与枪身连接部件的模型大形如图 2.183 所示。

步骤 02：在菜单栏中单击【网格工具】→【多切割】命令，对该连接部件添加边，效果如图 2.184 所示。

步骤 03：倒角处理。选择连接部件中需要倒角的边，在工具架中单击 ■ （倒角）图标，对选择的边进行倒角处理。倒角之后的效果如图 2.185 所示。

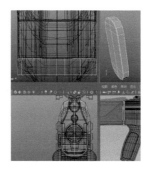

图 2.183　G56 突击步枪后座与　　　图 2.184　添加边之后的效果　　　图 2.185　倒角之后的效果
　　　枪身连接部件的模型大形

视频播放：关于具体介绍，请观看配套视频"任务十：制作 G56 突击步枪后座与枪身连接部件的中模.wmv"。

任务十一：制作 G56 突击步枪后座的铁皮中模

该中模的制作方法如下：复制 G56 突击步枪后座的模型大形，使用【多切割】命令对复制的模型进行重新布线并删除多余的面，对剩余的面进行挤出和位置调节。

步骤 01：选择 G56 突击步枪的后座模型大形，按键盘上的"Shift+D"组合键，把后座模型复制 1 份，隐藏原始的模型。使用【多切割】命令对复制的模型进行布线，布线之后的效果如图 2.186 所示。

步骤 02：切换到面编辑模式，删除多余的面，效果如图 2.187 所示。

步骤 03：重新布线。在工具架中单击 ■ （"多切割"工具）图标，给模型重新布线。重新布线之后的效果如图 2.188 所示。

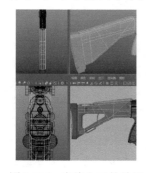
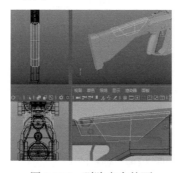
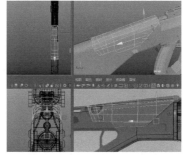

图 2.186　布线之后的效果　　　图 2.187　删除多余的面　　　图 2.188　重新布线之后的效果
　　　　　　　　　　　　　　　　　　　之后的效果

步骤 04：删除多余的面，对剩余的面进行挤出和位置调节，效果如图 2.189 所示。

步骤 05：倒角处理。选择需要倒角的边，在工具架中单击 ■ （倒角）图标，对选择的边进行倒角处理，倒角之后的效果如图 2.190 所示。

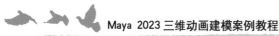
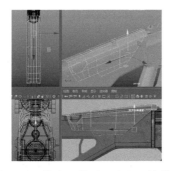

图 2.189　挤出和位置调节之后的效果　　　　图 2.190　倒角之后的效果

视频播放：关于具体介绍，请观看配套视频"任务十一：制作 G56 突击步枪后座的铁皮中模.wmv"。

任务十二：制作 G56 突击步枪的后座中模

G56 突击步枪的后座中模制作方法如下：创建立方体，对创建的立方体进行倒角；使用倒角之后的立方体与后座模型大形，进行布尔和差集运算并重新布线。

步骤 01：创建 1 个立方体，对该立方体进行倒角处理，效果如图 2.191 所示。

步骤 02：方法同上，再创建 3 个立方体并对它们进行倒角和位置调节，效果如图 2.192 所示。

步骤 03：结合。选择倒角之后的 4 个立方体，在菜单栏中单击【网格】→【结合】命令，把倒角之后的 4 个立方体结合为 1 个立方体。

步骤 04：布尔和差集运算。先选择 G56 突击步枪的后座模型，再选择结合之后的立方体，在菜单栏中单击【网格】→【布尔】→【差集】命令，布尔和差集运算之后的效果如图 2.193 所示。

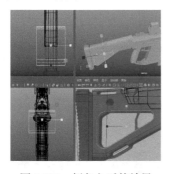

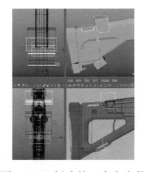

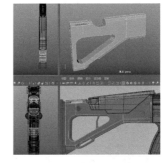

图 2.191　倒角之后的效果　　　图 2.192　创建的 3 个立方体　　　图 2.193　布尔和差集运算
　　　　　　　　　　　　　　在倒角和位置调节之后的效果　　　　　　之后的效果

步骤 05：使用【插入循环边】和【多切割】命令，给布尔和差集运算之后的模型分别插入循环边和添加边，如图 2.194 所示。

步骤 06：删除模型面的一半，效果如图 2.195 所示。

步骤 07：对模型重新布线。使用【多切割】命令对模型重新布线，重新布线之后的效果如图 2.196 所示。

图 2.194 插入循环边和添加
边之后的效果

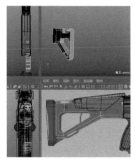

图 2.195 删除一半面
之后的效果

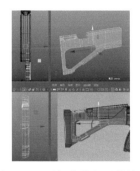

图 2.196 重新布线之后的效果

步骤 08：挤出操作。选择边界边，在工具架中单击 🔳（"挤出"工具）图标，对选择的面进行挤出和位置调节。该操作需要进行 3 次，效果如图 2.197 所示。

步骤 09：倒角处理。选择需要倒角的边，在工具架中单击 🔳（倒角）图标，对选择的边进行倒角处理，倒角之后的效果如图 2.198 所示。

步骤 10：镜像复制。选择倒角之后的 G56 突击步枪的后座模型，在菜单栏中单击【编辑】→【特殊复制】→🔳命令属性图标，弹出【特殊复制选项】对话框，具体参数设置如图 2.199 所示，单击【特殊复制】按钮，把后座模型镜像复制 1 份，如图 2.200 所示。

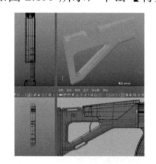

图 2.197 挤出和位置调节
3 次之后的效果

图 2.198 倒角之后的效果

图 2.199 【特殊复制选项】
对话框参数设置

步骤 11：结合和合并。选择原模型和镜像复制的模型，在菜单栏中先单击【网格】→【结合】命令，再单击【编辑网格】→【合并】命令，把选择的 2 个模型结合和合并为 1 个模型。

步骤 12：挤出和位置调节。选择需要挤出的面，在工具架中单击 🔳（"挤出"工具）图标，对选择的面进行挤出和位置调节，效果如图 2.201 所示。

步骤 13：桥接操作。选择需要桥接的面，在菜单栏中单击【编辑网格】→【桥接】命令，对桥接之后的顶点位置进行调节，效果如图 2.202 所示。

视频播放：关于具体介绍，请观看配套视频"任务十二：制作 G56 突击步枪的后座中模.wmv"。

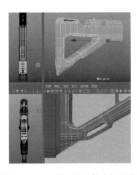

图 2.200　镜像复制的　　　图 2.201　挤出和位置调节　　　图 2.202　桥接和位置调节
　　　后座模型　　　　　　　　　之后的效果　　　　　　　　　之后的效果

任务十三：制作 G56 突击步枪后座与人体接触部分的中模

G56 突击步枪后座与人体接触部分的中模，通过使用【多切割】命令和【倒角】命令制作。

步骤 01：把需要制作中模的部分模型独立显示出来，如图 2.203 所示。

步骤 02：在菜单栏中单击【网格工具】→【多切割】命令，给模型添加边。添加边之后的效果如图 2.204 所示。

步骤 03：倒角处理。选择需要倒角的边，在菜单栏中单击【编辑网格】→【倒角】命令，进行倒角处理。倒角之后的效果如图 2.205 所示。

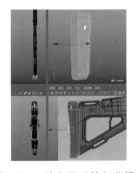

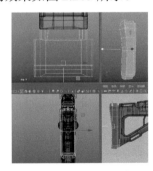

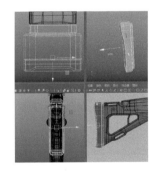

图 2.203　独立显示的部分模型　　　图 2.204　添加边之后的效果　　　图 2.205　倒角之后的效果

视频播放：关于具体介绍，请观看配套视频"任务十三：制作 G56 突击步枪后座与人体接触部分的中模.wmv"。

任务十四：制作 G56 突击步枪其他部件的中模

G56 突击步枪其他部件的中模主要包括后座与铁皮之间的卡座、卡槽、支架和瞄准装置（前、中、后瞄准装置）的中模。

1. 制作 G56 突击步枪后座与铁皮之间的卡座中模

步骤 01：创建 1 个立方体。调节该立方体的顶点位置，效果如图 2.206 所示。

步骤 02：倒角处理。选择创建的立方体的所有边，在菜单栏中单击【编辑网格】→【倒角】命令，进行倒角处理。倒角之后的卡座中模效果如图 2.207 所示。

2. 制作卡槽的中模

步骤 01：选择卡槽模型，在菜单栏中单击【编辑网格】→【倒角】命令，进行倒角处理。倒角之后的卡槽中模效果如图 2.208 所示。

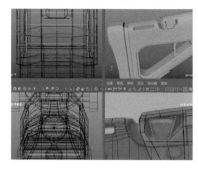
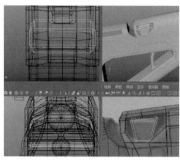

图 2.206　调节顶点位置
之后的效果　　　　　　　图 2.207　倒角之后的
卡座中模效果　　　　　　图 2.208　倒角之后的卡槽中
模效果

步骤 02：添加边。在菜单栏中单击【网格工具】→【多切割】命令，给出现五边面的位置添加边，效果如图 2.209 所示。

步骤 03：方法同上，继续给出现五边面的位置添加边，添加边之后的效果如图 2.210 所示。

步骤 04：对另一个卡槽进行倒角和添加边处理。卡槽中模的最终效果如图 2.211 所示。

图 2.209　步骤 02 添加边
之后的效果　　　　　　　图 2.210　步骤 03 添加边
之后的效果　　　　　　　图 2.211　卡槽中模的
最终效果

3. 制作 G56 突击步枪支架中模

G56 突击步枪支架中模的制作，通过对支架模型大形进行倒角、插入循环边和位置调节来完成。

步骤 01：把需要制作的支架模型大形独立显示出来，如图 2.212 所示。

步骤 02：倒角处理。选择支架螺栓模型中需要倒角的边，在菜单栏中单击【编辑网格】→【倒角】命令，进行倒角处理，倒角之后的支架螺栓模型效果如图 2.213 所示。

步骤 03：方法同上，继续对模型进行倒角处理，倒角之后的效果如图 2.214 所示。

图 2.212　独立显示的支架
模型大形

图 2.213　倒角之后的支架螺栓
模型效果

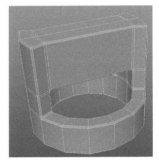
图 2.214　步骤 03 倒角
之后的效果

步骤 04：对支架的圆柱体模型进行倒角处理，倒角之后的效果如 2.215 所示。

步骤 05：创建圆环。在菜单栏中单击【创建】→【多边形基本体】→【圆环】命令，在侧视图中创建 1 个圆环，删除半个圆环并进行位置调节，效果如图 2.216 所示。

步骤 06：插入循环边。在菜单栏中单击【网格工具】→【插入循环边】命令，给模型插入循环边，如图 2.217 所示。

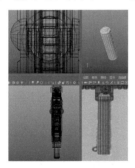
图 2.215　步骤 04 倒角
之后的效果

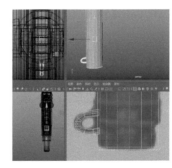
图 2.216　删除半个圆形半进行
位置调节之后的效果

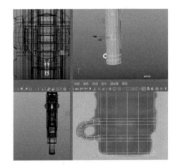
图 2.217　插入的循环边

步骤 07：布尔和并集运算。先选择 G56 突击步枪的支架模型，再选择位置调节之后的圆环，在菜单栏中单击【网格】→【布尔】→【并集】命令，布尔和并集运算之后的效果如图 2.218 所示。

步骤 08：使用【合并】和【多切割】命令，对布尔和并集运算之后的支架中模重新布线，效果如图 2.219 所示。

4. 制作 G56 突击步枪后端瞄准装置的中模

G56 突击步枪后端瞄准装置模型大形效果如图 2.220 所示。该装置的中模通过使用【多切割】命令添加边并对添加的边进行倒角来制作。

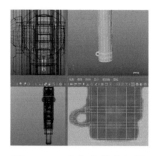

图 2.218　布尔和并集运算
之后的效果

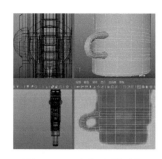

图 2.219　支架中模重新
布线之后的效果

图 2.220　后端瞄准装置
模型大形

步骤 01： 在菜单栏中单击【网格工具】→【多切割】命令，给后端瞄准装置重新布线，重新布线之后的效果如图 2.221 所示。

步骤 02： 倒角处理。选择需要倒角的边，在菜单栏中单击【编辑网格】→【倒角】命令，进行倒角处理。倒角之后的效果如图 2.222 所示。

步骤 03： 方法同上，继续对后端瞄准装置进行倒角处理。倒角之后的效果如图 2.223 所示。

图 2.221　后端瞄准器重新
布线之后的效果

图 2.222　步骤 03 倒角
之后的效果

图 2.223　步骤 04 倒角
之后的效果

5. 制作 G56 突击步枪前端、中间瞄准装置的中模

G56 突击步枪前端、中间瞄准装置中模的制作方法与后端瞄准装置中模的制作方法完全相同，在此不再赘述，读者可以参考本书提供的多媒体教学视频进行制作。制作好的前端、中间瞄准装置的中模如图 2.224 所示，整体 G56 突击步枪的中模效果如图 2.225 所示。

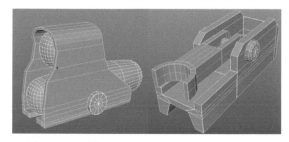

图 2.224　制作好的前端、中间瞄准装置的中模

图 2.225　整体 G56 突击步枪的中模效果

视频播放：关于具体介绍，请观看配套视频"任务十四：制作 G56 突击步枪其他部件的中模.wmv"。

七、拓展训练

根据所学知识和提供的参考图，完成以下枪械中模的制作。

案例 3　制作 G56 突击步枪的高模

一、案例内容简介

本案例主要以 G56 突击步枪为例，详细介绍游戏模型的高模制作原理、流程、方法、技巧和注意事项。

二、案例效果欣赏

三、案例制作流程（步骤）

任务七：制作G56突击步枪的瞄准装置高模

任务六：制作G56突击步枪的支架高模

任务五：制作G56突击步枪的后座高模

案例3 制作G56突击步枪的高模

任务一：高模的定义和枪管及其固定装置高模的制作

任务二：制作G56突击步枪的枪身高模

任务三：制作G56突击步枪的弹匣和弹夹高模

任务四：制作G56突击步枪的扳机高模

四、制作目的

（1）掌握游戏高模的制作原理。

（2）掌握游戏高模的制作流程。

（3）掌握游戏高模的制作方法、技巧和注意事项。

五、制作过程中需要解决的问题

（1）高模的概念和作用。

（2）中模的比例设置合理和布线正确。

（3）中模没有多余的节点。

（4）G56 突击步枪各个部件的名称和结构关系。

六、详细操作步骤

在游戏模型制作中，所有细节都需要通过高模来表现。只有通过对高、低模的烘焙才能表现模型的细节，提高游戏的真实度。

任务一：高模的定义和枪管及其固定装置高模的制作

1. 高模的定义

高模是指在不影响模型大形的基础上，将模型的细节表现出来的模型。图 2.226 所示为低模与高模的线框图、素模图和轮廓图的对比。

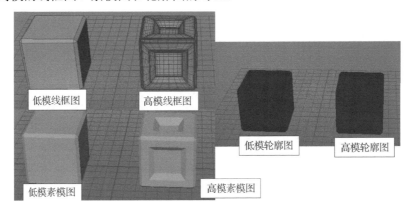

图 2.226　低模与高模的线框图、素模图和轮廓图的对比

2. 制作枪管及其固定装置的高模

步骤 01：把枪管部分中模独立显示出来，效果如图 2.227 所示。

步骤 02：插入循环边。在工具栏中单击【网格工具】→【插入循环边】命令，给枪管插入 2 组循环边，每组 3 条，如图 2.228 所示。

步骤 03：缩放和倒角处理。依次选择 2 组循环边，对每组中间的循环边进行缩放。然后，选择所有插入条循环边依次进行倒角处理。缩放和倒角之后的效果如图 2.229 所示。

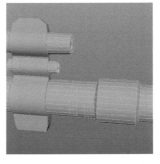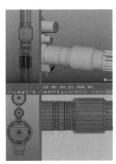

图 2.227　独立显示的　　　图 2.228　插入 2 组循环边　　　图 2.229　缩放和倒角
部分枪管中模　　　　　　　　　　　　　　　　　　　　之后的效果

步骤 04：插入循环边。在工具栏中单击【网格工具】→【插入循环边】命令，插入 2 条循环边，如图 2.230 所示。

步骤 05：挤出。选择需要挤出的面，在菜单栏中单击【编辑网格】→【挤出】命令，对选择的面进行挤出和缩放。此操作需要进行 2 次，效果如图 2.231 所示。

步骤 06：倒角处理。选择需要倒角的操作的边，在菜单栏中打击【编辑网格】→【倒角】命令，进行倒角处理。倒角之后的效果如图 2.232 所示。

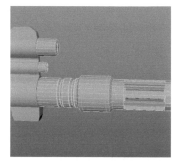
图 2.230　插入 2 条循环边

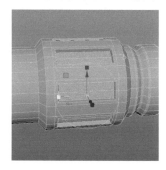
图 2.231　挤出和缩放
2 次之后的效果

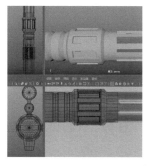
图 2.232　步骤 06 倒角
之后的效果

步骤 07：方法同上，继续对边进行倒角处理。倒角之后的效果如图 2.233 所示。

步骤 08：删除枪管后面的面，如图 2.234 所示。

步骤 09：继续给枪管及其固定装置的轮廓位置插入循环边和进行倒角处理，效果如图 2.235 所示。

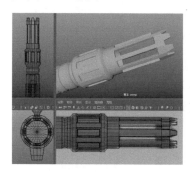
图 2.233　步骤 07 倒角
之后的效果

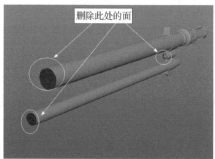
图 2.234　删除此处的面

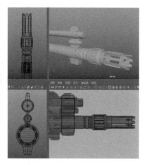
图 2.235　插入循环边和
倒角之后的效果

步骤 10：检查。框选枪管和枪管固定装置模型，在菜单栏中单击【网格】→【清理】命令，检查模型是否有问题，如有问题进行修改。

步骤 11：平滑处理。框选枪管及其固定装置模型，在菜单栏中单击【网格】→【平滑】命令，进行平滑处理。此操作需要进行 2 次。

步骤 12：框选枪管及其固定装置模型，给选择的模型添加 "blinn" 材质，最终的效果高模效果如图 2.236 所示。

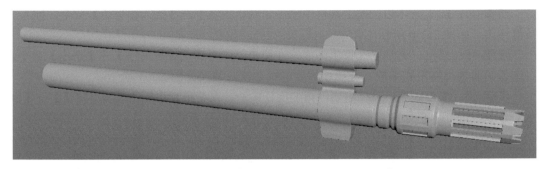

图 2.236　平滑处理和添加"blinn"材质之后的效果

视频播放：关于具体介绍，请观看配套视频"任务一：高模的定义和枪管及其固定装置高模的制作.wmv"。

任务二：制作 G56 突击步枪的枪身高模

G56 突击步枪枪身高模的制作通过插入循环边、添加边和倒角来完成。G56 突击步枪的枪身中模效果如图 2.237 所示。

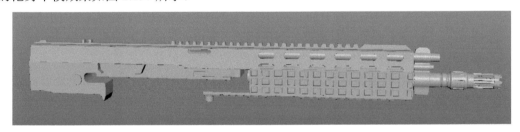

图 2.237　G56 突击步枪的枪身中模型效果

步骤 01：开启对象的轴对称功能。在工具栏中开启 X 轴对称功能，如图 2.238 所示。

步骤 02：倒角处理。选择需要倒角的边，如图 2.239 所示。在菜单栏中单击【编辑网格】→【插入循环边】命令，倒角参数设置和倒角之后的效果如图 2.240 所示。

图 2.238　开启对象的
X 轴对称功能

图 2.239　选择需要倒角的边

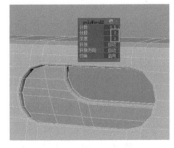

图 2.240　倒角参数设置和
倒角之后的效果

步骤 03：方法同上，对其他枪身上的洞的边进行倒角处理。所有洞的边在倒角之后的效果如图 2.241 所示。

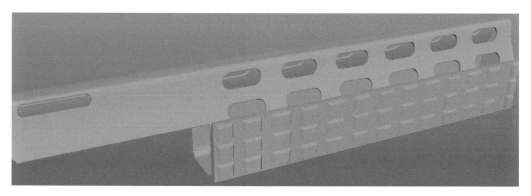

图 2.241　所有空洞的边在倒角之后的效果

步骤 04：倒角处理。选择如图 2.242 所示的边，在菜单栏中单击【编辑网格】→【倒角】命令，倒角之后的效果如图 2.243 所示。

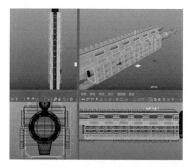

图 2.242　步骤 04 选择的边

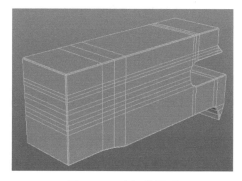

图 2.243　倒角之后的效果

步骤 05：插入循环边。选择需要插入循环边的模型，如图 2.244 所示，在菜单栏中单击【网格工具】→【插入循环边】命令，给模型插入循环边（这些循环边作为模型的轮廓保护线），效果如图 2.245 所示。

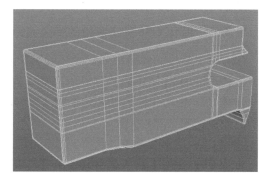

图 2.244　选择的模型

图 2.245　插入循环边之后的效果

步骤 06：方法同上，给枪身模型的其他子模型插入循环边。图 2.246 所示为插入循环边之前的效果，图 2.247 所示为插入循环边之后的效果。

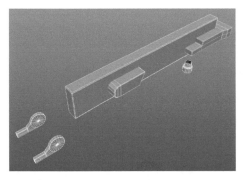

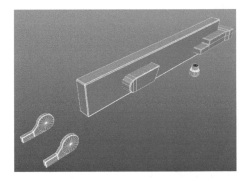

图 2.246　插入循环边之前的效果　　　　　图 2.247　插入循环边之后的效果

步骤 07：选择整个枪身模型，在菜单栏中单击【网格】→【平滑】命令，进行平滑处理。平滑之后的效果如图 2.248 所示。

步骤 08：选择整个枪身模型，给模型添加 1 个"blinn"材质，添加材质之后的效果如图 2.249 所示。

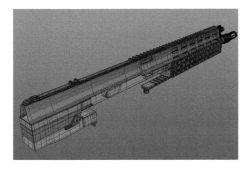

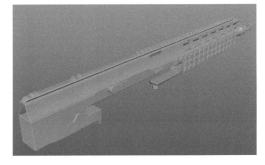

图 2.248　平滑之后的效果　　　　　　　图 2.249　添加"blinn"材质之后的效果

视频播放：关于具体介绍，请观看配套视频"任务二：制作 G56 突击步枪的枪身高模.wmv"。

任务三：制作 G56 突击步枪的弹匣和弹夹高模

G56 突击步枪的弹匣和弹夹高模的制作通过插入循环边、挤出和缩放来完成。

步骤 01：把弹匣中模独立显示出来，效果如图 2.250 所示。

步骤 02：使用【插入循环边】和【多切割】命令，根据弹匣结构重新布线。重新布线之后的效果如图 2.251 所示。

步骤 03：挤出和缩放。选择需要挤出的面进行挤出和缩放，效果如图 2.252 所示。

步骤 04：使用【插入循环边】和【多切割】命令，给弹匣模型添加保护线，效果如图 2.253 所示。

步骤 05：倒角处理。选择弹夹模型，在菜单栏中单击【编辑网格】→【倒角】命令，进行倒角处理。倒角之后的效果如图 2.254 所示。

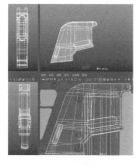
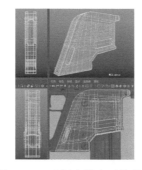
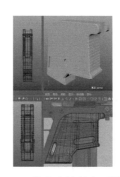

图 2.250　弹匣的中模效果　　图 2.251　重新布线之后的效果　　图 2.252　挤出和缩放之后的效果

步骤 06：平滑处理。选择弹匣和弹夹模型，在菜单栏中单击【网格】→【平滑】命令，对它们进行平滑处理。平滑处理之后的效果如图 2.255 所示。

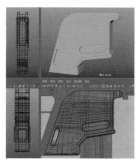
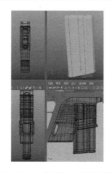

图 2.253　添加保护线之后的效果　　图 2.254　倒角之后的效果　　图 2.255　平滑之后的效果

步骤 07：给弹匣和弹夹模型添加 1 个"blinn"材质，效果如图 2.256 所示。

视频播放：关于具体介绍，请观看配套视频"任务三：制作 G56 突击步枪的弹匣和弹夹高模.wmv"。

任务四：制作 G56 突击步枪的扳机高模

独立显示 G56 突击步枪扳的机中模，效果如图 2.257 所示。扳机高模的制作通过使用【插入循环边】、【多切割】和【倒角】命令给模型添加保护线来完成。

图 2.256　添加"blinn"材质之后的效果　　　图 2.257　扳机中模效果

步骤 01：第 1 次插入循环边。在菜单栏中单击【网格工具】→【插入循环边】命令，给模型插入循环边，效果如图 2.258 所示。

步骤 02：第 2 次插入循环边。在菜单栏中单击【网格工具】→【插入循环边】命令，给模型插入循环边，效果如图 2.259 所示。

步骤 03：倒角处理。选择需要倒角的循环边，在菜单栏中单击【编辑网格】→【倒角】命令，进行倒角处理。倒角之后的效果如图 2.260 所示。

图 2.258 步骤 01 插入的循环边

图 2.259 步骤 02 插入的循环边

图 2.260 步骤 04 倒角之后的效果

步骤 04：挤出和缩放。选择需要挤出的面，在菜单栏中单击【编辑网格】→【挤出】命令，进行挤出并对挤出的面进行缩放。挤出和缩放之后的效果如图 2.261 所示。

步骤 05：倒角处理。选择需要倒角的边，在菜单栏中单击【编辑网格】→【倒角】命令，进行倒角处理。倒角之后的效果如图 2.262 所示。

步骤 06：第 3 次插入循环边。在菜单栏中单击【网格工具】→【插入循环边】命令，给模型插入循环边，如图 2.263 所示。

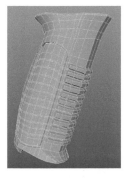
图 2.261 挤出和缩放之后的效果

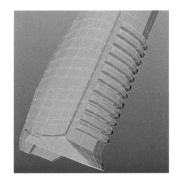
图 2.262 步骤 05 倒角之后的效果

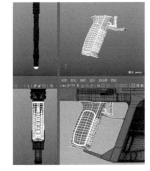
图 2.263 步骤 06 插入的循环边

步骤 07：平滑处理。选择所有模型，在菜单栏中单击【网格】→【平滑】命令，对选择的所有模型进行平滑处理。平滑之后的效果如图 2.264 所示。

步骤 08：给平滑之后的模型添加"blinn"材质，添加"blinn"材质之后的效果如图 2.265 所示。

视频播放：关于具体介绍，请观看配套视频"任务四：制作 G56 突击步枪的扳机高模.wmv"。

图 2.264　平滑之后的效果

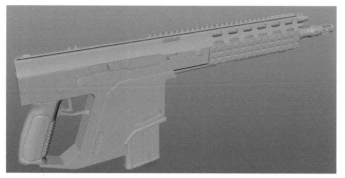

图 2.265　添加 "blinn" 材质之后的效果

任务五：制作 G56 突击步枪的后座高模

独立显示 G56 突击步枪的后座中模，效果如图 2.266 所示。该步枪后座高模的制作通过使用【插入循环边】、【多切割】、【挤出】和【倒角】命令来完成。

步骤 01：第 1 次插入循环边。在菜单栏中单击【网格工具】→【插入循环边】命令，给模型插入循环边，如图 2.267 所示。

步骤 02：挤出。选择需要挤出的面，在菜单栏中单击【编辑网格】→【挤出】命令，进行挤出并对挤出的面进行缩放。挤出和缩放之后的效果如图 2.268 所示。

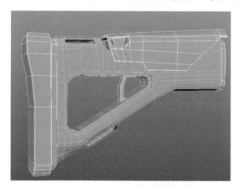

图 2.266　G56 突击步枪的
后座中模效果

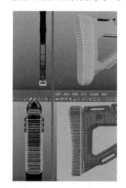

图 2.267　步骤 01 插入的
循环边

图 2.268　挤出和缩放
之后的效果

步骤 03：倒角处理。选择需要倒角的边，在菜单栏中单击【编辑网格】→【倒角】命令，进行倒角处理。倒角之后的效果如图 2.269 所示，

步骤 04：第 2 次插入循环边。在菜单栏中单击【网格工具】→【插入循环边】命令，给模型插入循环边，如图 2.270 所示。

步骤 05：方法同上，对 G56 突击步枪后座其他部件的模型插入循环边和进行倒角处理，最终效果如图 2.271 所示。

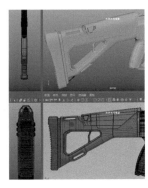

图 2.269　倒角之后的效果　　　图 2.270　步骤 04 插入的循环边　　　图 2.271　最终效果

步骤 06：对 G56 突击步枪的后座模型进行平滑处理和添加"blinn"材质，效果如图 2.272 所示。

视频播放：关于具体介绍，请观看配套视频"任务五：制作 G56 突击步枪的后座高模.wmv"。

任务六：制作 G56 突击步枪的支架高模

G56 突击步枪的支架高模的制作通过使用【插入循环边】、【倒角】、【挤出】命令来完成。G56 突击步枪的支架中模效果如图 2.273 所示。

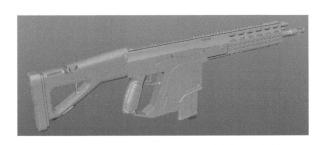
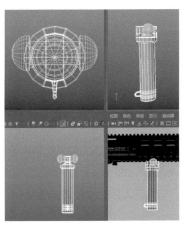

图 2.272　平滑处理和添加"blinn"材质之后的效果　　　图 2.273　G56 突击步枪的支架中模

步骤 01：第 1 次倒角处理。选择需要倒角的边，在菜单栏中单击【编辑网格】→【倒角】命令，进行倒角处理。倒角之后的效果如图 2.274 所示。

步骤 02：第 1 次挤出。选择需要挤出的面，在菜单栏中单击【编辑网格】→【挤出】命令，进行挤出。挤出之后的效果如图 2.275 所示。

步骤 03：第 2 次倒角处理。选择需要倒角的边，在菜单栏中单击【编辑网格】→【倒角】命令，进行倒角处理。倒角之后的效果如图 2.276 所示。

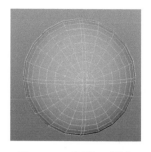

图 2.274　步骤 01 倒角之后的效果

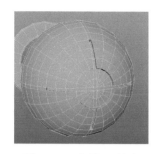

图 2.275　步骤 02 挤出之后的效果

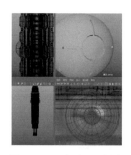

图 2.276　步骤 03 倒角之后的效果

步骤 04：第 1 次插入循环边。在菜单栏中单击【网格工具】→【插入循环边】命令，给模型插入循环边，如图 2.277 所示。

步骤 05：第 2 次插入循环边。在菜单栏中单击【网格工具】→【插入循环边】命令，给模型插入循环边，如图 2.278 所示。

步骤 06：挤出。选择需要挤出的面，在菜单栏中单击【编辑网格】→【挤出】命令，进行挤出。挤出之后的效果如图 2.279 所示。

步骤 07：倒角处理。选择需要倒角的循环边，在菜单栏中单击【编辑网格】→【倒角】命令，进行倒角处理。倒角之后的效果如图 2.280 所示。

图 2.277　步骤 04 插入的循环边

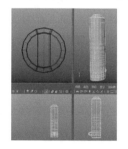

图 2.278　步骤 05 插入的循环边

图 2.279　挤出之后的效果

图 2.280　倒角之后的效果

步骤 08：给 G56 突击步枪的支架模型进行平滑处理和添加"blinn"材质，效果如图 2.281 所示。

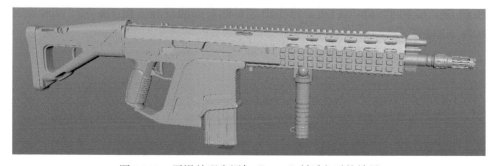

图 2.281　平滑处理和添加"blinn"材质之后的效果

视频播放：关于具体介绍，请观看配套视频"任务六：制作 G56 突击步枪的支架高模.wmv"。

任务七：制作 G56 突击步枪的瞄准装置高模

G56 突击步枪的瞄准装置高模的制作通过对其中模进行倒角、插入循环边、挤出等操作来完成。G56 突击步枪的瞄准装置中模分前端、中间、后端瞄准装置，如图 2.282 所示。

图 2.282　G56 突击步枪的瞄准装置中模

1. 制作 G56 突击步枪的前端瞄准装置高模

步骤 01：倒角处理。选择需要倒角的边，在菜单栏中单击【编辑网格】→【倒角】命令，进行倒角处理。倒角之后的效果如图 2.283 所示。

步骤 02：插入循环边。使用【插入循环边】和【多切割】命令，给前端瞄准装置模型分别插入循环边和添加边。插入循环边和添加边之后的效果如图 2.284 所示。

步骤 03：方法同上，给模型插入循环边，插入循环边之后的效果如图 2.285 所示。

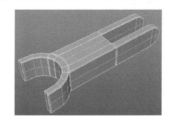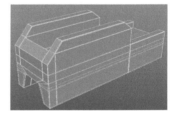

图 2.283　倒角之后的效果　　图 2.284　插入循环边和添加边之后的效果　　图 2.285　插入循环边之后的效果

步骤 03：平滑处理。选择已插入循环边的前端瞄准装置模型，在菜单栏中单击【网格】→【平滑】命令，进行平滑处理，把平滑的分段数设为 2。平滑之后的效果如图 2.286 所示。

步骤 04：添加"blinn"材质。给平滑之后的前端瞄准装置模型添加"blinn"材质，效果如图 2.287 所示。

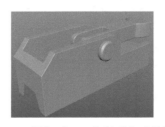

图 2.286　平滑之后的效果　　　　图 2.287　添加"blinn"材质之后的效果

2. 制作 G56 突击步枪的中间瞄准装置高模

步骤 01：第 1 次挤出。选择如图 2.288 所示的面，在菜单栏中单击【编辑网格】→【挤出】命令，进行挤出并调节挤出的面的位置，效果如图 2.289 所示。

步骤 02：倒角处理。选择需要倒角的边，在菜单栏中单击【编辑网格】→【倒角】命令，进行倒角处理。然后，使用【多切割】命令添加边。倒角和添加边之后的效果如图 2.290 所示。

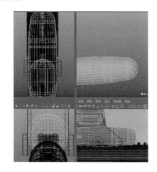
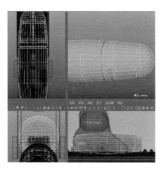
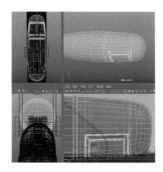

图 2.288　选择的面　　　　图 2.289　步骤 01 挤出和　　　图 2.290　倒角和添加边
　　　　　　　　　　　　　　　　位置调节之后的效果　　　　　　　之后的效果

步骤 03：倒角处理。选择需要倒角的边进行倒角处理，倒角之后的效果如图 2.291 所示。

步骤 04：第 2 次挤出。选择需要挤出的面，在菜单栏中单击【编辑网格】→【挤出】命令，进行挤出并对挤出的面进行位置调节，效果如图 2.292 所示。

步骤 05：使用【插入循环边】和【倒角】命令，分别插入循环边和进行倒角处理。插入循环边和倒角之后的效果如图 2.293 所示。

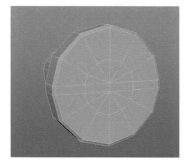
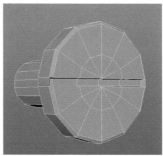
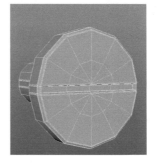

图 2.291　倒角之后的效果　　　图 2.292　步骤 04 挤出和　　　图 2.293　插入循环边和
　　　　　　　　　　　　　　　　位置调节之后的效果　　　　　　　倒角之后的效果

步骤 06：先把制作好的螺栓镜像复制 1 份，再把原始模型和镜像复制的模型结合为 1 个模型；对结合的模型进行合并，然后删除合并处的循环边，效果如图 2.294 所示。

步骤 07：插入循环边。在菜单栏中单击【编辑网格】→【插入循环边】命令，给模型插入循环边，如图 2.295 所示。

步骤 08：平滑处理。选择已插入循环边的模型，在菜单栏中单击【网格】→【平滑】命令，把平滑的分段数设为 2。平滑之后的效果如图 2.296 所示。

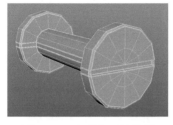

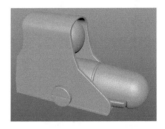

图 2.294　合并之后的效果　　　图 2.295　插入的循环边　　　图 2.296　平滑之后的效果

3．制作 G56 突击步枪的后端瞄准装置高模

G56 突击步枪的后端瞄准装置高模的制作方法和中间瞄准装置高模的制作方法相同，在此不再赘述，请读者参考前面的制作方法或本书配套的多媒体教学视频。

G56 突击步枪的后端瞄准装置高模效果如图 2.297 所示，G56 突击步枪的高模效果如图 2.298 所示。

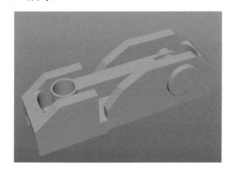

图 2.297　G56 突击步枪的后端瞄准装置高模效果　　　图 2.298　G56 突击步枪的高模效果

视频播放：关于具体介绍，请观看配套视频"任务七：制作 G56 突击步枪的瞄准装置高模.wmv"。

七、拓展训练

根据所学知识和提供的参考图，完成以下枪械高模的制作。

案例 4　制作 G56 突击步枪的低模

一、案例内容简介

本案例主要以 G56 突击步枪为例，详细介绍游戏模型的低模制作原理、流程、方法、技巧和注意事项。

二、案例效果欣赏

三、案例制作流程（步骤）

任务九：制作瞄准装置和支架的低模

任务八：制作后座的低模

任务七：制作扳机的低模

任务六：制作弹夹的低模

案例4
制作G56突击
步枪的低模

任务一：高模和低模的关系

任务二：制作低模的注意事项

任务三：制作低模的基本流程

任务四：制作枪管的低模

任务五：制作枪身的低模

四、制作目的

（1）掌握游戏低模的制作原理。
（2）掌握游戏低模的制作流程。
（3）掌握游戏低模的制作方法、技巧和注意事项。

五、制作过程中需要解决的问题

（1）低模的概念和作用。
（2）低模布线注意事项。
（3）低模与高模的关系。

六、详细操作步骤

在游戏模型制作中，最终使用的模型就是低模。使用高模和低模进行烘焙，将高模的所有细节烘焙到低模上，达到表现细节的效果。

任务一：高模和低模的关系

低模与高模是 1 个相对的概念，与具有上千万面数的高模相比，只有几百万面数的模型也只能算低模。一般情况下，高模有几千个贴图面，游戏模型的低模一般有 2～3 万个面，影视动画模型的低模有 10 万个面左右。一般来说，影视动画模型为了追求逼真，模型面数非常大；游戏模型属于实时渲染，常受到计算机或手机性能的限制，因此游戏模型的面数都要经过优化。建模师要使用更少的面数来达到更好的画质。

在游戏行业中，一般利用 3ds Max 或 Maya 等三维建模软件来制作低模，通过手绘贴图等方式，将原画设计师的概念设计稿件通过三维软件呈现出来。低模的贴图一般通过 Photoshop 和 Substance Painter 来制作，由于低模的面数少，因此业界有"三分模型、七分贴图"的说法。

高模是指使用三维建模软件（3ds Max 或 Maya）并结合 ZBrush 雕刻来完成模型，即通过 PBR 流程（基于物理的渲染过程），把贴图进行烘焙，把高模的细节烘焙到低模上，呈现出高模的细节和效果，使画面更加逼真。

低模是指在不改变模型结构的情况下，用最少的线表现模型的整体结构。

视频播放：关于具体介绍，请观看配套视频"任务一：高模和低模的关系.wmv"。

任务二：制作低模的注意事项

在制作低模时，需要注意以下 4 个方面。

1. 布线要标准

布线标准是指不能有非法的布线。也就是说，在低模布线中只能有三边面和四边面，不能出现四边以上的面。

2. 低模的结构要与高模匹配

在对中模或高模进行减面使之变为低模时，不能改变模型的整体结构。也就是说，在删除或修改边的布线时，一定不能改变原有模型的整体结构。如果改变了模型的整体结构，那这个低模就不能用了。

3. 要有正确的软硬边

在低模中，结构转折处尖锐的边需要进行硬化处理。也就是说，夹角小于或等于 90°的公共边需要进行硬化处理。

在分布 UV 时，对硬化处理之后的边，需要对 UV 进行分割处理。对软化处理之后的边，可以对 UV 进行分割处理，也可以不对 UV 进行分割处理。

4. 确保模型数据干净

需要对最终的低模进行清理操作，确保模型没有超过 4 条边的面和非流行几何体。然

后对低模清除历史记录和冻结变换操作，确保模型数据干净。

视频播放：关于具体介绍，请观看配套视频"任务二：制作低模的注意事项.wmv"。

任务三：制作低模的基本流程

低模制作的基本流程如下。

步骤 01：打开最终的中模场景文件，对中模执行【清理…】命令，检查中模是否存在非流行几何体和超过 4 条边的面。

步骤 02：确保中模没有问题之后，对中模执行【冻结变换】命令。

步骤 03：把检查过的中模保存备份文件，用于制作低模。

步骤 04：删除中模中不影响模型结构的边。

步骤 05：选择大于 4 边的面，先进行三角化处理，再进行四边形化处理。如果不进行三角化和四边形化处理，也可以通过多切割和目标焊接，把多边形面转换为三边面或四边面。

步骤 06：选择减面操作之后的低模，单击【清理…】命令，检查低模是否存在非流行几何体和大于 4 边的面。

步骤 07：对低模的边进行软化和硬化处理。

视频播放：关于具体介绍，请观看配套视频"任务三：制作低模的基本流程.wmv"。

任务四：制作枪管的低模

枪管低模主要包括枪管及其固定支架两个部分的模型。

1. 制作枪管的低模

步骤 01：打开制作好的中模场景文件，将其另存为"G56tjbq_low_01.mb"场景文件。

步骤 02：选择枪管模型，单击透视图中的"隔离选择"工具 图标，将其独立显示，如图 2.299 所示。

步骤 03：把枪管后端被枪身遮挡的面删除，效果如图 2.300 所示。

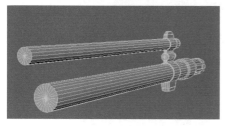　　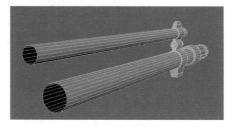

图 2.299　独立显示的枪管中模　　　　图 2.300　删除被枪身遮挡的面之后的效果

2. 制作枪管固定支架的低模

步骤 01：选择枪管的固定支架模型，将其独立显示。该模型的布线效果如图 2.301 所示。

步骤 02：删除不影响模型结构的边，效果如图 2.302 所示。

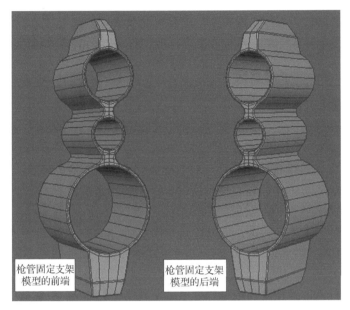

枪管固定支架
模型的前端

枪管固定支架
模型的后端

图 2.301　枪管固定支架模型的布线效果

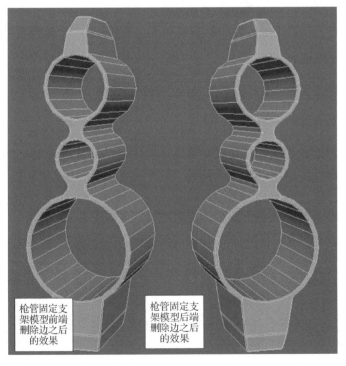

枪管固定支
架模型前端
删除边之后
的效果

枪管固定支
架模型后端
删除边之后
的效果

图 2.302　删除边之后的效果

　　步骤 03：选择超过 4 条边的面，在菜单栏中单击【网格】→【三角化】命令，进行三角化处理。再次在菜单栏中单击【网格】→【四边形化】命令，对选择的面进行四边形化处理，效果如图 2.303 所示。

步骤 04：对低模进行清理。选择枪管及其固定支架，在菜单栏中单击【网格】→【清理…】→囗命令属性图标，弹出【清理选项】对话框。设置该对话框参数，具体设置如图 2.304 所示。

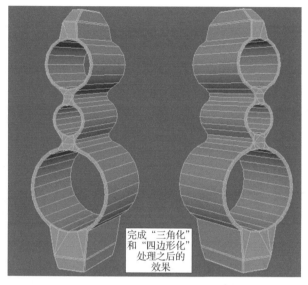

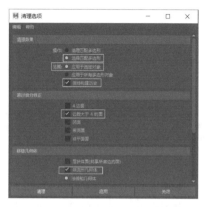

图 2.303　完成三角化和四边形化处理之后的效果　　图 2.304　【清理选项】对话框参数设置

步骤 05：单击【清理】按钮，检查模型是否有问题。如果没有问题，被选择的模型退出选择状态；若模型存在超过 4 条边的面或非流行几何体，则存在问题的面被自动选择，对存在问题的面进行处理。再次单击【清理…】命令，确保模型没有问题之后，才算完成枪管及其支架模型低模的制作。

步骤 06：选择枪管及其支架，在菜单栏中单击【网格显示】→【软化边】命令，对所有边进行软化处理。

步骤 07：选择需要硬化处理的边，如图 2.305 所示。

步骤 08：在菜单栏中单击【网格显示】→【硬化边】命令，对边进行硬化处理。最终的枪管及其固定支架的低模，如图 2.306 所示。

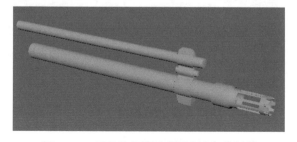

图 2.305　选择需要硬化处理的边　　　　图 2.306　最终的枪管及其固定支架的低模

视频播放：关于具体介绍，请观看配套视频"任务四：制作枪管的低模.wmv"。

任务五：制作枪身的低模

步骤 01： 打开"G56tjbq_low_01.mb"场景文件，将其另存为"G56tjbq_low_02.mb"场景文件。

步骤 02： 选择枪身中模，单击透视图中的"隔离选择"工具 图标，将其独立显示，如图 2.307 所示。

步骤 03： 删除不影响枪身模型结构的边，先对超过 4 条边的面进行三角化和四边形化处理，再对需要合并的边进行收拢处理，枪身低模布线效果如图 2.308 所示。

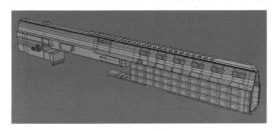 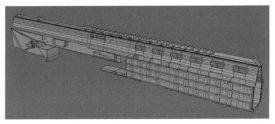

图 2.307 独立显示的枪身中模　　　　图 2.308 枪身低模布线效果

步骤 04： 选择枪身低模，单击【清理…】命令，如果显示选择的面或绿色的顶点，说明该模型存在超过 4 条边的面和非流行几何体。此时，需要对其进行修改。修改之后，再单击【清理…】命令。若模型退出被选择状态，则说明枪身低模正常。

步骤 05： 选择制作好的枪身低模，在菜单栏中单击【网格显示】→【软化边】命令，对枪身低模的边进行软化处理，效果如图 2.309 所示。

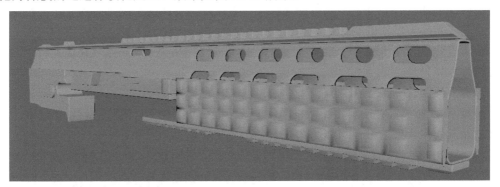

图 2.309 软化边之后的枪身低模效果

视频播放： 关于具体介绍，请观看配套视频"任务五：制作枪身的低模.wmv"。

任务六：制作弹夹的低模

步骤 01： 打开"G56tjbq_low_02.mb"场景文件，将其另存为"G56tjbq_low_03.mb"场景文件。

步骤 02： 选择弹夹中模，单击透视图中的"隔离选择"工具 图标，将其独立显示，

如图 2.310 所示。

步骤 03：删除弹夹中模的一半并删除不影响模型结构的边，删除边之后的效果如图 2.311 所示。

步骤 04：选择超过 4 条边的面，在菜单栏中单击【网格】→【三角化】命令，进行三角化处理。再次单击【网格】→【四边形化】命令，进行四边形化处理，效果如图 2.312 所示。

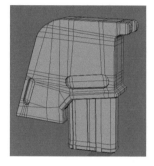
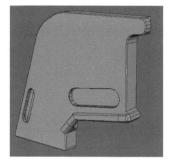
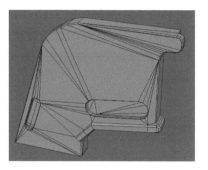

图 2.310 独立显示的弹夹中模　图 2.311 删除边之后的效果　2.312 进行三角化和四边形化处理之后的效果

步骤 05：选择制作好的弹夹低模，在菜单栏中单击【编辑】→【特殊复制】→■命令属性图标，弹出【特殊复制选项】对话框。设置该对话框参数，具体设置如图 2.313 所示。

步骤 06：参数设置完毕，单击【特殊复制】按钮。特殊复制的如图 2.314 所示。

步骤 07：选择原始模型和特殊复制的模型，在菜单栏中单击【网格】→【结合】命令，把这 2 个模型结合为 1 个模型。

步骤 08：选中结合的模型，在菜单栏中单击【编辑网格】→【合并】命令，把 2 个模型结合处没有合并的 2 个顶点合并为 1 个顶点。

步骤 09：切换到边编辑模式，通过双击，选中 2 个模型结合处的边，在菜单栏中单击【编辑网格】→【删除边/顶点】命令（或按键盘上的"Ctrl+Delete"组合键），删除选择的边和顶点。结合和合并之后的低模如图 2.315 所示。

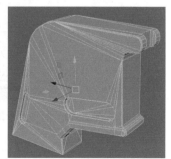

图 2.313 【特殊复制选项】对话框参数设置　图 2.314 特殊复制的效果　图 2.315 结合和合并之后的低模

步骤 10：选择制作好的弹夹低模，在菜单栏中单击【网格】→【清理…】命令，若模型没有问题，则退出模型被选择状态；若模型有问题，则会显示有问题的面和顶点。此时，需要对有问题的面和顶点进行修改。修改后，再次单击【清理…】命令，直到没有显示问题为止。

步骤 11：选择制作好的弹夹低模，在菜单栏中单击【网格显示】→【软化边】命令，对弹夹低模的边进行软化处理。

步骤 12：选择如图 2.316 所示需要硬化处理的边，在菜单栏中单击【网格显示】→【硬化边】命令，对选择的边进行硬化处理。最终的弹夹低模如图 2.317 所示。

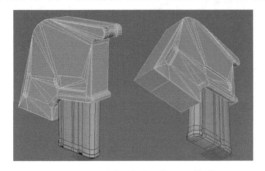

图 2.316　选择需要硬化处理的边　　　　图 2.317　最终的弹夹低模

视频播放：关于具体介绍，请观看配套视频"任务六：制作弹夹的低模.wmv"。

任务七：制作扳机的低模

步骤 01：打开"G56tjbq_low_03.mb"场景文件，将其另存为"G56tjbq_low_04.mb"场景文件。

步骤 02：选择扳机中模，单击透视图中的"隔离选择"工具█图标，独立显示扳机中模，如图 2.318 所示。

步骤 03：删除扳机中模中不影响模型结构的边，效果如图 2.319 所示。

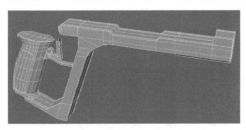
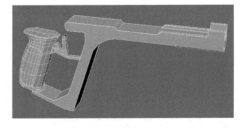

图 2.318　独立显示的扳机中模　　　　图 2.319　删除不影响模型结构的边之后的效果

步骤 04：选择超过 4 条边的面，在菜单栏中单击【网格】→【三角化】命令，进行三角化处理。再次单击【网格】→【四边形化】命令，进行四边形化处理效果如图 2.320 所示。

步骤 05：选择制作好的扳机低模，在菜单栏中单击【网格】→【清理…】命令，直到没有显示问题为止。

步骤 06：选择制作好的扳机低模，在菜单栏中单击【网格显示】→【软化边】命令，对扳机低模的边进行软化处理，效果如图 2.321 所示。

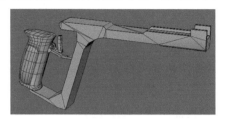

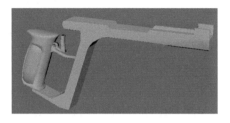

图 2.320　进行三角化和四边形化处理之后的效果　　　图 2.321　软化边之后的效果

视频播放：关于具体介绍，请观看配套视频"任务七：制作扳机的低模.wmv"。

任务八：制作后座的低模

步骤 01：打开"G56tjbq_low_04.mb"场景文件，将其另存为"G56tjbq_low_05.mb"场景文件。

步骤 02：选择后座中模，单击透视图中的"隔离选择"工具▣图标，独立显示后座中模，如图 2.322 所示。

步骤 03：删除后座中模中不影响模型结构的边，删除边之后的效果如图 2.323 所示。

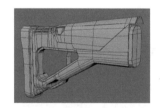
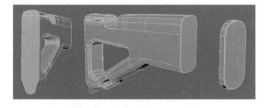

图 2.322　独立显示的后座中模　　　　图 2.323　删除边之后的效果

步骤 04：选择超过 4 条边的面，在菜单栏中单击【网格】→【三角化】命令，进行三角化处理。再次单击【网格】→【四边形化】命令，进行四边形化处理，效果如图 2.324 所示。

步骤 05：选择制作好的后座低模，在菜单栏中单击【网格】→【清理…】命令，直到没有显示问题为止。

步骤 06：选择制作好的后座低模，在菜单栏中单击【网格显示】→【软化边】命令，对后座低模的边进行软化处理，效果如图 2.325 所示。

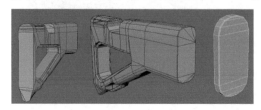
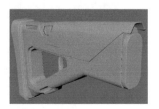

图 2.324　进行三角化和四边形化处理之后的效果　　　图 2.325　软化边之后的效果

视频播放：关于具体介绍，请观看配套视频"任务八：制作后座的低模.wmv"。

任务九：制作瞄准装置和支架的低模

瞄准装置和支架低模的制作方法比较简单，只须对不影响模型结构的边进行三角化、四边形化和软化处理即可。

步骤 01：打开"G56tjbq_low_05.mb"场景文件，将其另存为"G56tjbq_low_06.mb"场景文件。

步骤 02：选择瞄准装置和支架的中模，单击透视图中的"隔离选择"工具██图标，独立显示该中模，如图 2.326 所示。

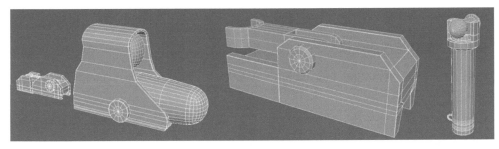

图 2.326　独立显示的瞄准装置和支架中模

步骤 03：删除瞄准装置和支架中模中不影响模型结构的边，删除边之后的效果如图 2.327 所示。

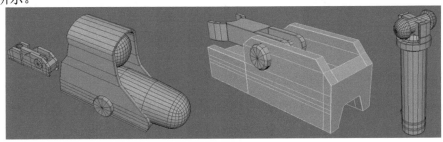

图 2.327　删除边之后的效果

步骤 04：选择超过 4 条边的面，在菜单栏中单击【网格】→【三角化】命令，进行三角化处理。再次单击【网格】→【四边形化】命令，进行四边形化处理，效果如图 2.328 所示。

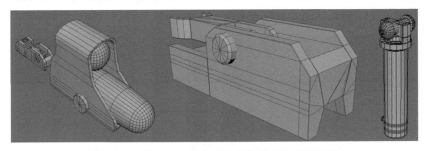

图 2.328　进行三角化和四边形化处理之后的效果

步骤 05：选择制作好的瞄准装置和支架低模，在菜单栏中单击【网格】→【清理…】命令，直到没有显示问题为止。

步骤 06：选择制作好的瞄准装置和支架低模，在菜单栏中单击【网格显示】→【软化边】命令，对瞄准装置和支架低模的边进行软化处理，效果如图 2.329 所示。

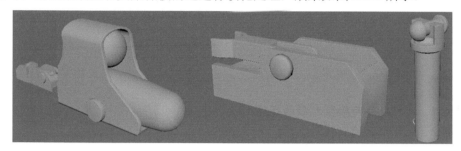

图 2.329　软化边之后的效果

步骤 07：把制作好的所有低模显示出来，把文件另存为"G56tjbq_low_ok.mb"场景文件。G56 突击步枪的低模如图 2.330 所示。

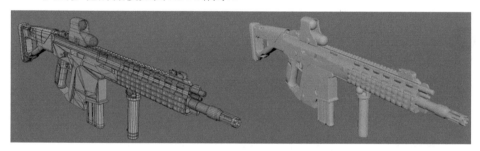

图 2.330　G56 突击步枪的低模

视频播放：关于具体介绍，请观看配套视频"任务九：制作瞄准装置和支架的低模.wmv"。

七、拓展训练

根据所学知识和提供的参考图，完成以下枪械的低模制作。

第 3 章　制作坦克模型

🎭 知识点：

案例 1　素材准备与模型大形的搭建
案例 2　制作坦克的中模
案例 3　制作坦克的高模
案例 4　制作坦克的低模

🎭 说明：

本章主要以坦克为例介绍游戏模型的制作流程。通过 4 个案例介绍坦克模型制作的素材准备、模型大形搭建和中/高/低模制作的详细步骤。

🎭 教学建议课时数：

一般情况下，需要 20 课时，其中理论学习占 4 课时，实际操作占 16 课时（特殊情况下可做相应调整）。

案例 1　素材准备与模型大形的搭建

一、案例内容简介

本案例主要介绍坦克模型的素材（参考图）准备、模型大形的搭建及注意事项。

二、案例效果欣赏

三、案例制作流程（步骤）

任务七：搭建坦克轮带的模型大形

任务六：搭建坦克车外装备的模型大形

任务五：搭建坦克车体的模型大形

案例1
素材准备与
模型大形的
搭建

任务一：收集参考图和分析模型结构

任务二：了解坦克模型结构及各部位的
名称和功能

任务三：导入参考图

任务四：搭建坦克炮塔的模型大形

四、制作目的

（1）掌握参考图的收集方法。

（2）掌握参考图的分类和分析。

（3）根据参考图搭建模型大形。

（4）熟悉在搭建模型大形时的注意事项。

（5）掌握坦克模型大形的搭建方法。

五、制作过程中需要解决的问题

（1）提高对参考图的分析能力。

（2）熟悉游戏模型制作的基本流程。

（3）熟悉游戏开发流程。

（4）灵活使用【建模】模块下的各个命令。

六、详细操作步骤

任务一：收集参考图和分析模型结构

本案例主要使用多边形建模技术来制作一辆坦克的低模、中模和高模。通过该案例的学习，读者应能够熟练制作符合游戏、动画和影视不同精度要求的模型。

在制作模型前，首先，要通过不同渠道，收集相关参考图，对参考图进行归类和分析，熟悉制作模型的结构；其次，根据参考图分析结果和项目要求，进行二次创作；最后，根据二次创作，确定制作方法并进行结构分析。

提示：在制作模型过程中，参考图只提供轮廓参考，帮助读者理解模型的结构，而不是高精度地还原参考图结构。图 3.1 所示为具有代表性的坦克模型参考图，读者可以自行分析这些模型结构。

图 3.1　坦克模型参考图

视频播放：关于具体介绍，请观看配套视频"任务一：收集参考图和分析模型结构.wmv"。

任务二：了解坦克模型结构及各部位的名称和功能

坦克各部位参考图如图 3.2 所示。

图 3.2　坦克各部位参考图

坦克各部位的具体名称和功能介绍如下。

（1）车长舱盖：车长进出坦克时使用的舱盖。早期设计的车长舱盖是上下开启的，但因为太显眼，车长从舱盖底下露面时经常会遭遇对方狙击。后来，车长舱盖被改装成水平滑动的样式。

（2）炉舱：坦克车长用的发令台，附带有视察装置，可凭借该装置查看周围的情况。

（3）气窗：换气装置，向外排放发射炮弹时产生的气体。

（4）消声器和消声器罩：减小引擎排气的噪声，消声器罩上的凹陷和锈迹是模型表现技艺的最大特点。

（5）装弹手舱盖：供主炮装弹的装弹手进出用的舱盖。

（6）逃生舱盖。

（7）灭火器。

（8）千斤顶：修理履带等部位时用于撑起车辆的器械。

（9）侧面裙甲：保护履带和转轮的装置，可装卸。在模型中，作为受损程度的一种展现，有时可对此部位进行一些缺齿或弯曲的加工。

（10）烟雾弹发射器：用于发射烟雾，以遮挡敌方视线。

（11）启动轮：坦克的车轮中唯一以引擎的力量回旋的一对车轮，履带缠绕在该车轮上，拖动坦克移动。

（12）履带：由履带板链连接成的带子，依靠启动轮转动，使得坦克能够在颠簸不平的地面上移动。

（13）前机枪：安装在车体前部的机枪。用于射击那些潜伏的敌方士兵等，确保坦克前方道路的安全，同时对正面进攻的步兵进行扫射。

（14）备用履带：大都装备于前面装甲和炮塔上，同时起到加厚装甲的作用。

（15）操控员用视察孔：为方便操控员确认坦克前方状况而设置的孔洞，该视察孔由防弹玻璃制成，战斗时闭合。操控员与车长相互配合，利用视察孔提供的狭窄视野来操控坦克。

（16）车外装备：手斧、铁铲、撬棍、缆绳钳等各种装备于车外的工具总称。

（17）同轴机关枪：装备在主炮的炮架上。

（18）护盾：覆盖住炮身并从炮塔中伸出的开口部位的装甲。正常情况下，该部位是最容易中弹的部位。

（19）管制前照灯：车前灯。战时，明目张胆地打开明亮的车前灯是一种很危险的行为，因此，一般都会在坦克的车前灯上加 1 个开有细缝的灯罩。

（20）S 型地雷：近身防御兵器，位于管制前照灯后方的筒状物装置中。

（21）挡泥板：泥水防护装置，拦阻履带卷起的泥土和沙尘等。

（22）主炮：坦克的主要火炮。

（23）炮口制动器：用于抑制主炮发射时产生的后坐力。

（24）杂物箱。

（25）引擎进气管：用于吸入空气。

（26）空气滤清器：用于过滤空气。

（27）手枪射击口：为方便近距离射击敌人而预留的小窗。

（28）引导轮：除了牵引履带向前运动，同时还具有调节履带松紧程度的作用。

（29）转轮：在履带之上转动的轮子，用于支撑车体。

（30）前机枪手兼无线用舱盖：供负责操控前机枪和无线电设备的人员进出的舱盖。

视频播放：关于具体介绍，请观看配套视频"任务二：了解坦克模型结构及各部位的名称和功能.wmv"。

任务三：导入参考图

导入参考图的目的是为制作坦克模型提供参考，以提高模型的精确度。参考图导入步骤如下。

步骤 01：导入参考图。在侧视图子菜单栏中单击【视图】→【图像平面】→【导入图像…】命令，弹出【打开】对话框。在该对话框中选择需要导入的参考图，如图 3.3 所示。单击【打开】按钮，导入参考图。

步骤 02：参考图的大小缩放和位置调节。对导入的参考图进行适当缩放和调节位置，如图 3.4 所示。

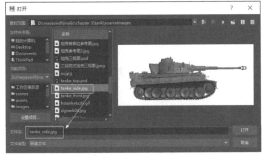

图 3.3　在【打开】对话框选择需导入的参考图

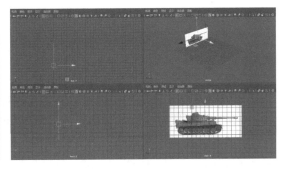

图 3.4　大小缩放和位置调节

步骤 03：选择导入的参考图。按"Ctrl+A"组合键，显示参考图的属性控制面板，设

置【属性编辑器】对话框参数。具体参数设置如图 3.5 所示，调节参数之后的效果如图 3.6 所示。

图 3.5　【属性编辑器】对话框参数设置

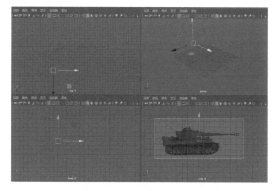

图 3.6　调节参数之后的效果

步骤 04：顶视图参考图和前视图参考图的导入方法同上，最终参考图效果如图 3.7 所示。

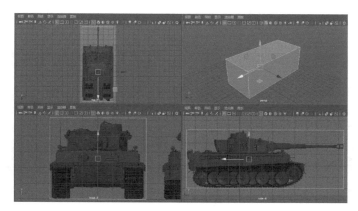

图 3.7　最终参考图效果

提示：如果导入的参考图包括侧视图、顶视图和前视图，在导入之后，一般先创建 1 个立方体作为参考，以便进行辅助对位。位置调节好后，可将其删除。

视频播放：关于具体介绍，请观看配套视频"任务三：导入参考图.wmv"。

任务四：搭建坦克炮塔的模型大形

坦克炮塔主要包括车长舱盖、炉舱、气窗、装弹手舱盖、同轴机关枪、护盾、主炮、炮口制动器、杂物箱和手枪射击口等部件。

1. 搭建坦克炮塔主体的模型大形

步骤 01：创建圆柱体。在菜单栏中单击【创建】→【多边形基本体】→【圆柱体】命令，创建 1 个圆柱体。在各个视图中调节该圆柱体的顶点位置，然后删除圆柱体的底面，

顶点位置调节和删除底面之后的效果如图 3.8 所示。

步骤 02：选择圆柱体的顶面，在菜单栏中单击【编辑网格】→【挤出】命令，对挤出的面进行移动和缩放。选择挤出面，对其进行第 2 次挤出并调节高度，挤出 2 次和调节高度之后的效果如图 3.9 所示。

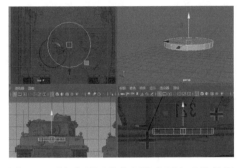

图 3.8　顶点位置调节和删除底面之后的效果　　　　图 3.9　挤出 2 次和调节高度之后的效果

步骤 03：再次选择圆柱体顶面，进行第 3 次挤出和位置调节，效果如图 3.10 所示。

步骤 04：方法同上，选择圆柱体顶面进行第 4 次挤出和位置调节，效果如图 3.11 所示。

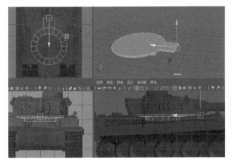
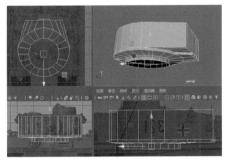

图 3.10　第 3 次挤出和位置调节之后的效果　　　　图 3.11　第 4 次挤出和位置调节之后的效果

步骤 05：单击【多边形建模】工具架中的"多切割"工具图标，对挤出的模型进行分割和添加边，根据参考图结构调节顶点的位置。分割、添加边和顶点位置调节之后的效果如图 3.12 所示。

步骤 06：选择需要挤出的面，单击【多边形建模】工具架中的"挤出"工具图标，对选择的面进行 2 次挤出，并依次调节位置。挤出 2 次和位置调节之后的效果如图 3.13 所示。

2. 搭建炮塔护盾的模型大形

炮塔的"护盾"模型大形，主要通过对选择的面进行复制和挤出来搭建。

步骤 01：选择如图 3.14 所示的面，在菜单栏中单击【编辑网格】→【复制】命令，复制选择的面。

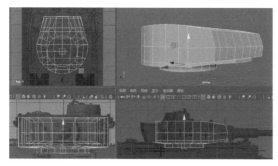

图 3.12　分割、添加边和顶点位置调节之后的效果

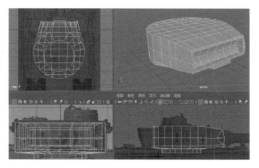

图 3.13　挤出 2 次和位置调节之后的效果

步骤 02：选择复制的面，单击【多边形建模】工具架中的"挤出"工具 图标，对复制的面进行挤出和位置调节。复制和位置调节之后的效果如图 3.15 所示。

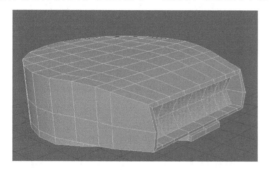

图 3.14　选择需要复制的面

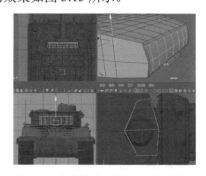

图 3.15　复制和位置调节之后的效果

步骤 03：继续单击【多边形建模】工具架中的"挤出"工具 图标，对面进行挤出和位置调节。挤出和位置调节之后的效果如图 3.16 所示。

步骤 04：单击【多边形建模】工具架中的"多边形圆柱体"工具 图标，创建 1 个圆柱体。

步骤 05：选择圆柱体两端的面，单击【多边形建模】工具架中的"挤出"工具 图标，对选择的面进行挤出、缩放和位置调节。该操作需要进行多次，效果如图 3.17 所示。

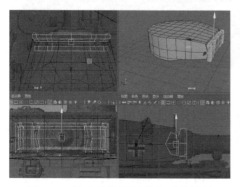

图 3.16　挤出和位置调节之后的效果

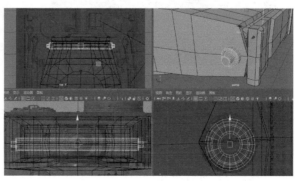

图 3.17　进行多次挤出、缩放和位置调节之后的效果

3. 搭建主炮的模型大形

主炮模型大形主要通过对创建的圆柱体进行挤出、缩放和位置调节来搭建。

步骤 01：单击【多边形建模】工具架中的"多边形圆柱体"工具🔘图标，创建 1 个圆柱体，先删除被炮台遮罩的圆柱体底面，再对其顶面的顶点进行缩放和位置调节，效果如图 3.18 所示。

步骤 02：选择圆柱体的顶面，根据主炮的结构，对顶面进行多次挤出、缩放和位置调节，效果如图 3.19 所示。

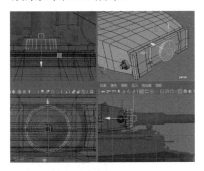 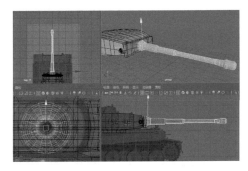

图 3.18　缩放和位置调节之后的效果　　　　图 3.19　进行多次挤出、缩放和位置调节之后的效果

步骤 03：切换到主炮的面编辑模式，删除多余的面，效果如图 3.20 所示。

步骤 04：选择主炮整个模型，单击【多边形建模】工具架中的"挤出"工具🔲图标，对主炮进行挤出，效果如图 3.21 所示。

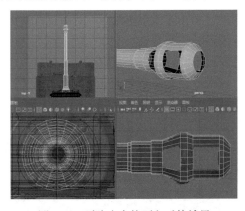 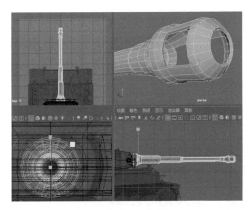

图 3.20　删除多余的面之后的效果　　　　　　图 3.21　挤出之后的效果

步骤 05：先删除主炮中看不到的面，再选择主炮内管中的边界边，如图 3.22 所示。

步骤 06：在菜单栏中单击【网格】→【填充洞】命令，对选择的边界边进行填充洞处理，效果如图 3.23 所示。

步骤 07：选择填充的面，在菜单栏中单击【编辑网格】→【刺破】命令，对选择的面进行刺破处理，效果如图 3.24 所示。

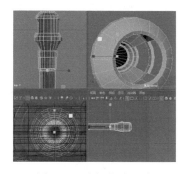
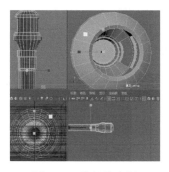
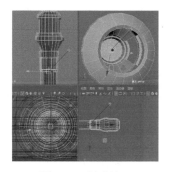

图 3.22　选择的边界边　　　　图 3.23　进行填充洞　　　　图 3.24　刺破处理
　　　　　　　　　　　　　　　　　处理之后的效果　　　　　　之后的效果

步骤 08：创建 1 个立方体，删除其与护盾接触的面，对该立方体进行调节，效果如图 3.25 所示。

步骤 09：创建 1 个球体，删除该球体的一半，把剩下的一半球体复制 5 份，并调节好它们的位置，如图 3.26 所示。

4. 搭建炉舱的模型大形

1）搭建炉舱主体模型大形

炉舱模型大形通过创建圆柱体，对圆柱体的顶面进行挤出、缩放和位置调节来搭建。

步骤 01：单击【多边形建模】工具架中的"多边形圆柱体"工具█图标，创建 1 个圆柱体并删除其底面，如图 3.27 所示。

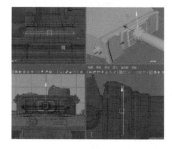
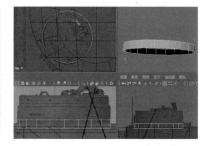

图 3.25　调节之后的立方体效果　　图 3.26　复制的球体位置　　图 3.27　删除了底面的圆柱体

步骤 02：选择圆柱体的顶面，使用【多边形建模】工具架中的"挤出"工具█图标，根据参考图对顶面进行多次挤出、缩放和移动，效果如图 3.28 所示。

步骤 03：选择如图 3.29 所示的面，在菜单栏中单击【编辑网格】→【提取】命令，把选择的面提取出来，再把提取的面往上移动一点并进行适当的缩放，效果如图 3.30 所示。

步骤 04：使用【多边形建模】工具架中的"挤出"工具█图标，对提取面进行挤出，效果如图 3.31 所示。

步骤 05：创建 1 个圆柱体，调节其大小。然后，将其复制 1 份并调节好位置，如图 3.32 所示。

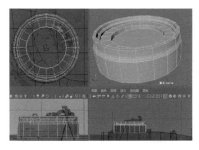

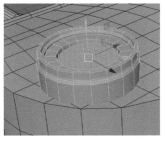

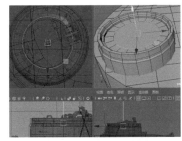

图 3.28　多次挤出、缩放和
移动之后的效果

图 3.29　选择的面

图 3.30　缩放和移动
之后的效果

步骤 06：选择 2 个圆柱体，在菜单栏中单击【网格】→【结合】命令，将选择的 2 个圆柱体结合为 1 个圆柱体。

步骤 07：选择结合之后的 2 个圆柱体的顶面，在菜单栏中单击【编辑网格】→【桥接】命令，对桥接之后的模型进行顶点位置调节，效果如图 3.33 所示。

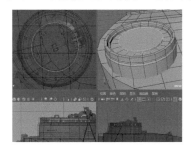

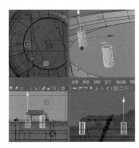

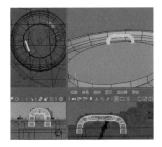

图 3.31　挤出之后的效果

图 3.32　复制的圆柱体
大小和位置

图 3.33　桥接和顶点位置
调节之后的效果

2）搭建炉舱其他部件的模型大形

步骤 01：创建 1 个圆柱体，选择该圆柱体侧面的下半部，单击【多边形建模】工具架中的"挤出"工具图标，对选择的面进行挤出、移动和缩放，效果如图 3.34 所示。

步骤 02：删除多余的边，在菜单栏中单击【网格工具】→【插入循环边】命令，对删除边之后的模型插入 1 条循环边，效果如图 3.35 所示。

步骤 03：把模型复制 1 份，调节好其位置。选择复制和被复制的模型，在菜单栏中单击【网格】→【结合】命令，把 2 个模型结合为 1 个模型。

步骤 04：选择结合之后的模型内侧需要桥接的面，在菜单栏中单击【编辑网格】→【桥接】命令，对选择的面进行桥接，效果如图 3.36 所示。

步骤 05：把制作好的模型复制 3 份并调节它们顶点的位置，效果如图 3.37 所示。

步骤 06：创建 1 个立方体，对该立方体的顶点位置进行调节。效果如图 3.38 中的立方体所示。

步骤 07：创建 1 个圆柱体，对该圆柱体进行挤出、缩放和位置调节，效果如图 3.38 中的圆柱体所示。

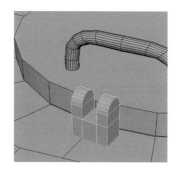

图 3.34　挤出、移动和缩放　　　　图 3.35　删除边和插入 1 条　　　　图 3.36　桥接之后的效果
　　　　之后的效果　　　　　　　　　　循环边之后的效果

步骤 08：把挤出、缩放和位置调节之后的模型复制 2 份，调节好它们的位置，如图 3.39 所示。

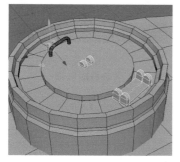

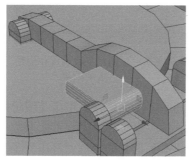

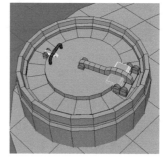

图 3.37　复制和位置调节　　　　　图 3.38　挤出和位置调节　　　　图 3.39　复制和位置调节
　　　　之后的效果　　　　　　　之后的立方体与圆柱体的效果　　　　　之后的效果

步骤 09：创建 3 个圆柱体，它们的大小和位置如图 3.40 所示。

步骤 10：制作弹簧。在菜单栏中单击【创建】→【多边形基本体】→【螺旋线】命令，在侧视图创建 1 条螺旋线，其大小和位置如图 3.41 所示。

步骤 11：制作铆钉。创建 1 个球体，调节好其大小，删除该球体的下半部，对剩下的上半部球体进行复制和位置调节。制作好的铆钉效果如图 3.42 所示。

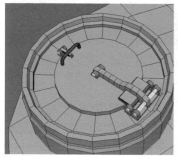

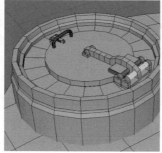

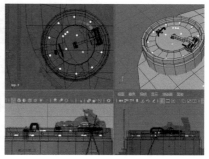

图 3.40　创建的 3 个圆柱体的　　　　图 3.41　螺旋线的　　　　　图 3.42　制作好的铆钉效果
　　　　大小和位置　　　　　　　　　大小和位置

5. 搭建装弹手舱盖的模型大形

装弹手舱盖的模型大形的搭建，通过对创建的立方体和圆柱体进行编辑来完成。

步骤 01：单击【多边形建模】工具架中的"多边形立方体"工具图标，创建 1 个立方体，删除该立方体的底面，调节其大小和位置，如图 3.43 所示。

步骤 02：选择立方体侧面的 4 条边，在菜单栏中单击【编辑网格】→【倒角】命令，对选择的边进行倒角处理。倒角参数和倒角之后的效果如图 3.44 所示。

步骤 03：选择立方体的顶面，单击【多边形建模】工具架中的"挤出"工具图标，对选择的面进行挤出、移动和缩放。该操作需要进行 2 次，效果如图 3.45 所示。

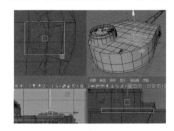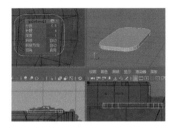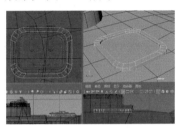

图 3.43　调节大小和位置之后的　　图 3.44　倒角参数设置和倒角　　图 3.45　挤出、移动和缩放
　　　　　　立方体　　　　　　　　　　　之后的效果　　　　　　　　　2 次之后的效果

步骤 04：选择需要提取的面，在菜单栏中单击【编辑网格】→【提取】命令，将选择的面提取出来，如图 3.46 所示。

步骤 05：单击【多边形建模】工具架中的"挤出"工具图标，对提取的面进行多次挤出、缩放和移动，效果如图 3.47 所示。

步骤 06：创建 1 个圆柱体，删除该圆柱体的一半，使用【多边形建模】工具架中的"挤出"工具图标，对删除之后的边界边进行挤出，效果如图 3.48 所示。

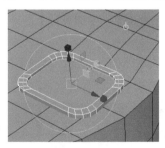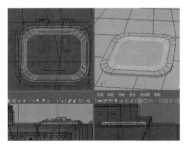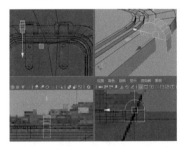

图 3.46　提取的面　　　　　图 3.47　多次挤出、缩放和　　　图 3.48　挤出之后的
　　　　　　　　　　　　　　　　　移动之后的效果　　　　　　　　边界边效果

步骤 07：把编辑好的模型复制 3 份并调节好它们的位置，如图 3.49 所示。

步骤 08：创建 1 个立方体，对该立方体进行倒角处理，再把倒角之后的立方体复制 1 份，调节好其位置。倒角和复制之后的立方体效果如图 3.50 所示。

步骤 09：创建 1 个球体，删除该球体的下半部，把剩余的球体复制 3 份，调节好它们的位置。创建 2 个圆柱体并调节好它们的位置。复制和位置调节之后的圆柱体和半球体效果如

图 3.51 所示。

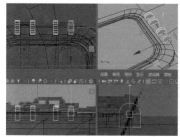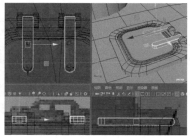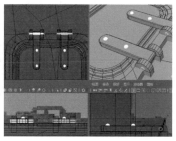

图 3.49 复制和调节好　　　　图 3.50 倒角和复制之后的　　　　图 3.51 复制和位置调节
　　位置之后的效果　　　　　　　立方体效果　　　　　　　之后的圆柱体和半球体效果

步骤 10：创建 1 个立方体并调节其顶点的位置，如图 3.52 所示。

步骤 11：选择创建的立方体两端的底面，单击【多边形建模】工具架中的"挤出"工具🔧图标，对选择的面进行挤出，删除挤出后的底面，调节其位置，效果如图 3.53 所示。

步骤 12：单击【多边形建模】工具架中的"倒角组件"工具🔧图标，对边进行倒角处理，效果如图 3.54 所示。

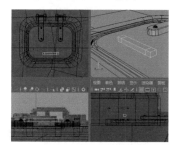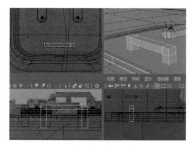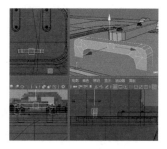

图 3.52 调节顶点位置　　　　图 3.53 挤出和位置调节　　　　图 3.54 倒角处理
　　之后的立方体　　　　　　　之后的效果　　　　　　　之后的效果

步骤 13：单击【多边形建模】工具架中的"多切割"工具📐图标，对倒角后的模型重新布线，效果如图 3.55 所示。

步骤 14：单击【多边形建模】工具架中的"倒角组件"工具🔧图标，对重新布线之后的模型进行倒角处理，效果如图 3.56 所示。

6. 搭建气窗的模型大形

气窗的模型大形的搭建，通过对创建的圆柱体进行挤出和倒角处理来完成。

步骤 01：创建 1 个圆柱体，把该圆柱体的底面删除，选择圆柱体顶面，根据参考图对顶面进行挤出、缩放和移动，效果如图 3.57 所示。

步骤 02：删除多余的面，效果如图 3.58 所示。

步骤 03：创建 1 个球体，删除该球体的下半部，把剩余的球体复制 8 份，调节好它们的位置。剩余的半球体大小和位置如图 3.59 所示。

图 3.55　重新布线
之后的效果

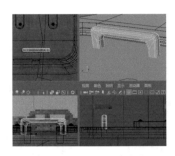

图 3.56　倒角之后的效果

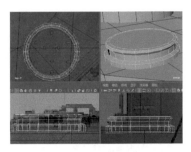

图 3.57　挤出、缩放和移动
之后的效果

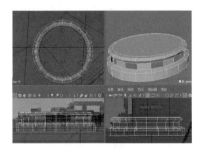

图 3.58　删除多余的面之后的效果

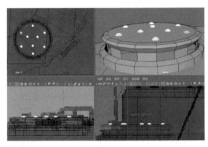

图 3.59　剩余的半球体大小和位置

7. 搭建杂物箱的模型大形

杂物箱的模型大形的搭建主要通过创建立方体并对其进行顶点调节来完成。

步骤 01：在菜单栏中单击【创建】→【多边形基本体】→【立方体】命令，创建 1 个立方体。删除该立方体与炮塔主体接触的面，根据参考图调节立方体的顶点位置。调节顶点位置之后的立方体效果如图 3.60 所示。

步骤 02：在菜单栏中单击【网格工具】→【插入循环边】命令，给编辑之后的立方体插入循环边，根据参考图的结构调节顶点的位置。插入循环边和调节顶点位置之后的效果如图 3.61 所示。

步骤 03：选择需要挤出的面，单击【多边形建模】工具架中的"挤出"工具图标，对选择的面进行挤出并适当缩放。挤出和缩放之后的效果如图 3.62 所示。

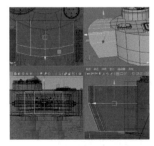

图 3.60　调节顶点位置
之后的立方体效果

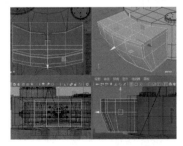

图 3.61　插入循环边和调节
顶点位置之后的效果

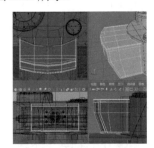

图 3.62　挤出和缩放
之后的效果

步骤 04：选择如图 3.63 所示的面，在菜单栏中单击【编辑网格】→【提取】命令，将选择的面提取出来。

步骤 05：选择所提取面的横边，单击【多边形建模】工具架中的"倒角组件"工具图标，对选择的边进行倒角，效果如图 3.64 所示。

步骤 06：选择需要挤出的面，单击【多边形建模】工具架中的"挤出"工具图标，对选择的面进行挤出和位置调节，效果如图 3.65 所示。

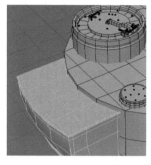

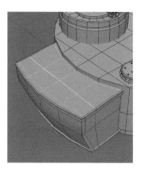

图 3.63　选择的面　　　　　图 3.64　倒角之后的效果　　　　图 3.65　挤出和位置调节之后的效果

步骤 07：创建 1 个圆柱体，调节该圆柱体循环边的位置。选择循环边进行挤出和位置调节，把它复制 1 份并调节好位置。复制和位置调节之后的效果如图 3.66 所示。

步骤 08：创建 1 个立方体，删除该立方体的底面，选择其顶面，单击【多边形建模】工具架中的"倒角组件"工具图标，对选择的面进行倒角处理并调节好其位置，效果如图 3.67 所示。

步骤 09：创建 1 个圆柱体，对该圆柱体进行挤出和倒角处理，效果如图 3.68 所示。

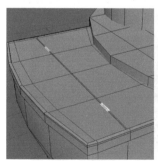
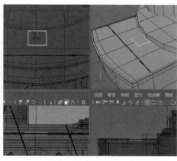
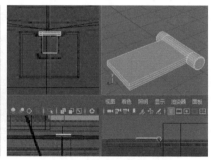

图 3.66　复制和位置调节　　　图 3.67　倒角处理和调节位置　　　图 3.68　对圆柱体进行挤出和
　　　　　之后的效果　　　　　　　　之后的效果　　　　　　　　　倒角处理之后的效果

步骤 10：创建 2 个圆柱体，删除它们的底面，调节好它们的位置。选择调节好位置的 2 个圆柱体，在菜单栏中单击【网格】→【结合】命令，把它们结合为 1 个对象。结合之后的效果如图 3.69 所示。

步骤 11：选择上一步骤创建的 2 个圆柱体的顶面，在菜单栏中单击【编辑网格】→【桥接】命令，对桥接之后的对象进行顶点位置调节，效果如图 3.70 所示。

8. 搭建手枪射击口的模型大形

手枪射击口的模型大形的搭建主要通过对圆柱体进行重新布线和挤出来完成。

步骤 01：创建 1 个圆柱体，删除该圆柱体的底面。然后，单击【多边形建模】工具架中的"多切割"工具✎图标，对该圆柱体的顶面重新布线。重新布线之后的效果如图 3.71 所示。

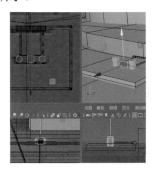 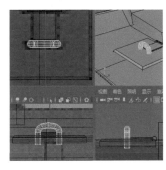 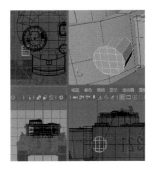

图 3.69　结合之后的效果　　　图 3.70　桥接和顶点位置　　　图 3.71　重新布线
　　　　　　　　　　　　　　　　调节之后的效果　　　　　　　　　之后的效果

步骤 02：根据参考图，选择需要挤出的面，单击【多边形建模】工具架中的"挤出"工具▦图标，对选择的面进行挤出、缩放和移动。此操作需要进行多次，多次挤出、缩放和移动之后的效果如图 3.72 所示。

步骤 03：创建 1 个球体，删除该球体的一半。把剩余的半球体复制 5 份，调节好这些半球体的位置。6 个球体的大小和位置如图 3.73 所示。

步骤 04：选择需要结合的模型，在菜单栏中单击【网格】→【结合】命令，把选择的所有模型结合为 1 个模型。对结合后的模型进行旋转和移动，效果如图 3.74 所示。

 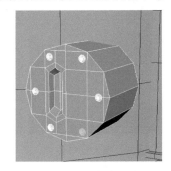 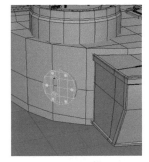

图 3.72　多次挤出、缩放和　　　图 3.73　6 个球体的　　　图 3.74　模型结合、旋转和
　　　　　移动之后的效果　　　　　　　大小和位置　　　　　　　移动之后的效果

9. 搭建逃生舱盖的模型大形

逃生舱盖模型大形的搭建通过对圆柱体和立方体进行挤出和调节来完成。

步骤 01：在菜单栏中单击【创建】→【多边形基本体】→【圆柱体】命令，根据参考

图，在前视图中创建 1 个圆柱体并删除其底面，效果如图 3.75 所示。

步骤 02：选择圆柱体的顶面，单击【多边形建模】工具架中的"挤出"工具图标，对选择的面进行挤出和位置调节。需要进行 2 次挤出和位置调节，效果如图 3.76 所示。

步骤 03：创建第 1 个立方体，单击【多边形建模】工具架中的"挤出"工具图标，对创建的立方体进行挤出和位置调节。挤出和位置调节之后的立方体效果如图 3.77 所示。

 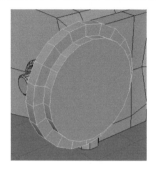 

图 3.75　删除底面之后的　　图 3.76　2 次挤出和位置　　图 3.77　挤出和位置调节之后的
圆柱体效果　　　　　　调节之后的效果　　　　　立方体效果

步骤 04：创建第 2 个立方体，对该立方体的边进行位置调节，单击【多边形建模】工具架中的"倒角组件"工具图标，对该立方体的边进行倒角处理。倒角之后的效果如图 3.78 所示。

步骤 05：创建 1 个圆柱体，删除该圆柱体两端的顶面，调节好它们的位置。该圆柱体的位置和大小如图 3.79 所示。

步骤 06：选择创建的所有模型，在菜单栏中单击【网格】→【结合】命令，把选择的所有模型结合为 1 个模型。对结合之后的模型进行旋转和移动，效果如图 3.80 所示。

 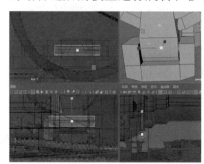 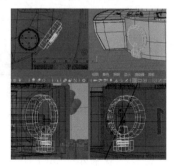

图 3.78　倒角之后的效果　　图 3.79　圆柱体的位置和大小　　图 3.80　模型结合和位置
　　　　　　　　　　　　　　　　　　　　　　　　　　　调节之后的效果

10. 搭建烟雾弹发射器的模型大形

烟雾弹发射器模型大形的搭建通过对立方体进行挤出和倒角处理来完成。

步骤 01：创建 1 个立方体，删除该立方体多余的面，根据参考图调节该立方体顶点的位置，效果如图 3.81 所示。

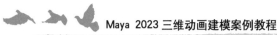

步骤 02：单击【多边形建模】工具架中的"挤出"工具图标，对位置调节之后的模型进行挤出。挤出之后的效果如图 3.82 所示。

步骤 03：创建 1 个圆柱体，单击【多边形建模】工具架中的"挤出"工具图标，对创建的圆柱体进行挤出。挤出之后的效果如图 3.83 所示。

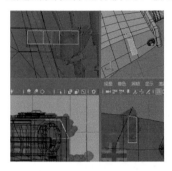
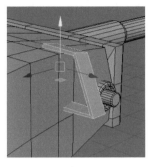
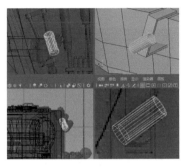

图 3.81　顶点位置调节　　　　图 3.82　步骤 02 挤出　　　　图 3.83　步骤 03 挤出
　　之后的立方体效果　　　　　　之后的效果　　　　　　　　之后的效果

步骤 04：把制作好的模型复制 2 份并调节好它们的位置，效果如图 3.84 所示。

步骤 05：对模型进行挤出和位置调节，效果如图 3.85 所示。

步骤 06：单击【多边形建模】工具架中的"多切割"工具图标，对模型进行分割，效果如图 3.86 所示。

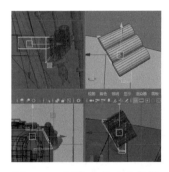
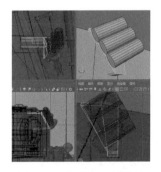

图 3.84　复制和调节好位置　　　图 3.85　步骤 05 挤出和位置　　　图 3.86　分割之后的效果
　　之后的效果　　　　　　　　　调节之后的效果

步骤 07：单击【多边形建模】工具架中的"挤出"工具图标，对模型进行挤出和位置调节，效果如图 3.87 所示。

步骤 08：单击【多边形建模】工具架中的"倒角组件"工具图标，对挤出的模型的边进行倒角处理，效果如图 3.88 所示。

步骤 09：选择烟雾弹发射器模型中的所有子模型，在菜单栏中单击【网格】→【结合】命令，把选择的子模型结合为 1 个模型。

步骤 10：选择结合之后的模型，在菜单栏中单击【编辑】→【特殊复制】→□命令属性图标，弹出【特殊复制选项】对话框。该对话框参数的具体设置如图 3.89 所示。

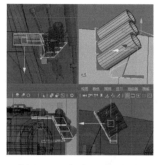

图 3.87　步骤 07 挤出和
位置调节之后的效果

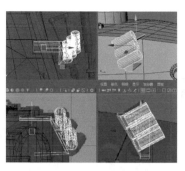

图 3.88　倒角之后的效果

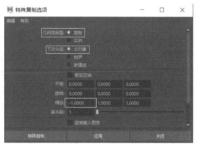

图 3.89　【特殊复制选项】
对话框参数设置

步骤 11：参数设置完毕，单击【特殊复制】按钮，对选择的模型沿 X 轴镜像复制，对复制的模型进行位置调节。复制和位置调节之后的效果如图 3.90 所示。

视频播放：关于具体介绍，请观看配套视频"任务四：搭建坦克炮塔的模型大形.wmv"。

任务五：搭建坦克车体的模型大形

坦克车体的模型大形的搭建方法如下：先对立方体进行挤出、分割、提取和位置调节来完成坦克车体的主体部分，再制作车体中的各个小部件，最后根据参考图对各个部件进行组合。

1. 搭建坦克车体主体的模型大形

步骤 01：在菜单栏中单击【创建】→【多边形基本体】→【立方体】命令，在侧视图中创建 1 个立方体。调节该立方体的顶点位置，效果如图 3.91 所示。

步骤 02：选择需要挤出的面，在菜单栏中单击【编辑网格】→【挤出】命令进行面的挤出，对挤出的面进行位置调节，效果如图 3.92 所示。

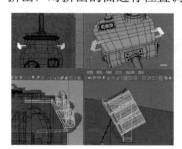

图 3.90　复制和位置调节
之后的效果

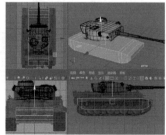

图 3.91　调节顶点位置
之后的立方体效果

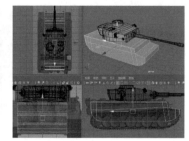

图 3.92　步骤 02 挤出和位置
调节之后的效果

步骤 03：在菜单栏中单击【网格工具】→【插入循环边】命令，根据参考图插入循环边，效果如图 3.93 所示。

步骤 04：选择需要挤出的面，在菜单栏中单击【编辑网格】→【挤出】命令，进行面的挤出，对挤出的面进行位置调节，效果如图 3.94 所示。

步骤 05：选择需要复制的面，在菜单栏中单击【编辑网格】→【复制】命令，进行面的复制。复制得到的面如图 3.95 所示。

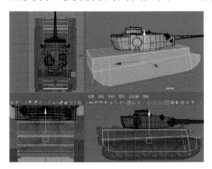
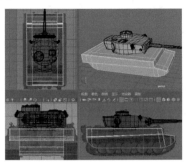
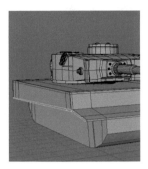

图 3.93　插入循环边之后的效果　　图 3.94　步骤 04 挤出和位置调节之后的效果　　图 3.95　复制得到的面

步骤 06：选择复制的面，单击【多边形建模】工具架中的"挤出"工具图标，对复制的面进行挤出和位置调节。此操作需要进行多次，多次挤出和位置调节之后的效果如图 3.96 所示。

步骤 07：创建 1 个球体，调节好其大小并删除球体的一半。把剩下的半球体复制 16 份，并调节好它们的位置，效果如图 3.97 所示。

步骤 08：选择挤出之后的模型和所有半球体模型，在菜单栏中单击【网格】→【结合】命令，把选择的所有模型结合为 1 个模型。

步骤 09：选择结合之后的模型，在菜单栏中单击【编辑】→【特殊复制】→□命令属性图标，弹出【特殊复制选项】对话框。该对话框的参数设置如图 3.98 所示。

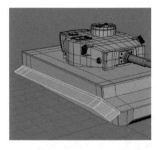
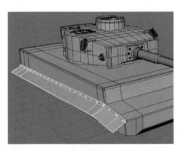
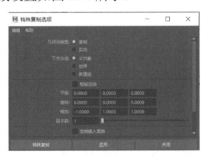

图 3.96　步骤 06 挤出和位置调节之后的效果　　图 3.97　复制和位置调节之后的效果　　图 3.98　【特殊复制选项】对话框的参数设置

步骤 10：参数设置完毕，单击【特殊复制】按钮，把结合之后的模型沿 X 轴镜像复制 1 份并调节好其位置，效果如图 3.99 所示。

步骤 11：选择如图 3.100 所示的面，使用【多边形建模】工具架中的"挤出"工具和"目标焊接"工具，对选择的面进行挤出、缩放、顶点焊接和位置调节，效果如图 3.101 所示。

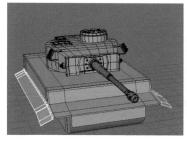

图 3.99　调节位置之后的效果

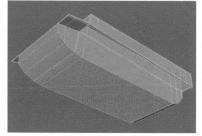

图 3.100　选择需要挤出的面

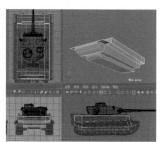

图 3.101　步骤 11 的效果

2. 搭建前方机枪手和无线电员用舱盖的模型大形

前方机枪手和无线电员用舱盖模型大形的搭建，通过对圆柱体和立方体进行挤出和倒角来完成。

步骤 01：创建 1 个圆柱体，删除该圆柱体的底面，调节好圆柱体位置，如图 3.102 所示。

步骤 02：选择圆柱体的顶面，单击【多边形建模】工具架中的"挤出"工具 图标，对选择的面进行挤出、缩放和位置调节，效果如图 3.103 所示。

步骤 03：创建 1 个立方体，删除该立方体的底面，根据参考图调节好该立方体的位置，如图 3.104 所示。

图 3.102　调节位置之后的
圆柱体

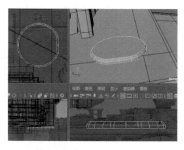

图 3.103　步骤 02 挤出、缩放和
位置调节之后的效果

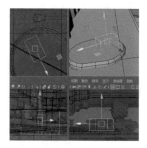

图 3.104　调节位置之后的
立方体

步骤 04：选择立方体的 2 个侧面，单击【多边形建模】工具架中的"挤出"工具 图标，对选择的面进行挤出、缩放和位置调节，效果如图 3.105 所示。

步骤 05：使用【多边形建模】工具架中的"多切割"工具对模型重新布线，效果如图 3.106 所示。

步骤 06：选择需要倒角的边，单击【多边形建模】工具架中的"倒角组件"工具 图标，对选择的边进行倒角处理。倒角之后的效果如图 3.107 所示。

步骤 07：选择 2 个制作好的模型，在菜单栏中单击【网格】→【结合】命令，把选择的 2 个模型结合为 1 个模型。

步骤 08：把结合后的模型复制 1 份，根据参考图调节其位置，效果如图 3.108 所示。

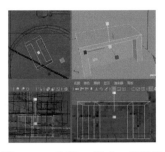

图 3.105　步骤 04 挤出、缩放和
位置调节之后的效果

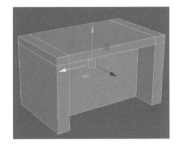

图 3.106　重新布线
之后的效果

图 3.107　倒角之后的效果

3. 搭建管制前照灯及其供电装置的模型大形

管制前照灯的结构比较复杂，在搭建模型大形前需详细了解管制前照灯的结构，才能很好地完成模型的绘制。

1）搭建管制前照灯的模型大形

步骤 01： 创建 1 个球体，对该球体的顶点大小进行缩放，效果如图 3.109 所示。

步骤 02： 选择需要复制的面，在菜单栏中单击【编辑网格】→【复制】命令，把选择的面复制 1 份，如图 3.110 所示。

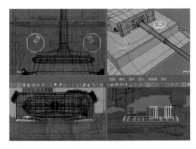

图 3.108　复制和调节好
位置的效果

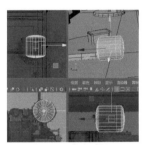

图 3.109　顶点大小缩放
之后的效果

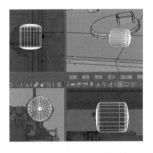

图 3.110　复制的面

步骤 03： 根据参考图，单击【多边形建模】工具架中的"挤出"工具图标，对复制的面进行挤出和位置调节，效果如图 3.111 所示。

步骤 04： 选择调节好的球体，在工具栏中单击"激活选定对象"图标，激活选定对象。在菜单栏中单击【编辑网格】→【四边形绘制】命令，绘制如图 3.112 所示的四边面。

步骤 05： 再次单击"激活选定对象"图标，取消选定对象的激活状态。

步骤 06： 选择如图 3.113 所示的 2 个模型，在菜单栏中单击【网格】→【结合】命令，把选择的 2 个模型结合为 1 个模型。

步骤 07： 删除结合之后模型中多余的面，使用【多边形建模】工具架中的"目标焊接"工具图标，把模型中需要焊接的顶点焊接为 1 个顶点，效果如图 3.114 所示。

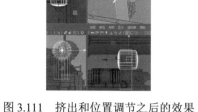
图 3.111 挤出和位置调节之后的效果

图 3.112 绘制的四边面

图 3.113 选择的 2 个模型

步骤 08：依次单击【多边形建模】工具架中的"挤出"工具图标和"目标焊接"工具图标，对面进行挤出和顶点焊接，效果如图 3.115 所示。

步骤 09：在菜单栏中单击【网格工具】→【插入循环边】命令，给模型插入循环边。选择循环面，单击【多边形建模】工具架中的"挤出"工具图标，对循环面进行挤出和缩放，效果如图 3.116 所示。

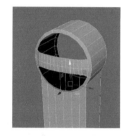
图 3.114 删除多余的面和
焊接顶点之后的效果

图 3.115 挤出和顶点
焊接之后的效果

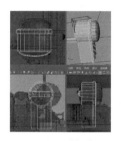
图 3.116 挤出和缩放
之后的效果

2）搭建管制前照灯供电装置的模型大形

步骤 01：创建 1 个"轴向细分数"值为 6 的圆柱体，删除该圆柱体的底面，调节其顶点的位置，如图 3.117 所示。

步骤 02：单击【多边形建模】工具架中的"多切割"工具图标，对圆柱体的顶面进行分割，如图 3.118 所示。

步骤 03：单击【多边形建模】工具架中的"挤出"工具图标，对分割之后的圆柱体的顶面进行挤出和顶点位置调节，效果如图 3.119 所示。

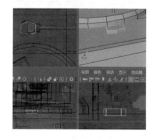
图 3.117 删除底面和顶点
位置调节之后的圆柱体

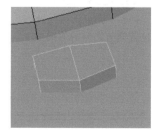
图 3.118 分割之后的
圆柱体

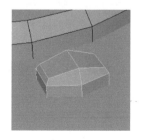
图 3.119 步骤 02 挤出和顶点
位置调节之后的效果

步骤 04：创建 1 个圆柱体，根据参考图对圆柱体顶面进行挤出、缩放和顶点位置调节，效果如图 3.120 所示。

步骤 05：在菜单栏中单击【创建】→【曲线工具】→【CV 曲线工具】命令，在顶视图中绘制 1 条曲线，如图 3.121 所示。

步骤 06：先选择圆柱体的顶面，再选择曲线，在菜单栏中单击【编辑网格】→【挤出】命令，挤出参数设置和效果如图 3.122 所示。

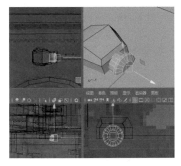
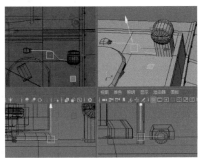
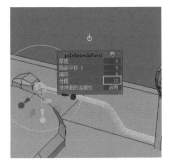

图 3.120　步骤 04 挤出和顶点　　　图 3.121　绘制 1 条曲线　　　图 3.122　挤出参数
　　　位置调节之后的效果　　　　　　　　　　　　　　　　　　　　设置和效果

步骤 07：在挤出的模型中选择如图 3.123 所示的循环面，在菜单栏中单击【编辑网格】→【复制】命令，把选择的面复制 1 份。

步骤 08：删除所复制面的下半部，选择边进行挤出和位置调节，效果如图 3.124 所示。

步骤 09：选择制作好的所有模型，在菜单栏中单击【网格】→【结合】命令，把选择的所有模型结合为 1 个模型，再把结合之后的模型复制 1 份，根据参考图调节好它们的位置，如图 3.125 所示。

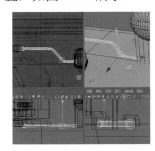
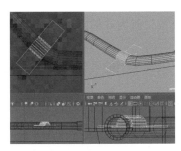
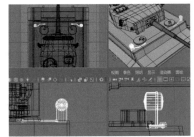

图 3.123　选择的循环面　　　图 3.124　步骤 08 挤出和　　　图 3.125　复制和调节位置
　　　　　　　　　　　　　　　　位置调节之后的效果　　　　　　　　之后的效果

4. 搭建前机枪的模型大形

前机枪的模型大形的搭建主要通过对球体和圆柱体进行挤出和调节来制作。

步骤 01：在前视图中创建 1 个球体，删除该球体的一半，选择边界边，单击【多边形建模】工具架中的"挤出"工具图标，对选择的边界边进行挤出、缩放和位置调节，效果如图 3.126 所示。

步骤 02：选择需要挤出的面，单击【多边形建模】工具架中的"挤出"工具 图标，对选择的面进行挤出和位置调节，效果如图 3.127 所示。

步骤 03：创建 1 个圆柱体，根据参考图对该圆柱体进行挤出，以便搭建前机枪模型大形。制作好的前机枪模型大形如图 3.128 所示。

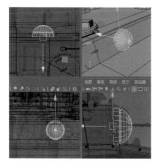
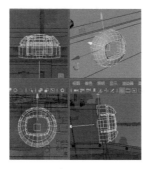
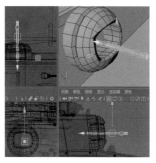

图 3.126　挤出、缩放和
位置调节之后的效果

图 3.127　挤出和位置调节
之后的效果

图 3.128　制作好的前机枪
模型大形

5. 搭建操控手用视察孔的模型大形

操控手用视察孔的模型大形的搭建主要通过对立方体进行挤出和位置调节来制作。

步骤 01：创建 1 个立方体，根据参考图调节立方体顶点的位置，删除被坦克车体遮住的面，如图 3.129 所示。

步骤 02：选择面并对其进行挤出和顶点位置调节，效果如图 3.130 所示。

步骤 03：方法同上，创建立方体并对立方体进行挤出和位置调节，用于制作其他部分的模型。制作好的操控手用视察孔模型大形如图 3.131 所示。

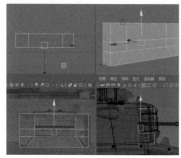
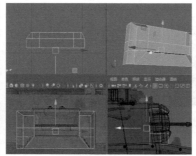
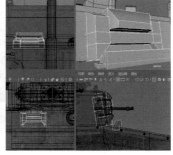

图 3.129　顶点位置调节和
删除面之后的立方体

图 3.130　挤出和位置调节
之后的效果

图 3.131　制作好的操控手用
视察孔模型大形

6. 搭建坦克后半部的散热装置的模型大形

步骤 01：在菜单栏中单击【创建】→【多边形基本体】→【平面】命令，在顶视图中创建 1 个平面。

步骤 02：在菜单栏中单击【网格工具】→【插入循环边】命令，根据参考图给创建的平面插入循环边。插入循环边之后的效果如图 3.132 所示。

步骤 03：根据参考图选择面，单击【多边形建模】工具架中的"挤出"工具 图标，对选择的面进行挤出、缩放和移动，效果如图 3.133 所示。

步骤 04：再次创建 1 个平面，对创建的平面进行挤出、倒角和顶点位置调节，效果如图 3.134 所示。

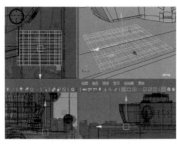
图 3.132　插入循环边
之后的效果

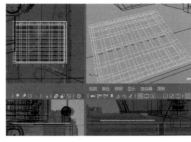
图 3.133　挤出、缩放和移动
之后的效果

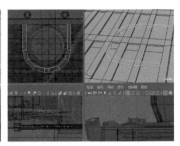
图 3.134　挤出、倒角和顶点
位置调节之后的效果

步骤 05：创建 1 个圆柱体，删除该圆柱体的底面。对创建的圆柱体进行挤出、缩放和移动，效果如图 3.135 所示。

步骤 06：创建 1 个立方体，删除该立方体的底面。对创建的立方体的侧边进行倒角处理，把倒角之后的立方体旋转一定的角度，使之与参考图匹配。复制 1 个立方体，把它旋转一定角度，使之与参考图匹配。立方体的最终效果如图 3.136 所示。

步骤 07：创建 1 个球体，删除该球体的下半部，根据参考图进行缩放和位置调节。把半球体复制 15 份，调节好它们的位置。复制和调节好位置之后的球体效果如图 3.137 所示。

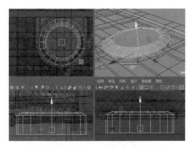
图 3.135　挤出、缩放和移动
之后的效果

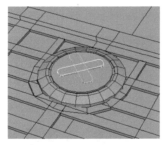
图 3.136　立方体的
最终效果

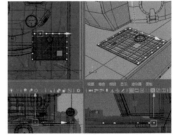
图 3.137　复制和调节好
位置之后的球体效果

步骤 08：方法同步骤 01～步骤 07，制作其他部分的模型，把制作好的模型镜像复制 1 份，调节好它们的位置。制作好的散热装置模型大形如图 3.138 所示。

7. 搭建引擎进气管的模型大形

引擎进气管模型大形的搭建通过创建立方体和圆柱体，根据参考图对创建的立方体和圆柱体进行编辑来完成。

步骤 01：创建 1 个立方体，对该立方体进行缩放和顶点位置调节，删除缩放之后的立

方体两端的顶面。编辑之后的立方体效果如图 3.139 所示。

步骤 02：创建 1 个圆柱体，根据参考图调节该圆柱体的顶点。选择需要挤出的面，单击【多边形建模】工具架中的"挤出"工具图标，对选择的面进行挤出、缩放和移动。编辑之后的圆柱体效果如图 3.140 所示。

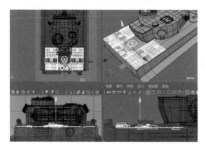
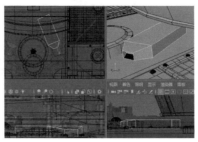
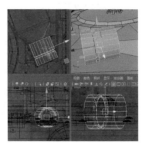

图 3.138　制作好的散热　　　图 3.139　编辑之后的　　　图 3.140　编辑之后的
　　　装置模型大形　　　　　　　　立方体效果　　　　　　　　圆柱体效果

步骤 03：把制作好的 2 个模型分别镜像复制 1 份，根据参考图调节好它们的位置。再创建 1 个立方体，调节其顶点的位置，效果如图 3.141 所示。

步骤 04：再创建 4 个圆柱体和 4 个立方体，根据参考图对创建的立方体和圆柱体进行编辑。编辑之后的效果如图 3.142 所示。

8. 搭建消声器和消声器罩的模型大形

步骤 01：创建 1 个立方体，对该立方体进行挤出、缩放和顶点位置调节，用于制作坦克的后钢板模型，如图 3.143 所示。

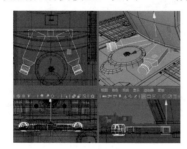

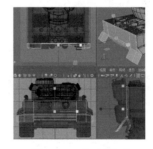

图 3.141　步骤 03 的效果　　　图 3.142　编辑之后的　　　图 3.143　坦克的后
　　　　　　　　　　　　　　　　　立方体和圆柱体效果　　　　　钢板模型

步骤 02：创建 1 个圆柱体，根据参考图选择需要挤出的面，单击【多边形建模】工具架中的"挤出"工具图标，对选择的面进行挤出、缩放和位置调节，效果如图 3.144 所示。

步骤 03：单击【多边形建模】工具架中的"挤出"工具图标，根据参考图结构和对坦克结构的理解，继续进行挤出和位置调节，效果如图 3.145 所示。

步骤 04：创建 1 个球体，删除该球体的下半部，根据参考图调节剩余半球体的大小。把半球体复制 4 份并调节好它们的位置。5 个半球体的大小和位置如图 3.146 所示。

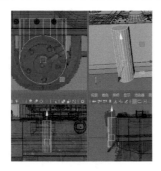 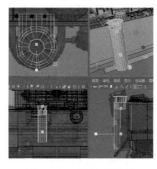 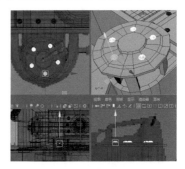

图 3.144　挤出、缩放和位置　　　图 3.145　挤出和位置　　　图 3.146　5 个半球体的
调节之后的效果　　　　　　　调节之后的效果　　　　　　大小和位置

步骤 05：创建 1 个圆柱体，调节好其大小，单击【多边形建模】工具架中的"挤出"工具█图标，对该圆柱体进行挤出、缩放和顶点位置调节，效果如图 3.147 所示。

步骤 06：创建 1 个圆柱体，删除该圆柱体的底面，单击【多边形建模】工具架中的"倒角组件"工具█图标，对圆柱体的顶面进行倒角处理。把已倒角的圆柱体复制 5 份，调节好它们的位置。6 个圆柱体的大小和位置如图 3.148 所示。

步骤 07：把制作好的消声器和消声器罩的模型大形复制 1 份，根据参考图调节好其位置，如图 3.149 所示。

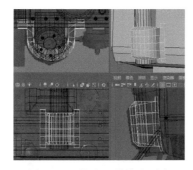 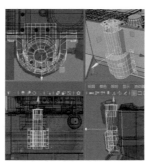 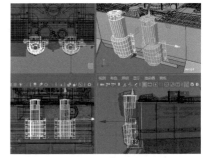

图 3.147　挤出、缩放和顶点　　　图 3.148　6 个圆柱体的　　　图 3.149　复制的模型大形
位置调节之后的效果　　　　　　大小和位置　　　　　　效果和位置

9. 搭建坦克尾部其他配件的模型大形

坦克尾部其他配件的模型大形的搭建通过使用 Maya 2023 中的多边形编辑命令，对基本几何体进行编辑和位置调节来完成。

步骤 01：创建 1 个平面，根据参考图调节其顶点的位置。单击【多边形建模】工具架中的"挤出"工具█图标，对位置调节之后的平面进行挤出，挤出之后的效果如图 3.150 所示。

步骤 02：选择模型的 4 条侧边，单击【多边形建模】工具架中的"倒角组件"工具█

图标，对选择的边进行倒角处理。倒角之后的效果如图 3.151 所示。

步骤 03：根据参考图，单击【多边形建模】工具架中的"挤出"工具 图标，对倒角之后的模型进行挤出和位置调节，效果如图 3.152 所示。

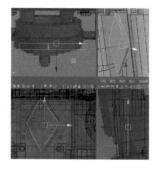　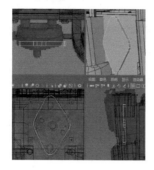　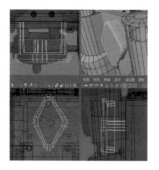

图 3.150　挤出之后的效果　　　图 3.151　倒角之后的效果　　　图 3.152　挤出和位置调节
　　　　　　　　　　　　　　　　　　　　　　　　　　　　　　　　　　之后的效果

步骤 04：创建 1 个圆柱体，单击【多边形建模】工具架中的"挤出"工具 图标，对创建的圆柱体进行挤出和位置调节。搭建好的模型大形如图 3.153 所示。

步骤 05：再次创建 1 个平面，调节其顶点的位置，对该平面进行挤出。对挤出的模型侧面边进行倒角处理，效果如图 3.154 所示。

步骤 06：创建 3 个圆柱体，删除它们的底面，对它们的顶面进行挤出、倒角和缩放，根据参考图调节好 3 个圆柱体的位置。3 个圆柱体的大小和位置如图 3.155 所示。

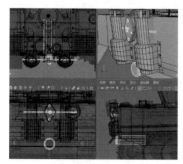　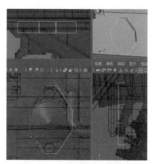　

图 3.153　搭建好的模型大形　　　图 3.154　顶点位置调节、　　　图 3.155　3 个圆柱体的
　　　　　　　　　　　　　　　　　挤出和倒角之后的效果　　　　　　　 大小和位置

步骤 07：把搭建的模型大形复制 1 份，调节好其位置，具体位置如图 3.156 所示。

步骤 08：方法同上，坦克尾部剩余配件的模型大形的搭建主要通过对立方体、圆柱体进行挤出、倒角和桥接来完成。坦克尾部剩余配件的模型大形如图 3.157 所示。

10. 搭建铁皮箱的模型大形

铁皮箱的模型大形的搭建通过创建立方体，对创建的立方体进行挤出和位置调节来完成。

步骤 01：创建 1 个立方体，根据参考图调节立方体的大小和顶点的位置，如图 3.158 所示。

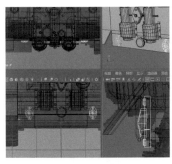

图 3.156　复制的模型
大形的具体位置

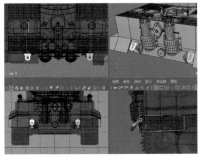

图 3.157　坦克尾部剩余
配件的模型大形

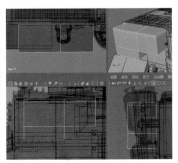

图 3.158　根据参考图调节
立方体的大小和顶点的位置

步骤 02：选择边，对选择的边进行倒角处理。选择倒角之后的面，对选择的面进行挤出和缩放。倒角和挤出之后的效果如图 3.159 所示。

步骤 03：创建 4 个圆柱体，对这些圆柱体进行挤出和倒角处理，效果如图 3.160 所示。

步骤 04：创建 2 个立方体，对这些立方体进行挤出和倒角处理，效果如图 3.161 所示。

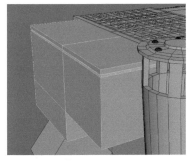

图 3.159　倒角和挤出之后的效果

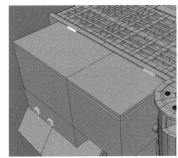

图 3.160　挤出和倒角之后的
4 个圆柱体效果

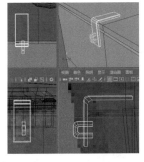

图 3.161　挤出和倒角
之后的 2 个立方体效果

步骤 05：通过对创建的立方体和圆柱体进行桥接、挤出和位置调节搭建铁皮箱锁的模型大形，效果如图 3.162 所示。

11. 搭建油桶及其固定装置的模型大形

油桶及其固定装置模型大形的搭建通过使用立方体和圆柱体相结合来完成。

步骤 01：创建 1 个立方体，对该立方体进行挤出和倒角处理，效果如图 3.163 所示。

步骤 02：创建圆柱体和立方体，分别对它们进行挤出和位置调节，效果如图 3.164 所示。

步骤 03：把搭建好的油桶模型大形复制 1 份，再创建 2 个立方体，分别对它们进行挤出、倒角和删除。复制的油桶和编辑之后的立方体效果如图 3.165 所示。

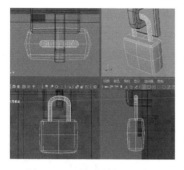

图 3.162　铁皮箱锁的模型
大形效果

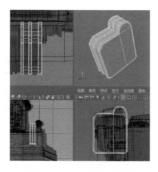

图 3.163　挤出和倒角
之后的效果

图 3.164　挤出和位置
调节之后的效果

步骤 04：创建 1 个圆柱体，对该圆柱体进行倒角处理。把倒角之后的圆柱体复制 3 份，调节好它们的位置。编辑之后的 4 个圆柱体效果如图 3.166 所示。

步骤 05：坦克车体的模型大形效果如图 3.167 所示。

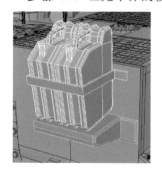

图 3.165　复制的油桶和
编辑之后的立方体效果

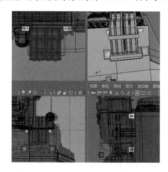

图 3.166　编辑之后的
4 个圆柱体效果

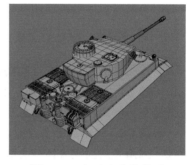

图 3.167　坦克车体的模型
大形效果

视频播放：关于具体介绍，请观看配套视频"任务五：搭建坦克车体的模型大形.wmv"。

任务六：搭建坦克车外装备的模型大形

车外装备是手斧、铁锤、铁铲、撬棍、灭火器和缆绳等各种安放于车外的工具总称。

1. 搭建缆绳的模型大形

缆绳的模型大形的搭建通过创建曲线和圆柱体，再把圆柱体的面沿着曲线挤出来完成。

步骤 01：在菜单栏中单击【创建】→【曲线工具】→【CV 曲线工具】命令，在侧视图中根据参考图创建曲线和圆柱体。创建的曲线和圆柱体如图 3.168 所示。

步骤 02：先选择圆柱体的顶面，再选择曲线，在菜单栏中单击【编辑网格】→【挤出】命令（或按"Ctrl+E"组合键），挤出参数设置和效果如图 3.169 所示。

步骤 03：创建 1 个圆柱体和 2 个立方体，分别对圆柱体和立方体进行倒角处理。倒角之后的圆柱体和立方体的效果如图 3.170 所示。

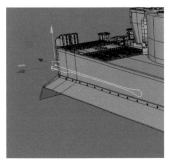

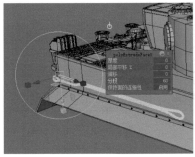

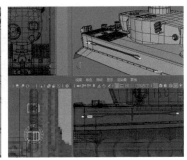

图 3.168　创建的　　　　　图 3.169　挤出参数　　　　图 3.170　倒角之后的圆柱体和
曲线和圆柱体　　　　　　　设置和效果　　　　　　　　立方体的效果

步骤 04：方法同步骤 01～步骤 03，继续制作其他缆绳和缆绳固定装置模型，最终完成的缆绳模型大形效果如图 3.171 所示。

2. 搭建手斧、铁锤和其他车外装备的模型大形

手斧和铁锤的模型大形的搭建通过对立方体进行挤出、倒角和位置调节来完成。

步骤 01：创建第 1 个立方体，调节该立方体的顶点位置，对该立方体进行倒角处理和位置调节。倒角和位置调节之后的立方体效果如图 3.172 所示。

步骤 02：创建第 2 个立方体，根据参考图调节顶点的位置，对该立方体的边进行倒角处理。倒角之后的立方体效果如图 3.173 所示。

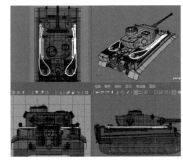

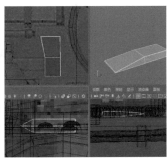

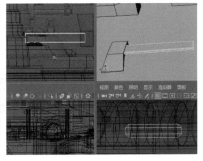

图 3.171　最终完成的缆绳　　　图 3.172　倒角和位置调节　　　图 3.173　倒角之后的
模型大形效果　　　　　　　　之后的立方体效果　　　　　　　立方体效果

步骤 03：创建第 3 个立方体，对创建的立方体进行挤出、位置调节和倒角处理来制作手斧的固定装置模型大形，如图 3.174 所示。

步骤 04：方法同步骤 01～步骤 03，搭建铁锤的模型大形和车外其他装备的模型大形。搭建好的铁锤和车外其他装备的模型大形如图 3.175 所示。

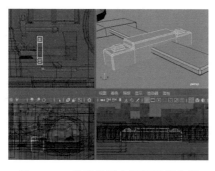

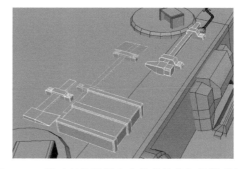

图 3.174　手斧的固定装置模型大形　　　　图 3.175　搭建好的铁锤和车外其他装备的模型大形

3. 搭建灭火器的模型大形

灭火器模型大形的搭建通过对圆柱体和立方体进行挤出、倒角和位置调节来完成。

步骤 01：创建 1 个圆柱体，根据参考图对该圆柱体进行挤出和位置调节，效果如图 3.176 所示。

步骤 02：创建 1 个立方体，根据参考图对该立方体进行挤出和倒角处理。编辑之后的立方体效果如图 3.177 所示。

步骤 03：选择编辑之后的圆柱体的中间循环面，在菜单栏中单击【编辑网格】→【复制】命令，把选择的面复制 1 份，对选择的面进行缩放。复制和缩放之后的面如图 3.178 所示。

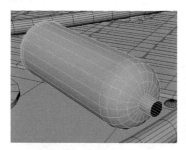

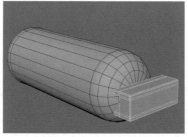

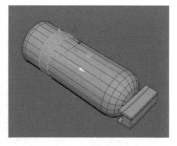

图 3.176　挤出和位置调节　　　图 3.177　编辑之后的立方体效果　　　图 3.178　复制和缩放之后的面
　　　　　之后的效果

步骤 04：对复制的面进行挤出和缩放，效果如图 3.179 所示。

步骤 05：将挤出和缩放之后的模型复制 1 份，调节好它们的位置，如图 3.180 所示。

步骤 06：创建 1 个立方体，删除该立方体的顶面和底面，对剩下的面进行挤出和倒角处理。把挤出和倒角之后的立方体复制 1 份并调节好位置，2 个立方体的最终效果如图 3.181 所示。

视频播放：关于具体介绍，请观看配套视频"任务六：搭建坦克车外装备的模型大形.wmv"。

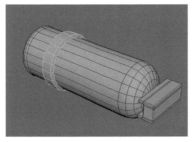

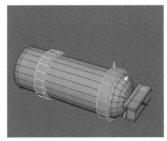

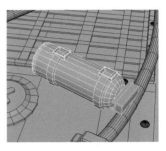

图 3.179　挤出和缩放之后的效果　　图 3.180　复制的模型位置　　图 3.181　2 个立方体的
　　最终效果

任务七：搭建坦克轮带的模型大形

坦克轮带主要包括履带和转轮两大部分。

1. 搭建坦克履带的模型大形

坦克履带模型大形的搭建根据参考图创建立方体和圆柱体，对创建的圆柱体进行挤出、桥接和顶点焊接来完成。

步骤 01： 创建 1 个立方体和 2 个圆柱体，根据参考图调节创建的立方体和 2 个圆柱体的位置。选择位置调节之后的立方体和 2 个圆柱体，在菜单栏中单击【网格】→【结合】命令，把选择的 3 个对象结合为 1 个模型，效果如图 3.182 所示。

步骤 02： 在【多边形建模】工具架中单击"多切割"工具✍图标，根据参考图进行分割。分割之后的效果如图 3.183 所示。

步骤 03： 删除多余的面，效果如图 3.184 所示。

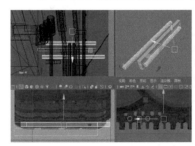

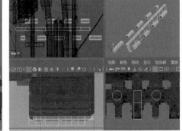

图 3.182　结合为 1 个模型　　图 3.183　分割之后的效果　　图 3.184　删除多余的面
　　　　　　之后的效果　　　　　　　　　　　　　　　　　　　　　　　　之后的效果

步骤 04： 在菜单栏中单击【网格工具】→【插入循环边】命令，给立方体插入循环边，效果如图 3.185 所示。

步骤 05： 选择需要挤出的面，对选择的面进行挤出并删除多余的面，效果如图 3.186 所示。

步骤 06： 选择闭合的边界边，在菜单栏中单击【网格】→【填充洞】命令，对选择的闭合边界边进行填充洞处理。该操作需要重复多次，多次填充洞之后的效果如图 3.187 所示。

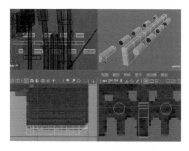

图 3.185　插入的循环边效果

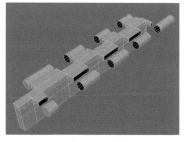

图 3.186　挤出并删除多余的
面之后的效果

图 3.187　多次填充洞
之后的效果

步骤 07：删除多余的面，效果如图 3.188 所示。

步骤 08：切换到模型的顶点编辑模式，在【多边形建模】工具架中单击"目标焊接"工具█图标，对顶点进行焊接。焊接之后根据参考图调节顶点的位置，效果如图 3.189 所示。

步骤 09：选择需要编辑的面，对选择的面进行挤出和缩放，删除多余的面，效果如图 3.190 所示。

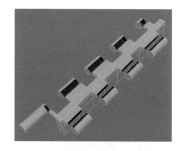

图 3.188　删除多余的面
之后的效果

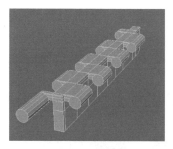

图 3.189　顶点焊接和
位置调节之后的效果

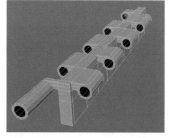

图 3.190　挤出、缩放和删除
多余的面之后的效果

步骤 10：选择需要桥接的边界边，在菜单栏中单击【编辑网格】→【桥接】命令，进行桥接。此步骤需要重复多次，多次桥接之后的效果如图 3.191 所示。

步骤 11：创建 1 个立方体，根据要求调节该立方体的位置。选择需要编辑的面进行倒角处理，把编辑之后的立方体复制 1 份并调节好其位置，如图 3.192 所示。

步骤 12：再创建 1 个立方体，对创建的立方体进行挤出、缩放和位置调节，效果如图 3.193 所示。

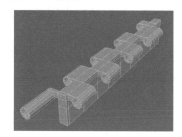

图 3.191　多次桥接
之后的效果

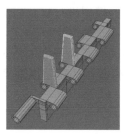

图 3.192　调节好位置
之后的立方体效果

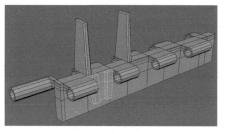

图 3.193　挤出和位置调节
之后的效果

步骤 13：把所有模型结合为 1 个模型，给结合后的模型插入 1 条循环边，调节该循环边的位置，删除多余的面。模型结合和编辑之后的效果如图 3.194 所示。

步骤 14：选择需要桥接的边界边，在菜单栏中单击【编辑网格】→【桥接】命令，进行桥接。该操作需要重复多次，多次桥接之后的效果如图 3.195 所示。

步骤 15：选择需要倒角的面，进行倒角处理。倒角之后的效果如图 3.196 所示。

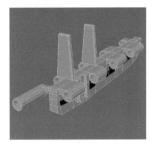
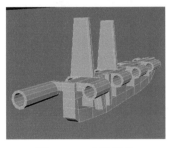
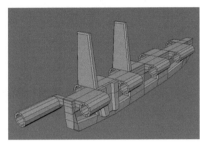

图 3.194　模型结合和编辑 　　图 3.195　多次桥接 　　　图 3.196　倒角之后的效果
　　　　　之后的效果 　　　　　　　之后的效果

步骤 16：创建 2 个圆柱体，调节好它们的位置。把创建的 2 个圆柱体与上一步骤制作的模型结合为 1 个模型，结合之后的效果如图 3.197 所示。

步骤 17：创建 1 个立方体，选择该立方体的面进行挤出和位置调节，效果如图 3.198 所示。

步骤 18：先把挤出和位置调节之后的模型复制 1 份并调节好其位置，再把所有模型结合为 1 个模型，效果如图 3.199 所示。

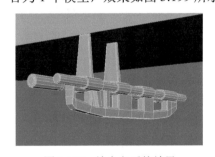
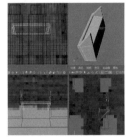
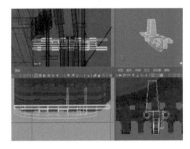

图 3.197　结合之后的效果 　　图 3.198　挤出和位置 　　　图 3.199　结合之后的
　　　　　　　　　　　　　　　　　调节之后的效果 　　　　　　　模型效果

步骤 19：根据参考图，对结合之后的模型进行复制和位置调节，最终的坦克履带效果如图 3.200 所示。

步骤 20：先把复制和位置调节之后的履带结合为 1 个对象，再把结合之后的履带镜像复制 1 份并调节好其位置。结合之后镜像复制的履带模型大形如图 3.201 所示。

2. 搭建启动轮的模型大形

启动轮模型大形的搭建通过创建圆柱体，根据参考图对创建的圆柱体进行挤出、位置调节和倒角等相关操作来完成。

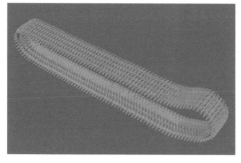

图 3.200　最终的坦克履带效果

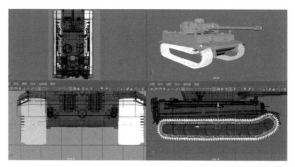

图 3.201　结合之后镜像复制的履带模型大形

步骤 01：创建 1 个"轴向细分数"值为 32 的圆柱体，对该圆柱体的边进行位置调节。位置调节之后的圆柱体效果如图 3.202 所示。

步骤 02：选择需要挤出的面进行挤出、缩放和位置调节，编辑之后的效果如图 3.203 所示。

步骤 03：根据参考图，继续选择面并对其进行挤出和缩放，删除多余的面，调节剩余面的位置，效果如图 3.204 所示。

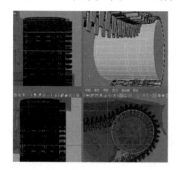

图 3.202　位置调节之后的
圆柱体效果

图 3.203　编辑之后的效果

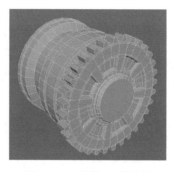

图 3.204　步骤 03 的效果

步骤 04：创建 1 个球体，删除该球体的一半，对剩下的半球体进行缩放。根据参考图复制半球体，调节好其位置把它作为启动轮的螺丝模型。搭建好的启动轮模型大形如图 3.205 所示。

3. 搭建引导轮和转轮的模型大形

引导轮和转轮模型大形的搭建与启动轮模型大形的搭建方法基本相同，即通过创建圆柱体，对其进行挤出和位置调节来完成。

步骤 01：创建第 1 个圆柱体，根据参考图对创建的圆柱体进行挤出和位置调节，效果如图 3.206 所示。

步骤 02：创建 1 个立方体，根据参考图调节好该立方体的大小和位置，再对其进行倒角处理。编辑完成之后把立方体旋转并复制 9 份，编辑和复制之后的效果如图 3.207 所示。

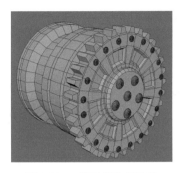

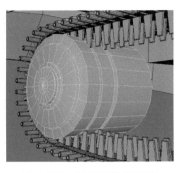

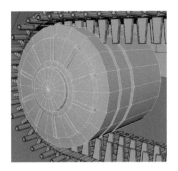

图 3.205　搭建好的启动轮　　　　图 3.206　挤出和位置调节　　　　图 3.207　编辑和复制
　　　　　模型大形　　　　　　　　　　之后的效果　　　　　　　　　　之后的效果

步骤 03：创建第 2 个圆柱体，根据参考图对创建的圆柱体进行挤出、缩放和位置调节，效果如图 3.208 所示。

步骤 04：复制搭建好的车轮模型大形，根据参考图调节好它们的位置。复制和位置调节之后的车轮模型大形如图 3.209 所示。

步骤 05：把搭建好的启动轮、引导轮和车轮模型大形结合为 1 个对象，再把结合之后的对象镜像复制 1 份并调节好其位置，效果如图 3.210 所示。

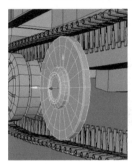

图 3.208　挤出、缩放和　　　　图 3.209　复制和位置　　　　图 3.210　结合、镜像复制和位置调节
　位置调节之后的效果　　　　调节之后的车轮模型大形　　　　　　　　之后的效果

步骤 06：创建第 3 个圆柱体，对该圆柱体的两端进行倒角处理。根据参考图，把倒角之后的圆柱体复制 8 份，调节好位置的圆柱体效果如图 3.211 所示。

图 3.211　调节好位置的圆柱体效果

视频播放：关于具体介绍，请观看配套视频"任务七：搭建坦克轮带的模型大形.wmv"。

七、拓展训练

根据所学知识完成以下坦克模型大形的搭建。

<h1 style="text-align:center">案例 2　制作坦克的中模</h1>

一、案例内容简介

通过本案例介绍坦克中模的制作原理、规则、方法、技巧和需要注意的问题。

二、案例效果欣赏

三、案例制作流程（步骤）

任务四：制作坦克轮带模型的中模

任务三：制作坦克车外装备的中模

案例2
制作坦克的
中模

任务一：制作坦克炮塔的中模

任务二：制作坦克车体的中模

四、制作目的

（1）熟悉中模的作用。

（2）掌握中模的制作原理和规则。

（3）掌握坦克中模的制作方法和技巧。

（4）了解坦克中模制作过程中需要注意的细节。

（5）通过坦克中模的制作，能够举一反三制作其他模型的中模。

五、制作过程中需要解决的问题

（1）坦克的结构和坦克各个部件之间的关系。

（2）坦克各个部件的名称和作用。

六、详细操作步骤

中模的制作方法如下：使用【建模】模块中的"网格"命令组、"编辑网格"命令组、"网格工具"命令组和"网格显示"命令组的相关命令，对模型大形进行倒角、插入循环边、挤出和顶点焊接。

任务一：制作坦克炮塔的中模

坦克炮塔主要由炮塔主体炉舱、气窗、装弹手舱盖、护盾、主炮、杂物箱、手枪射击口逃生舱盖和烟雾弹发射器等部件组成。

1. 制作坦克炮塔主体的中模

步骤 01：打开坦克炮塔的模型大形文件，选择坦克炮塔的主体模型大形，在透视图菜单栏中单击"隔离选择"工具█图标，独立显示坦克炮塔主体模型大形，如图 3.212 所示。

步骤 02：选择坦克炮塔主体的低模的顶面，单击【多边形建模】工具架中的"挤出"工具█图标，对选择的面进行挤出和缩放。需要进行多次挤出和缩放，效果如图 3.213 所示。

步骤 03：切换到边编辑模式，继续选择边进行倒角和焊接。坦克炮塔的最终中模效果如图 3.214 所示。

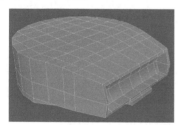
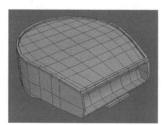

图 3.212　独立显示的坦克炮塔　　　图 3.213　多次挤出和缩放　　　图 3.214　坦克炮塔的
　　　　　主体的模型大形　　　　　　　　　之后的效果　　　　　　　　　最终中模效果

步骤 04：选择坦克炮塔的最终中模，在菜单栏中单击【网格】→【清理…】→█命令属性图标，弹出【清理选项】对话框，该对话框参数设置如图 3.215 所示。单击【清理】按钮，如果炮塔中模存在超过 4 条边的面，这些面会被系统选中。此时，需要使用"多切割"命令，把超过 4 条边的面分割为三边面或四边面；如果不存在超过 4 条边的面，系统就退出选择状态，说明坦克中模已制作完善。

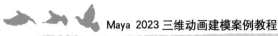

提示：为了方便写作，在后面章节的中模制作过程中，对中模进行清理操作这一步骤不再赘述，仅表述为"对某某中模进行清理操作"。

2. 制作炮塔护盾的中模

步骤 01：选择炮塔护盾的模型大形，在透视图菜单栏中单击"隔离选择"工具图图标，独立显示炮塔护盾的模型大形，如图 3.216 所示。

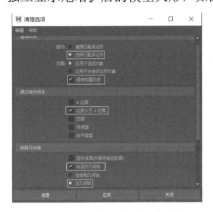

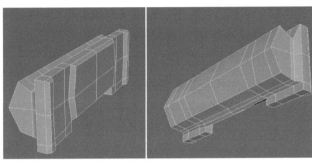

图 3.215　【清理选项】对话框　　　　　图 3.216　炮塔护盾的模型大形
　　　　　　参数设置

步骤 02：选择炮塔护盾的模型大形的边，在菜单栏中单击【编辑网格】→【倒角】命令，对选择的边进行倒角处理。倒角之后的效果如图 3.217 所示。

步骤 03：继续选择炮塔护盾的模型大形的其他边，进行倒角处理。倒角之后的效果如图 3.218 所示。

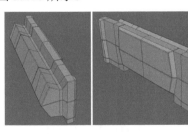

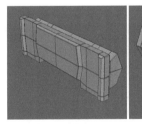

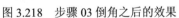

图 3.217　步骤 02 倒角之后的效果　　　　　图 3.218　步骤 03 倒角之后的效果

步骤 04：使用【清除…】命令，对制作好的炮塔护盾的中模进行清理。

3. 制作主炮的中模

步骤 01：选择主炮模型大形，在透视图菜单栏中单击"隔离选择"工具图图标，独立显示主炮模型大形，如图 3.219 所示。

步骤 02：选择需要倒角的边，单击【多边形建模】工具架中的"倒角组件"工具图图标，对选择的边进行倒角处理。倒角之后的效果如图 3.220 所示。

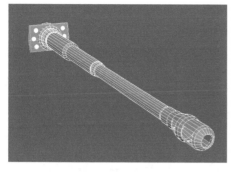

图 3.219　主炮的模型大形

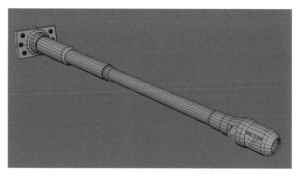

图 3.220　倒角之后的效果

步骤 03：使用【清除…】命令，对制作好的主炮中模进行清理。

4. 制作炉舱的中模

步骤 01：选择炉舱的模型大形，在透视图菜单栏中单击"隔离选择"工具图图标，独立显示炉舱的模型大形，如图 3.221 所示。

步骤 02：选择需要倒角的边，单击【多边形建模】工具架中的"倒角组件"工具图图标，对选择的边进行倒角处理。倒角之后的效果如图 3.222 所示。

步骤 03：单击【多边形建模】工具架中的"多切割"工具图图标，把超过 4 条边的面分割为四边面或三边面。分割之后的效果如图 3.223 所示。

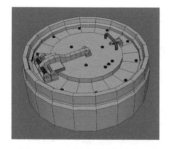

图 3.221　炉舱的模型大形

图 3.222　倒角之后的效果

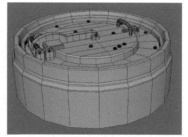

图 3.223　分割之后的效果

步骤 04：使用【清除…】命令，对制作好的炉舱中模进行清理。

5. 制作装弹手舱盖的中模

步骤 01：选择装弹手舱盖的模型大形，在透视图菜单栏中单击"隔离选择"工具图图标，独立显示装弹手舱盖的模型大形，如图 3.224 所示。

步骤 02：选择需要倒角的边，单击【多边形建模】工具架中的"倒角组件"工具图图标，对选择的边进行倒角处理。倒角之后的效果如图 3.225 所示。

步骤 03：单击【多边形建模】工具架中的"多切割"工具 ✍ 图标，把超过 4 条边的面分割为四边面或三边面，分割之后的效果如图 3.226 所示。

  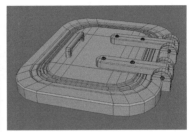

图 3.224　装弹手舱盖的模型大形　　　图 3.225　倒角之后的效果　　　图 3.226　分割之后的效果

步骤 04：使用【清除…】命令，对制作好的装弹手舱盖的中模进行清理。

6. 制作气窗的中模

步骤 01：选择气窗的模型大形，在透视图菜单栏中单击"隔离选择"工具 图标，独立显示气窗的模型大形，如图 3.227 所示。

步骤 02：选择需要倒角的边，单击【多边形建模】工具架中的"倒角组件"工具 图标，对选择的边进行倒角处理。倒角之后的效果如图 3.228 所示。

步骤 03：单击【多边形建模】工具架中的"多切割"工具 图标，把超过 4 条边的面分割为四边面或三边面。分割之后的效果如图 3.229 所示。

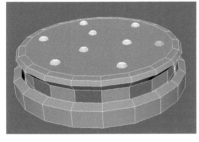  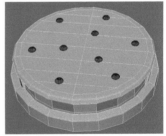

图 3.227　装弹手舱盖的模型大形　　　图 3.228　倒角之后的效果　　　图 3.229　分割之后的效果

步骤 04：选择气窗的整个模型，单击【多边形建模】工具架中的"挤出"工具 图标，把气窗的整个模型挤出一定的厚度，效果如图 3.230 所示。

步骤 05：选择如图 3.231 所示的循环面，单击【多边形建模】工具架中的"倒角组件"工具 图标，对选择的面进行倒角处理。

步骤 06：选择需要合并的 2 个顶点，在菜单栏中单击【编辑网格】→【合并到中心】命令，把选择的 2 个顶点合并为 1 个顶点。此操作需要进行多次，多次倒角和合并顶点之后的效果如图 3.232 所示。

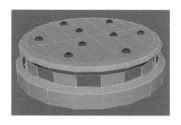

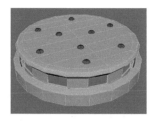

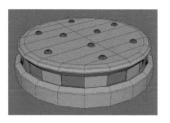

图 3.230　挤出一定厚度　　　图 3.231　选择的循环面　　　图 3.232　多次倒角和合并
　　　之后的效果　　　　　　　　　　　　　　　　　　　　　顶点之后的效果

步骤 07：使用【清除…】命令，对制作好的气窗中模进行清理。

7. 制作杂物箱的中模

步骤 01：选择杂物箱的模型大形，在透视图菜单中单击"隔离选择"工具 图标，独立显示杂物箱的模型大形，如图 3.233 所示。

步骤 02：单击【多边形建模】工具架中的"倒角组件"工具 图标，对边和循环面进行倒角处理。倒角之后的效果如图 3.234 所示。

步骤 03：单击【多边形建模】工具架中的"多切割"工具 图标，把超过 4 条边的面分割为四边面或三边面。分割之后的效果如图 3.235 所示。

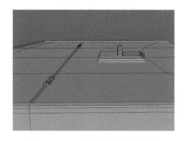

图 3.233　杂物箱的模型大形　　　图 3.234　倒角之后的效果　　　图 3.235　分割之后的效果

步骤 04：单击【清除…】命令，对制作好的杂物箱中模进行清理。

8. 制作手枪射击口的中模

步骤 01：选择手枪射击口的模型大形，在透视图菜单栏中单击"隔离选择"工具 图标，独立显示手枪射击口的模型大形，如图 3.236 所示。

步骤 02：单击【多边形建模】工具架中的"倒角组件"工具 图标，对边进行倒角处理。倒角之后的效果如图 3.237 所示。

步骤 03：单击【清除…】命令，对制作完成的手枪射击口的中模进行清理。

9. 制作逃生舱盖的中模

步骤 01：选择逃生舱盖的模型大形，在透视图菜单栏中单击"隔离选择"工具 图标，独立显示逃生舱盖的模型大形，如图 3.238 所示。

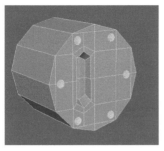 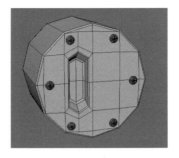 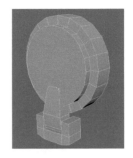

图 3.236 手枪射击口的模型大形　　图 3.237 倒角之后的效果　　图 3.238 逃生舱盖的模型大形

步骤 02：单击【多边形建模】工具架中的"倒角组件"工具图标，对边进行倒角处理。倒角之后的效果如图 3.239 所示。

步骤 03：单击【多边形建模】工具架中的"多切割"工具图标，把大于 4 条边的面分割为四边面或三边面。分割之后的效果如图 3.240 所示。

步骤 04：单击【清除…】命令，对制作好的逃生舱盖中模进行清理。

10. 制作烟雾弹发射器的中模

步骤 01：选择烟雾弹发射器的模型大形，在透视图菜单栏中单击"隔离选择"工具图标，独立显示烟雾弹发射器的模型大形，如图 3.241 所示。

  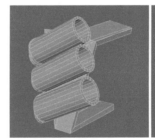

图 3.239 倒角　　图 3.240 分割之后　　图 3.241 烟雾弹发射器的模型大形
之后的效果　　　　的效果

步骤 02：单击【多边形建模】工具架中的"多切割"工具图标，对模型重新布线。重新布线之后的效果如图 3.242 所示。

步骤 03：单击【多边形建模】工具架中的"倒角组件"工具图标，对边进行倒角处理。倒角之后的效果如图 3.243 所示。

步骤 04：单击【多边形建模】工具架中的"多切割"工具图标，把大于 4 条边的面分割为四边面或三边面。分割之后的效果如图 3.244 所示。

步骤 05：单击【清除…】命令，对制作好的烟雾弹发射器中模进行清理。

视频播放：关于具体介绍，请观看配套视频"任务一：制作坦克炮塔的中模.wmv"。

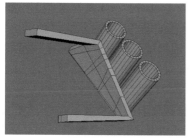

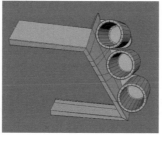
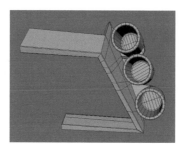

图 3.242　重新布线之后的效果　　　图 3.243　倒角之后的效果　　　图 3.244　分割之后的效果

任务二：制作坦克车体的中模

坦克车体中模的制作方法如下：在坦克车体模型大形的基础上，使用【多边形建模】工具架中的"挤出"、"多切割"、"焊接"和"倒角"等工具，进行编辑。

1．制作坦克车体主体的中模

步骤 01：打开坦克模型大形场景文件，选择坦克车体主体的模型大形，在透视图菜单栏中单击"隔离选择"工具 图标，独立显示坦克车体主体的模型大形，如图 3.245 所示。

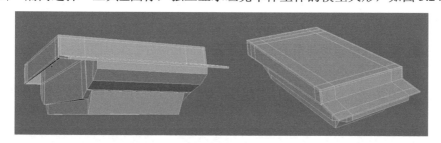

图 3.245　坦克车体主体的模型大形

步骤 02：依次单击【多边形建模】工具架中的"多切割"工具 图标和【插入循环边】命令，对坦克车体主体重新布线。重新布线之后的效果如图 3.246 所示。

步骤 03：删除模型的一半，单击【多边形建模】工具架中的"倒角组件"工具 图标和"多切割"工具 图标对剩余的模型进行倒角和切割。倒角和切割之后的效果如图 3.247 所示。

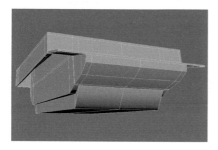
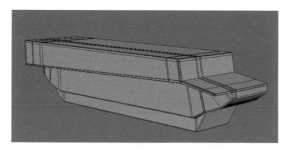

图 3.246　重新布线之后的效果　　　　　　图 3.247　倒角和切割之后的效果

步骤 04：选择倒角和切割之后的模型，在菜单栏中单击【编辑】→【特殊复制】→ ▣ 命令属性图标，弹出【特殊复制选项】对话框，具体参数设置如图 3.248 所示。

步骤 05：单击【特殊复制】按钮，把选择的模型沿 X 轴镜像复制 1 份，选择原模型和复制的模型，在菜单栏中单击【网格】→【结合】命令，把选择的 2 个模型结合为 1 个模型。

步骤 06：选择结合之后的模型，在菜单栏中单击【编辑网格】→【合并】命令，把 2 个模型结合处的顶点两两合并为 1 个顶点。合并顶点之后的效果如图 3.249 所示。

图 3.248　【特殊复制选项】对话框参数设置

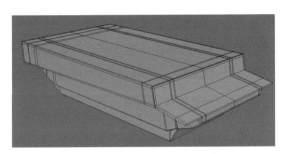

图 3.249　合并顶点之后的效果

步骤 07：先选择坦克挡板的模型大形，再选择需要倒角的面，如图 3.250 所示。

步骤 08：单击【多边形建模】工具架中的"倒角组件"工具 ▣ 图标，对选择的面进行倒角处理。倒角之后的效果如图 3.251 所示。

步骤 09：方法同上，对坦克另一侧的挡板进行倒角处理。倒角之后的效果如图 3.252 所示。

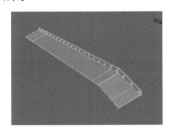

图 3.250　选择的面

图 3.251　步骤 08 倒角之后的效果

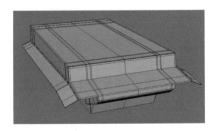

图 3.252　步骤 09 倒角之后的效果

步骤 10：单击【清除…】命令，对制作好的坦克车体主体的中模进行清理。

2. 制作前方机枪手和无线电员用舱盖的中模

步骤 01：选择前方机枪手和无线电员用舱盖的模型大形，在透视图菜单栏中单击"隔离选择"工具 ▣，独立显示前方机枪手和无线电员用舱盖的模型大形，如图 3.253 所示。

步骤 02：单击【多边形建模】工具架中的"倒角组件"工具 ▣ 图标，对选择的面进行倒角处理。倒角之后的效果如图 3.254 所示。

步骤 03：单击【多边形建模】工具架中的"多切割"工具 ✐ 图标，对模型重新布线。重新布线之后的效果如图 3.255 所示。

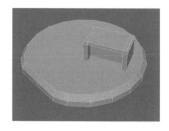

图 3.253　前方机枪手和无线
电员用舱盖的模型大形

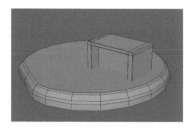

图 3.254　倒角之后的效果

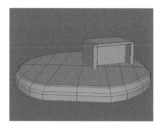

图 3.255　重新布线
之后的效果

步骤 04：单击【清除…】命令，对制作好的前方机枪手和无线电员用舱盖的中模进行清理。

3. 制作管制前照灯的中模

步骤 01：选择管制前照灯的模型大形，在透视图菜单栏中单击"隔离选择"工具 图标，独立显示管制前照灯的模型大形，如图 3.256 所示。

步骤 02：单击【多边形建模】工具架中的"倒角组件"工具 图标，对选择的面进行倒角处理。倒角之后的效果如图 3.257 所示。

步骤 03：方法同上，对另一侧的管制前照灯模型进行倒角处理。倒角处理之后的效果如图 3.258 所示。

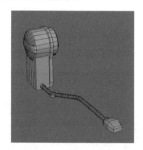

图 3.256　管制前照灯的
模型大形

图 3.257　步骤 02 倒角
之后的效果

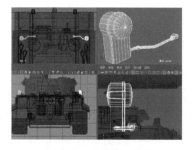

图 3.258　步骤 03 倒角
之后的效果

步骤 04：单击【清除…】命令，对制作好的管制前照灯的中模进行清理。

4. 制作前机枪的中模

步骤 01：选择前机枪的模型大形，在透视图菜单栏中单击"隔离选择"工具 图标，独立显示前机枪的模型大形，如图 3.259 所示。

步骤 02：单击【多边形建模】工具架中的"倒角组件"工具 图标，对选择的面进行倒角处理。倒角之后的效果如图 3.260 所示。

步骤 03：使用【清除…】命令，对制作好的前机枪中模进行清理。

5. 制作操控手用视察孔的中模

步骤 01：选择操控手用视察孔的模型大形，在透视图菜单栏中单击"隔离选择"工具图标，独立显示操控手用视察孔的模型大形，如图 3.261 所示。

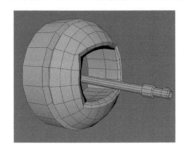

图 3.259　前机枪的模型大形　　　　图 3.260　倒角之后的效果　　　　图 3.261　操控手用视察孔的
　　模型大形

步骤 02：单击【多边形建模】工具架中的"倒角组件"工具图标，对选择的面进行倒角处理。倒角之后的效果如图 3.262 所示。

步骤 03：单击【多边形建模】工具架中的"多切割"工具图标，对模型重新布线。重新布线之后的效果如图 3.263 所示。

步骤 04：单击【清除…】命令，对制作好的操控手用视察孔的中模进行清理。

6. 制作坦克后半部的散热装置的中模

步骤 01：选择坦克后半部的散热装置的模型大形，在透视图菜单栏中单击"隔离选择"工具图标，独立显示坦克后半部的散热装置的模型大形，如图 3.264 所示。

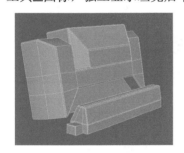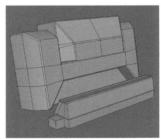

图 3.262　倒角之后的效果　　　　图 3.263　重新布线　　　　图 3.264　坦克后半部的散热
　　　　　　　　　　　　　　　　　　　　　　之后的效果　　　　　　　　　　装置的模型大形

步骤 02：单击【多边形建模】工具架中的"倒角组件"工具图标，对选择的面和边进行倒角处理。倒角之后的效果如图 3.265 所示。

步骤 03：单击【多边形建模】工具架中的"多切割"工具图标，对模型重新布线。重新布线之后的效果如图 3.266 所示。

步骤 04：删除另一侧的散热装置的模型大形，把重新布线之后的模型镜像复制 1 份，效果如图 3.267 所示。

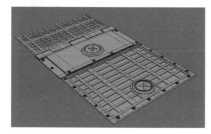
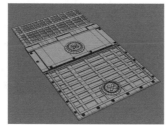
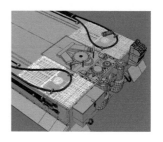

图 3.265　倒角之后的效果　　图 3.266　重新布线　　图 3.267　镜像复制
　　　　　　　　　　　　　　　　　之后的效果　　　　　　之后的效果

步骤 05：使用【清除…】命令，对制作好的坦克后半部的散热装置的中模进行清理。

7. 制作引擎进气管的中模

步骤 01：选择引擎进气管的模型大形，在透视图菜单栏中单击"隔离选择"工具▣图标，独立显示引擎进气管的模型大形，如图 3.268 所示。

步骤 02：单击【多边形建模】工具架中的"倒角组件"工具▣图标，对选择的面和边进行倒角处理。倒角之后的效果如图 3.269 所示。

步骤 03：单击【多边形建模】工具架中的"多切割"工具▨图标，对模型重新布线。重新布线之后的效果如图 3.270 所示。

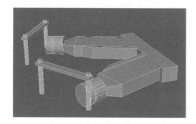
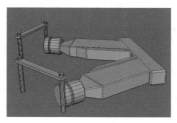
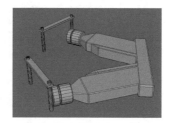

图 3.268　引擎进气管的模型大形　　图 3.269　倒角之后的效果　　图 3.270　重新布线之后的效果

步骤 04：单击【清除…】命令，对制作好的引擎进气管的中模进行清理。

8. 制作消声器和消声器罩的中模

步骤 01：选择消声器和消声器罩的模型大形，在透视图菜单栏中单击"隔离选择"工具▣，独立显示消声器和消声器罩的模型大形，如图 3.271 所示。

步骤 02：单击【多边形建模】工具架中的"倒角组件"工具▣图标，对选择的面和边进行倒角处理。倒角之后的效果如图 3.272 所示。

步骤 03：单击【多边形建模】工具架中的"多切割"工具▨图标，对模型重新布线。重新布线之后的效果如图 3.273 所示。

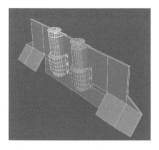

图 3.271　消声器和消声器罩
的模型大形

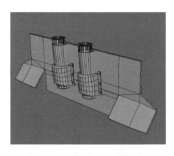

图 3.272　倒角之后的效果

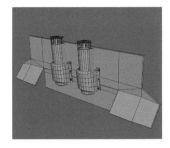

图 3.273　重新布线之后的效果

步骤 04：单击【清除…】命令，对制作好的消声器和消声器罩的中模进行清理。

9. 制作坦克尾部其他配件的中模

步骤 01：选择坦克尾部其他配件的模型大形，在透视图菜单栏中单击"隔离选择"工具■图标，独立显示坦克尾部其他配件的模型大形，如图 3.274 所示。

步骤 02：单击【多边形建模】工具架中的"倒角组件"工具◈图标，对选择的面和边进行倒角处理。倒角之后的效果如图 3.275 所示。

步骤 03：依次单击【多边形建模】工具架中的"多切割"工具✎图标和【刺破】命令，对模型重新布线。重新布线之后的效果如图 3.276 所示。

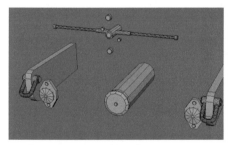

图 3.274　坦克尾部其他配件的
模型大形

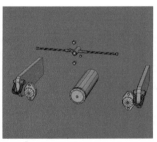

图 3.275　倒角之后的效果

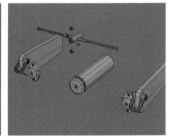

图 3.276　重新布线
之后的效果

步骤 04：单击【清除…】命令，对制作好的坦克尾部其他配件的中模进行清理。

10. 制作铁皮箱的中模

步骤 01：选择铁皮箱的模型大形，在透视图菜单栏中单击"隔离选择"工具■图标，独立显示铁皮箱的模型大形，如图 3.277 所示。

步骤 02：单击【多边形建模】工具架中的"倒角组件"工具◈图标，对选择的面和边进行倒角处理。倒角之后的效果如图 3.278 所示。

步骤 03：依次单击【多边形建模】工具架中的"多切割"工具✎图标和【刺破】命令，对模型重新布线。重新布线之后的效果如图 3.279 所示。

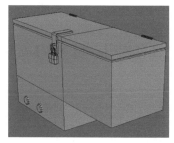

图 3.277　铁皮箱的模型大形　　　图 3.278　倒角之后的效果　　　图 3.279　重新布线之后的效果

步骤 04：单击【清除…】命令，对制作好的铁皮箱的中模进行清理。

11．制作油桶及其固定装置的中模

步骤 01：选择油桶及其固定装置的模型大形，在透视图菜单栏中单击"隔离选择"工具图标，独立显示油桶及其固定装置的模型大形，如图 3.280 所示。

步骤 02：单击【多边形建模】工具架中的"倒角组件"工具图标，对选择的面和边进行倒角处理。倒角之后的效果如图 3.281 所示。

步骤 03：依次单击【多边形建模】工具架中的"多切割"工具图标和【刺破】命令，对模型重新布线。重新布线之后的效果如图 3.282 所示。

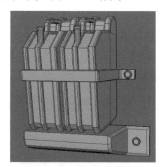

图 3.280　油桶及其固定　　　图 3.281　倒角之后的效果　　　图 3.282　重新布线
　　　　装置的模型大形　　　　　　　　　　　　　　　　　　　　　　之后的效果

步骤 04：单击【清除…】命令，对制作好的油桶及其固定装置的中模进行清理。
视频播放：关于具体介绍，请观看配套视频"任务二：制作坦克车体的中模.wmv"。

任务三：制作坦克车外装备的中模

坦克车外装备主要包括缆绳、手斧、铁锤、铁铲、撬棍和灭火器等各种装备。

1．制作缆绳的中模

步骤 01：选择缆绳的模型大形，在透视图菜单栏中单击"隔离选择"工具图标，独立显示缆绳的模型大形，如图 3.283 所示。

步骤 02：单击【多边形建模】工具架中的"倒角组件"工具⬛图标，对选择的面和边进行倒角处理。倒角之后的效果如图 3.284 所示。

步骤 03：依次单击【多边形建模】工具架中的"多切割"工具⬛图标和【刺破】命令，对模型重新布线。重新布线之后的效果如图 3.285 所示。

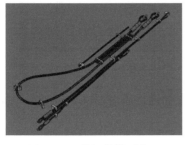  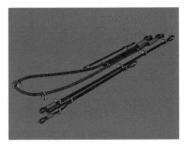

图 3.283　缆绳的模型大形　　　图 3.284　倒角之后的效果　　　图 3.285　重新布线之后的效果

步骤 04：单击【清除···】命令，对制作好的缆绳中模进行清理。

2. 制作手斧、铁锤和其他车外装备的中模

步骤 01：选择手斧、铁锤和其他车外装备的模型大形，在透视图菜单栏中单击"隔离选择"工具⬛图标，独立显示手斧、铁锤和其他车外装备的模型大形，如图 3.286 所示。

步骤 02：单击【多边形建模】工具架中的"倒角组件"工具⬛图标，对选择的面和边进行倒角处理。倒角之后的效果如图 3.287 所示。

步骤 03：单击【多边形建模】工具架中的"多切割"工具⬛图标，对模型重新布线。重新布线之后的效果如图 3.288 所示。

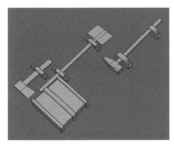 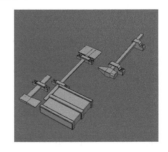 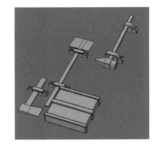

图 3.286　手斧、铁锤和其他车外　　图 3.287　倒角之后的效果　　　图 3.288　重新布线
　　　　装备的模型大形　　　　　　　　　　　　　　　　　　　　　　　　之后的效果

步骤 04：单击【清除···】命令，对制作好的手斧、铁锤和其他车外装备的中模进行清理。

3. 制作灭火器中模

步骤 01：选择灭火器的模型大形，在透视图菜单栏中单击"隔离选择"工具⬛图标，独立显示灭火器的模型大形，如图 3.289 所示。

步骤 02：单击【多边形建模】工具架中的"倒角组件"工具▣图标，对选择的面和边进行倒角处理。倒角之后的效果如图 3.290 所示。

步骤 03：单击【多边形建模】工具架中的"多切割"工具▨图标，对模型重新布线。重新布线之后的效果如图 3.291 所示。

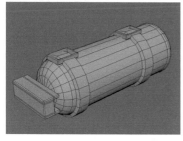
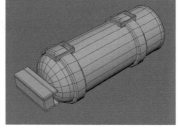
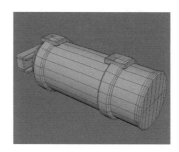

图 3.289　灭火器的模型大形　　　图 3.290　倒角之后的效果　　　图 3.291　重新布线之后的效果

步骤 04：单击【清除…】命令，对制作好的灭火器中模进行清理。

视频播放：关于具体介绍，请观看配套视频"任务三：制作坦克车外装备的中模.wmv"。

任务四：制作坦克轮带的中模

坦克轮带主要包括履带和车轮两大部分。

1. 制作坦克履带的中模

步骤 01：选择坦克履带的模型大形，在透视图菜单栏中单击"隔离选择"工具▣，独立显示坦克履带的模型大形，如图 3.292 所示。

步骤 02：单击【多边形建模】工具架中的"倒角组件"工具▣图标，对选择的面和边进行倒角处理。倒角之后的效果如图 3.293 所示。

步骤 03：单击【多边形建模】工具架中的"多切割"工具▨图标，对模型重新布线。

步骤 04：单击【清除…】命令，对制作好的坦克履带的中模进行清理。

步骤 05：根据参考图，对重新布线之后的模型进行复制和位置调节，效果如图 3.294 所示。

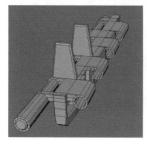
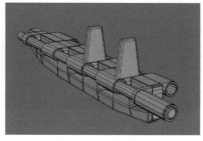
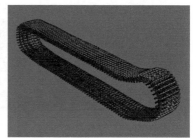

图 3.292　坦克履带的　　　　图 3.293　倒角之后的效果　　　图 3.294　复制和位置调节
　　　　　模型大形　　　　　　　　　　　　　　　　　　　　　　之后的效果

2. 制作启动轮的中模

步骤 01：选择启动轮的模型大形，在透视图菜单栏中单击"隔离选择"工具█图标，独立显示启动轮的模型大形，如图 3.295 所示。

步骤 02：单击【多边形建模】工具架中的"倒角组件"工具█图标，对选择的面和边进行倒角处理。倒角之后的效果如图 3.296 所示。

步骤 03：依次单击【多边形建模】工具架中的"多切割"工具█图标和【刺破】命令，对模型重新布线。重新布线之后的效果如图 3.297 所示。

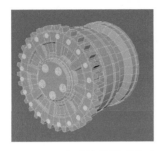 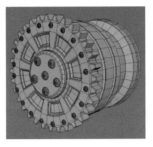 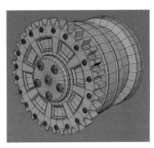

图 3.295　启动轮的模型大形　　图 3.296　倒角之后的效果　　图 3.297　重新布线之后的效果

步骤 04：单击【清除…】命令，对制作好的启动轮中模进行清理。

3. 制作引导轮和转轮的中模

步骤 01：选择引导轮的模型大形，在透视图菜单栏中单击"隔离选择"工具█图标，独立显示引导轮的模型大形，如图 3.298 所示。

步骤 02：单击【多边形建模】工具架中的"倒角组件"工具█图标，对选择的面和边进行倒角处理。倒角之后的效果如图 3.299 所示。

步骤 04：单击【清除…】命令，对制作好的引导轮中模进行清理。

步骤 05：选择转轮的模型大形，在透视图菜单栏中单击"隔离选择"工具█图标，独立显示转轮的模型大形，如图 3.300 所示。

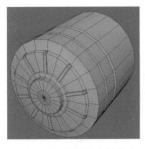  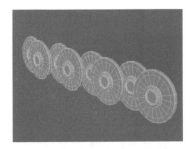

图 3.298　引导轮和转轮的　　图 3.299　倒角之后的效果　　图 3.300　转轮的模型大形
　　　　　模型大形

步骤 06：单击【多边形建模】工具架中的"倒角组件"工具█图标，对选择的面和边进行倒角处理。倒角之后的效果如图 3.301 所示。

步骤 07：单击【刺破】命令，对选择的面进行刺破，效果如图 3.302 所示。

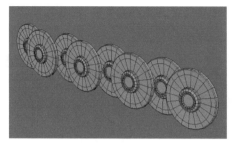
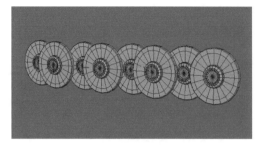

图 3.301　倒角之后的效果　　　　　　图 3.302　刺破之后的效果

步骤 08：单击【清除…】命令，对制作好的转轮中模进行清理。

步骤 09：把启动轮、引导轮和转轮的中模分别镜像复制 1 份并调节好它们的位置。

步骤 10：选择坦克轴承的模型大形，在透视图菜单栏中单击"隔离选择"工具 图标，独立显示坦克轴承的模型大形，如图 3.303 所示。

步骤 11：单击【多边形建模】工具架中的"倒角组件"工具 图标，对选择的面和边进行倒角处理，再单击【刺破】命令，对倒角之后的面进行刺破。倒角和刺破之后的效果如图 3.304 所示。

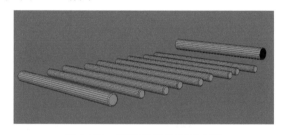
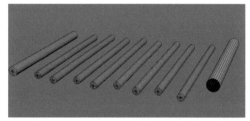

图 3.303　坦克轴承的模型大形　　　　　图 3.304　倒角和刺破之后的效果

步骤 12：单击【清除…】命令，对制作好的坦克轴承中模进行清理。

步骤 13：坦克中模效果如图 3.305 所示。

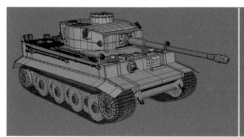
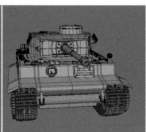

图 3.305　坦克中模效果

视频播放：关于具体介绍，请观看配套视频"任务四：制作坦克轮带的中模.wmv"。

七、拓展训练

根据所学知识完成以下坦克中模的制作。

案例 3　制作坦克的高模

一、案例内容简介

　　通过本案例，介绍坦克高模的制作原理、规则、方法、技巧和制作过程中需要注意的问题。

二、案例效果欣赏

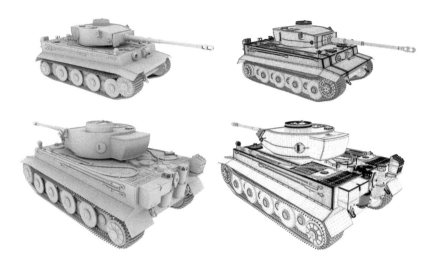

三、案例制作流程（步骤）

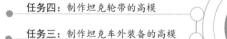

任务四：制作坦克轮带的高模　　　　案例3　制作坦克的高模　　　　任务一：制作坦克炮塔的高模

任务三：制作坦克车外装备的高模　　　　　　　　　　　　　　　　任务二：制作坦克车体的高模

四、制作目的

　　（1）熟悉高模的作用。

　　（2）掌握高模的制作原理和规则。

　　（3）掌握坦克高模的制作方法和技巧。

　　（4）了解坦克高模制作过程中需要注意的细节。

　　（5）通过坦克高模的制作，能够举一反三地制作其他模型的高模。

五、制作过程中需要解决的问题

（1）熟悉坦克的结构和坦克各个部件之间的关系。
（2）熟悉坦克各个部件的名称和作用。

六、详细操作步骤

制作高模的方法如下：使用【建模】模块中的"网格"命令组、"编辑网格"命令组、"网格工具"命令组和"网格显示"命令组的相关命令，对中模的结构线添加保护边；添加保护边之后，进行平滑处理，平滑处理的级别需要根据项目要求进行设置。

任务一：制作坦克炮塔的高模

1. 制作坦克炮塔主体的高模

步骤 01：打开坦克炮塔的中模场景文件，选择坦克炮塔主体的中模，在透视图菜单栏中单击"隔离选择"工具图图标，独立显示坦克炮塔主体的中模，如图 3.306 所示。

步骤 02：单击【插入循环边】命令，给模型的每条循环结构线的两侧各添加 1 条循环边，把它们作为结构线的保护边。添加保护边之后的效果如图 3.307 所示。

步骤 03：选择已插入循环边的坦克炮塔主体的中模，在菜单栏中单击【网格】→【平滑】命令，把平滑的分段数设为 2。平滑处理之后的效果如图 3.308 所示。

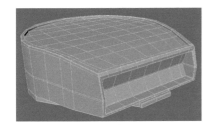 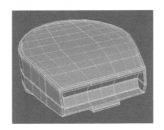 

图 3.306　坦克炮塔主体的中模　　图 3.307　添加保护边　　图 3.308　平滑处理
　　　　　　　　　　　　　　　　　　　　之后的效果　　　　　　之后的效果

提示：为了方便写作，在后面章节的高模制作中，把"在菜单栏中单击【网格】→【平滑】命令，把平滑的分段数设为 2"，表述为"进行平滑处理"。

2. 制作炮塔护盾的高模

步骤 01：打开炮塔护盾的中模场景文件，选择炮塔护盾的中模，在透视图菜单栏中单击"隔离选择"工具图图标，独立显示炮塔护盾的中模，如图 3.309 所示。

步骤 02：依次单击【插入循环边】和【多切割】命令，给模型的每条结构线的两侧各添加 1 条边，把它们作为结构线的保护边。添加保护边之后的效果如图 3.310 所示。

步骤 03：选择添加了保护边的模型，进行平滑处理，效果如图 3.111 所示。

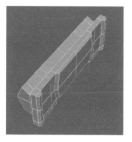

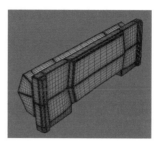

图 3.309　炮塔护盾的中模　　　图 3.310　添加保护边之后的效果　　　图 3.311　平滑处理之后的效果

3. 制作主炮的高模

步骤 01：打开主炮的中模场景文件，选择主炮的中模，在透视图菜单栏中单击"隔离选择"工具▣图标，独立显示主炮的中模，如图 3.312 所示。

步骤 02：依次单击【插入循环边】和【多切割】命令，给模型的每条结构线的两侧各添加 1 条边，把它们作为结构线的保护边。添加保护边之后的效果如图 3.313 所示。

步骤 03：选择添加了保护边的模型，进行平滑处理，效果如图 3.114 所示。

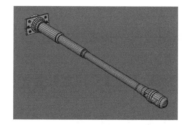

图 3.312　主炮的中模　　　图 3.313　添加保护边之后的效果　　　图 3.314　平滑处理之后的效果

4. 制作炉舱的高模

步骤 01：打开炉舱的中模场景文件，选择炉舱的中模，在透视图菜单栏中单击"隔离选择"工具▣图标，独立显示炉舱的中模，如图 3.315 所示。

步骤 02：依次单击【插入循环边】和【多切割】命令，给模型的每条结构线的两侧各添加 1 条边，把它们作为结构线的保护边。添加保护边之后的效果如图 3.316 所示。

步骤 03：选择添加了保护边的模型，进行平滑处理，效果如图 3.317 所示。

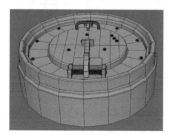
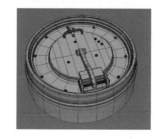
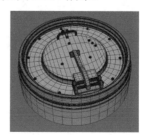

图 3.315　炉舱的中模　　　图 3.316　添加保护边之后的效果　　　图 3.317　平滑处理之后的效果

5. 制作装弹手舱盖的高模

步骤 01：打开装弹手舱盖的中模场景文件，选择装弹手舱盖的中模，在透视图菜单栏中单击"隔离选择"工具圖图标，独立显示装弹手舱盖的中模，如图 3.318 所示。

步骤 02：依次单击【插入循环边】和【多切割】命令，给模型的每条结构线的两侧各添加 1 条边，把它们作为结构线的保护边。添加保护边之后的效果如图 3.319 所示。

步骤 03：选择添加了保护边的模型，进行平滑处理，效果如图 3.320 所示。

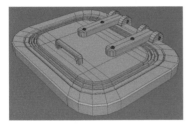 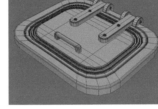 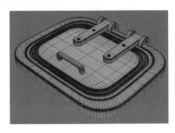

图 3.318　装弹手舱盖的中模　　图 3.319　添加保护边之后的效果　　图 3.320　平滑处理之后的效果

6. 制作气窗的高模

步骤 01：打开气窗的中模场景文件，选择气窗的中模，在透视图菜单栏中单击"隔离选择"工具圖图标，独立显示气窗的中模，如图 3.321 所示。

步骤 02：依次单击【插入循环边】和【多切割】命令，给模型的每条结构线的两侧各添加 1 条边，把它们作为结构线的保护边。添加保护边之后的效果如图 3.322 所示。

步骤 03：选择添加了保护边的模型，进行平滑处理，效果如图 3.323 所示。

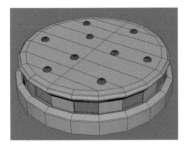 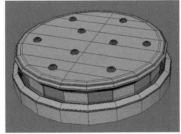 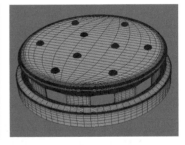

图 3.321　气窗的中模　　图 3.322　添加保护边之后的效果　　图 3.323　平滑处理之后的效果

7. 制作杂物箱的高模

步骤 01：打开杂物箱的中模场景文件，选择杂物箱的中模，在透视图菜单栏中单击"隔离选择"工具圖图标，独立显示杂物箱的中模，如图 3.324 所示。

步骤 02：依次单击【插入循环边】和【多切割】命令，给模型的每条结构线的两侧各添加 1 条边，把它们作为结构线的保护边。添加保护边之后的效果如图 3.325 所示。

步骤 03：选择添加了保护边的模型，进行平滑处理，效果如图 3.326 所示。

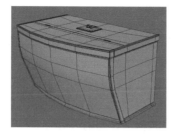

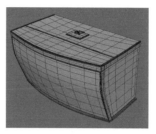

图 3.324　杂物箱的中模　　　图 3.325　添加保护边之后的效果　　　图 3.326　平滑处理之后的效果

8. 制作手枪射击口的高模

步骤 01：打开手枪射击口的中模场景文件，选择手枪射击口的中模，在透视图菜单栏中单击"隔离选择"工具■图标，独立显示手枪射击口的中模，如图 3.327 所示。

步骤 02：依次单击【插入循环边】和【多切割】命令，给模型的每条结构线的两侧各添加 1 条边，把它们作为结构线的保护边。添加保护边之后的效果如图 3.328 所示。

步骤 03：选择添加了保护边的模型，进行平滑处理，效果如图 3.329 所示。

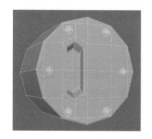

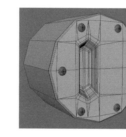

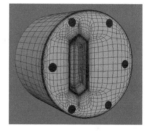

图 3.327　手枪射击口的中模　　　图 3.328　添加保护边之后的效果　　　图 3.329　平滑处理之后的效果

9. 制作逃生舱盖的高模

步骤 01：打开逃生舱盖的中模场景文件，选择逃生舱盖的中模，在透视图菜单栏中单击"隔离选择"工具■图标，独立显示逃生舱盖的中模，如图 3.330 所示。

步骤 02：依次单击【插入循环边】和【多切割】命令，给模型的每条结构线的两侧各添加 1 条边，把它们作为结构线的保护边。添加保护边之后的效果如图 3.331 所示。

步骤 03：选择添加了保护边的模型，进行平滑处理，效果如图 3.332 所示。

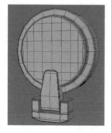

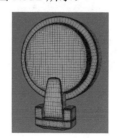

图 3.330　杂物箱的中模　　　图 3.331　添加保护边之后的效果　　　图 3.332　平滑处理
之后的效果

10. 制作烟雾弹发射器的高模

步骤 01：打开烟雾弹发射器的中模场景文件，选择烟雾弹发射器的中模，在透视图菜单栏中单击"隔离选择"工具图标，独立显示烟雾弹发射器的中模，如图 3.333 所示。

步骤 02：依次单击【插入循环边】和【多切割】命令，给模型的每条结构线的两侧各添加 1 条边，把它们作为结构线的保护边。添加保护边之后的效果如图 3.334 所示。

步骤 03：选择添加了保护边的模型，进行平滑处理，效果如图 3.335 所示。

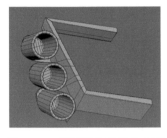 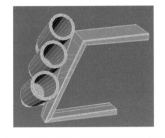 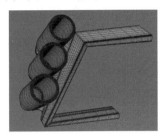

图 3.333　烟雾弹发射器的中模　　图 3.334　添加保护边之后的效果　　图 3.335　平滑处理之后的效果

视频播放：关于具体介绍，请观看配套视频"任务一：制作坦克炮塔的高模.wmv"。

任务二：制作坦克车体的高模

坦克车体高模的制作方法与坦克炮塔高模的制作方法基本相同，主要通过【插入循环边】和【多切割】命令，给模型的结构线添加保护边；使用【平滑】命令，对添加了保护边的模型进行平滑处理。

1. 制作坦克车体主体的高模

步骤 01：打开坦克车体主体的中模场景文件，选择坦克车体主体的中模，在透视图菜单栏中单击"隔离选择"工具图标，独立显示坦克车体主体的中模，如图 3.336 所示。

步骤 02：依次单击【插入循环边】和【多切割】命令，给模型的每条结构线的两侧各添加 1 条边，把它们作为结构线的保护边。添加保护边之后的效果如图 3.337 所示。

步骤 03：选择添加了保护边的模型，进行平滑处理，效果如图 3.338 所示。

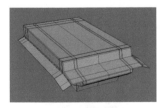 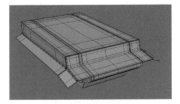 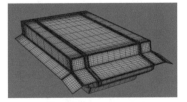

图 3.336　坦克车体　　　　图 3.337　添加保护边　　　图 3.338　平滑处理
　　　主体的中模　　　　　　　　之后的效果　　　　　　　　之后的效果

2. 制作前方机枪手和无线电员用舱盖的高模

步骤 01：打开前方机枪手和无线电员用舱盖的中模场景文件，选择前方机枪手和无线

电员用舱盖的中模，在透视图菜单栏中单击"隔离选择"工具■图标，独立显示前方机枪手和无线电员用舱盖的中模，如图 3.339 所示。

步骤 02：依次单击【插入循环边】和【多切割】命令，给模型的每条结构线的两侧各添加 1 条边，把它们作为结构线的保护边。添加保护边之后的效果如图 3.340 所示。

步骤 03：选择添加了保护边的模型，进行平滑处理，效果如图 3.341 所示。

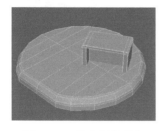

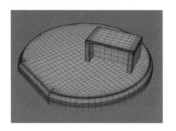

图 3.339　前方机枪手和
无线电员用舱盖的中模

图 3.340　添加保护边
之后的效果

图 3.341　平滑处理
之后的效果

3. 制作管制前照灯的高模

步骤 01：打开管制前照灯的中模场景文件，选择管制前照灯的中模，在透视图菜单栏中单击"隔离选择"工具■图标，独立显示管制前照灯的中模，如图 3.342 所示。

步骤 02：依次单击【插入循环边】和【多切割】命令，给模型的每条结构线的两侧各添加 1 条边，把它们作为结构线的保护边。添加保护边之后的效果如图 3.343 所示。

步骤 03：选择添加了保护边的模型，进行平滑处理，效果如图 3.344 所示。

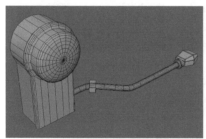
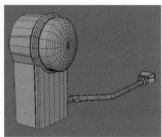

图 3.342　管制前照灯的中模

图 3.343　添加保护边
之后的效果

图 3.344　平滑处理
之后的效果

4. 制作前机枪的高模

步骤 01：打开前机枪的中模场景文件，选择前机枪的中模，在透视图菜单栏中单击"隔离选择"工具■，独立显示前机枪的中模，如图 3.345 所示。

步骤 02：依次单击【插入循环边】和【多切割】命令，给模型的每条结构线的两侧各添加 1 条边，把它们作为结构线的保护边。添加保护边之后的效果如图 3.346 所示。

步骤 03：选择添加了保护边的模型，进行平滑处理，效果如图 3.347 所示。

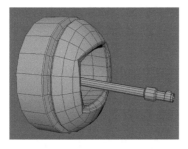

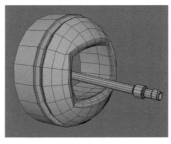

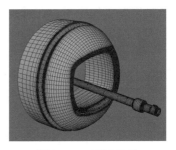

图 3.345　前机枪的中模　　　　图 3.346　添加保护边　　　　图 3.347　平滑处理
　　　　　　　　　　　　　　　　　　　　之后的效果　　　　　　　　　　之后的效果

5. 制作操控手用视察孔的高模

步骤 01：打开操控手用视察孔的中模场景文件，选择操控手用视察孔的中模，在透视
图菜单栏中单击"隔离选择"工具▣图标，独立显示操控手用视察孔的中模，如图 3.348
所示。

步骤 02：依次单击【插入循环边】和【多切割】命令，给模型的每条结构线的两侧各
添加 1 条边，把它们作为结构线的保护边。添加保护边之后的效果如图 3.349 所示。

步骤 03：选择添加了保护边的模型，进行平滑处理，效果如图 3.350 所示。

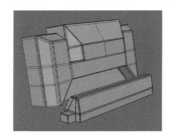

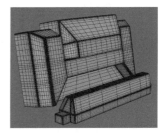

图 3.348　操控手用　　　　　　图 3.349　添加保护边　　　　图 3.350　平滑处理
　　　视察孔的中模　　　　　　　　　　之后的效果　　　　　　　　　之后的效果

6. 制作坦克后半部的散热装置的高模

步骤 01：打开坦克后半部的散热装置的中模场景文件，选择坦克后半部的散热装置的
中模，在透视图菜单栏中单击"隔离选择"工具▣图标，独立显示坦克后半部的散热装置
的中模，如图 3.351 所示。

步骤 02：依次单击【插入循环边】和【多切割】命令，给模型的每条结构线的两侧各
添加 1 条边，把它们作为结构线的保护边。添加保护边之后的效果如图 3.352 所示。

步骤 03：选择添加了保护边的模型，进行平滑处理，效果如图 3.353 所示。

7. 制作引擎进气管的高模

步骤 01：打开引擎进气管的中模场景文件，选择引擎进气管的中模，在透视图菜单栏
中单击"隔离选择"工具▣图标，独立显示引擎进气管的中模，如图 3.354 所示。

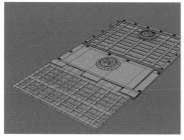

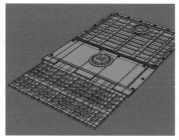

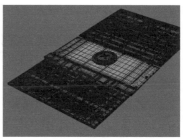

图 3.351　坦克后半部的
散热装置的中模

图 3.352　添加保护边
之后的效果

图 3.353　平滑处理
之后的效果

步骤 02：依次单击【插入循环边】和【多切割】命令，给模型的每条结构线的两侧各添加 1 条边，把它们作为结构线的保护边。添加保护边之后的效果如图 3.355 所示。

步骤 03：选择添加了保护边的模型，进行平滑处理，效果如图 3.356 所示。

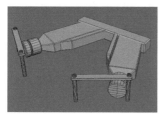

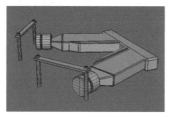

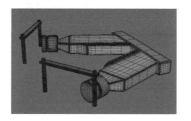

图 3.354　引擎进气管的中模

图 3.355　添加保护边之后的效果

图 3.356　平滑处理之后的效果

8. 制作消声器和消声器罩的高模

步骤 01：打开消声器和消声器罩的中模场景文件，选择消声器和消声器罩的中模，在透视图菜单栏中单击"隔离选择"工具图标，独立显示消声器和消声器罩的中模，如图 3.357 所示。

步骤 02：依次单击【插入循环边】和【多切割】命令，给模型的每条结构线的两侧各添加 1 条边，把它们作为结构线的保护边。添加保护边之后的效果如图 3.358 所示。

步骤 03：选择添加了保护边的模型，进行平滑处理，效果如图 3.359 所示。

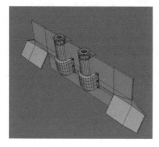

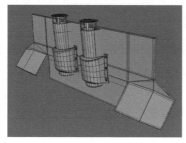

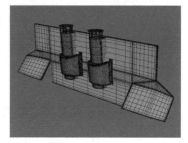

图 3.357　消声器和
消声器罩的中模

图 3.358　添加保护边
之后的效果

图 3.359　平滑处理
之后的效果

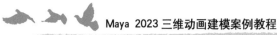

9. 制作坦克尾部其他配件的高模

步骤 01：打开坦克尾部其他配件的中模场景文件，选择坦克尾部其他配件的中模，在透视图菜单栏中单击"隔离选择"工具▣图标，独立显示坦克尾部其他配件的中模，如图 3.360 所示。

步骤 02：依次单击【插入循环边】和【多切割】命令，给模型的每条结构线的两侧各添加 1 条边，把它们作为结构线的保护边。添加保护边之后的效果如图 3.361 所示。

步骤 03：选择添加了保护边的模型，进行平滑处理，效果如图 3.362 所示。

 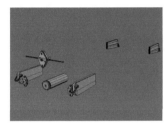 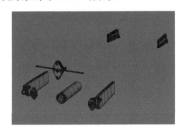

图 3.360　坦克尾部其他　　　图 3.361　添加保护边　　　图 3.362　平滑处理
　　　　　　配件的中模　　　　　　　　　之后的效果　　　　　　　之后的效果

10. 制作铁皮箱的高模

步骤 01：打开铁皮箱的中模场景文件，选择铁皮箱的中模，在透视图菜单栏中单击"隔离选择"工具▣图标，独立显示铁皮箱的中模，如图 3.363 所示。

步骤 02：依次单击【插入循环边】和【多切割】命令，给模型的每条结构线的两侧各添加 1 条边，把它们作为结构线的保护边。添加保护边之后的效果如图 3.364 所示。

步骤 03：选择添加了保护边的模型，进行平滑处理，效果如图 3.365 所示。

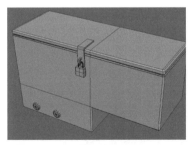 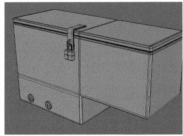 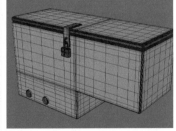

图 3.363　铁皮箱的中模　　　图 3.364　添加保护边之后的效果　　　图 3.365　平滑处理之后的效果

11. 制作油桶及其固定装置的高模

步骤 01：打开油桶及其固定装置的中模，选择油桶及其固定装置的中模，在透视图菜单栏中单击"隔离选择"工具▣图标，独立显示油桶及其固定装置的中模，如图 3.366 所示。

步骤 02：依次单击【插入循环边】和【多切割】命令，给模型的每条结构线两侧添加

1 条边，把它们作为结构线的保护边。添加保护边之后的效果如图 3.367 所示。

　　步骤 03：选择添加了保护边的模型，进行平滑处理，效果如图 3.368 所示。

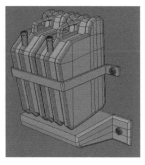
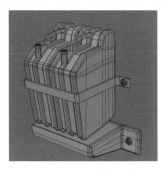
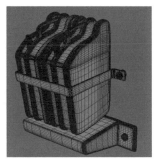

图 3.366　油桶及其固定　　　　图 3.367　添加保护边　　　　图 3.368　平滑处理
　　　　装置的中模　　　　　　　　　　之后的效果　　　　　　　　　之后的效果

　　视频播放：关于具体介绍，请观看配套视频"任务二：制作坦克车体的高模.wmv"。

　　任务三：制作坦克车外装备的高模

　　1. 制作缆绳的高模

　　步骤 01：打开缆绳的中模场景文件，选择缆绳的中模，在透视图菜单栏中单击"隔离选择"工具▣图标，独立显示缆绳的中模，如图 3.369 所示。

　　步骤 02：依次单击【插入循环边】和【多切割】命令，给模型的每条结构线的两侧各添加 1 条边，把它们作为结构线的保护边。添加保护边之后的效果如图 3.370 所示。

　　步骤 03：选择添加了保护边的模型，进行平滑处理，效果如图 3.371 所示。

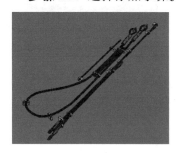
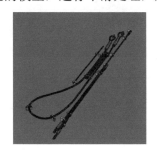

图 3.369　缆绳模型的中模　　　　图 3.370　添加保护边　　　　图 3.371　平滑处理
　　　　　　　　　　　　　　　　　　　之后的效果　　　　　　　　　之后的效果

　　2. 制作手斧、铁锤和其他车外装备的高模

　　步骤 01：打开手斧、铁锤和其他车外装备的中模场景文件，选择手斧、铁锤和其他车外装备的中模，在透视图菜单栏中单击"隔离选择"工具▣图标，独立显示手斧、铁锤和其他车外装备的中模，如图 3.372 所示。

　　步骤 02：依次单击【插入循环边】和【多切割】命令，给模型的每条结构线的两侧各

添加 1 条边，把它们作为结构线的保护边。添加保护边之后的效果如图 3.373 所示。

步骤 03：选择添加了保护边的模型，进行平滑处理，效果如图 3.374 所示。

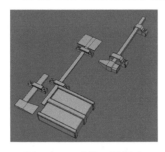
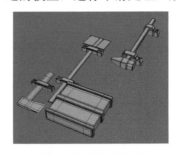
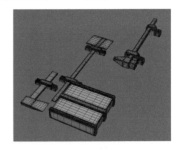

图 3.372　手斧、铁锤和　　　图 3.373　添加保护边　　　图 3.374　平滑处理
其他车外装备的中模　　　　　之后的效果　　　　　　　之后的效果

3. 制作灭火器的高模

步骤 01：选择灭火器的中模，在透视图菜单栏中单击"隔离选择"工具█图标，独立显示灭火器的中模，如图 3.375 所示。

步骤 02：依次单击【插入循环边】和【多切割】命令，给模型的每条结构线的两侧各添加 1 条边，把它们作为结构线的保护边。添加保护边之后的效果如图 3.376 所示。

步骤 03：选择添加了保护边的模型，进行平滑处理，效果如图 3.377 所示。

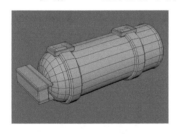
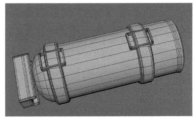
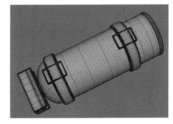

图 3.375　灭火器的中模　　　图 3.376　添加保护边之后的效果　　　图 3.377　平滑处理之后的效果

视频播放：关于具体介绍，请观看配套视频"任务三：制作坦克车外装备高模.wmv"。

任务四：制作坦克轮带的高模

1. 制作坦克履带的高模

步骤 01：选择坦克履带的中模，在透视图菜单栏中单击"隔离选择"工具█图标，独立显示坦克履带的中模，如图 3.378 所示。

步骤 02：选择坦克履带的中模，进行平滑处理，效果如图 3.379 所示。

步骤 03：根据参考图，对平滑处理之后的坦克履带进行复制和位置调节。制作好的履带高模效果如图 3.380 所示。

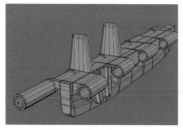

图 3.378 坦克履带的中模

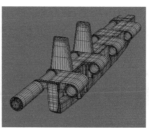

图 3.379 平滑处理
之后的效果

图 3.380 制作好的履带
高模效果

2. 制作启动轮的高模

步骤 01：选择启动轮的中模，在透视图菜单栏中单击"隔离选择"工具▇图标，独立显示启动轮的中模，如图 3.381 所示。

步骤 02：依次单击【插入循环边】和【多切割】命令，给模型的每条结构线的两侧各添加 1 条边，把它们作为结构线的保护边。添加保护边之后的效果如图 3.382 所示。

步骤 03：选择添加了保护边的模型，进行平滑处理，效果如图 3.383 所示。

图 3.381 启动轮的中模

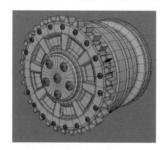

图 3.382 添加保护边之后的效果

图 3.383 平滑处理之后的效果

3. 制作引导轮和转轮的高模

步骤 01：选择引导轮和转轮的中模，在透视图菜单栏中单击"隔离选择"工具▇图标，独立显示引导轮和转轮的中模，如图 3.384 所示。

步骤 02：依次单击【插入循环边】和【多切割】命令，给模型的每条结构线的两侧各添加 1 条边，把它们作为结构线的保护边。添加保护边之后的效果如图 3.385 所示。

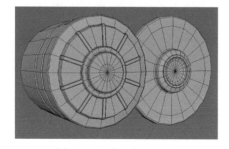

图 3.384 启动轮的中模

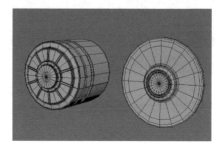

图 3.385 添加保护边之后的效果

步骤 03：选择添加了保护边的模型，进行平滑处理，效果如图 3.386 所示。

步骤 04：对平滑处理之后的引导轮和转轮模型进行复制和位置调节，效果如图 3.387 所示。

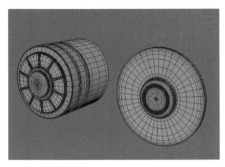
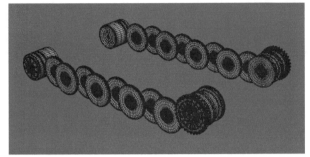

图 3.386　平滑处理之后的效果　　　　　　图 3.387　复制和位置调节之后的效果

步骤 05：打开坦克轴承的中模场景文件，在透视图菜单栏中单击"隔离选择"工具图标，独立显示坦克轴承的中模，如图 3.388 所示。

步骤 06：依次单击【插入循环边】和【多切割】命令，给模型的每条结构线的两侧各添加 1 条边，把它们作为结构线的保护边。添加保护边之后的效果如图 3.389 所示。

步骤 07：选择添加了保护边的模型，进行平滑处理，效果如图 3.390 所示。

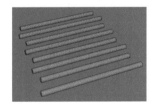
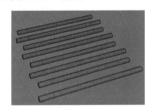

图 3.388　坦克轴承的中模　　　图 3.389　添加保护边　　　图 3.390　平滑处理
　　　　　　　　　　　　　　　　　之后的效果　　　　　　　之后的效果

步骤 08：坦克高模的最终效果，如图 391 所示。

图 3.391　坦克高模的最终效果

视频播放：关于具体介绍，请观看配套视频"任务四：制作坦克轮带的高模.wmv"。

七、拓展训练

根据所学知识，完成以下坦克高模的制作。

案例 4   制作坦克的低模

一、案例内容简介

通过本案例，介绍讲解主要坦克低模的制作原理、规则、方法、技巧和制作过程中需要注意的问题。

二、案例效果欣赏

三、案例制作流程（步骤）

四、制作目的

（1）熟悉低模的作用。

（2）掌握低模的制作原理和规则。

（3）掌握坦克低模的制作方法和技巧。

（4）了解坦克低模制作过程中需要注意的细节。

（5）通过坦克低模的制作，能够举一反三地制作其他模型的低模。

五、制作过程中需要解决的问题

（1）熟悉坦克的结构和坦克各个部件之间的关系。

（2）熟悉坦克各个部件的名称和作用。

六、详细操作步骤

低模的制作方法如下：使用【建模】模块中的多边形建模相关命令，把中模中不影响结构的边删除，把超过 4 条边的面转化三边面，再把三边面转化为四边面；根据参考图的结构要求，对模型的边进行软化和硬化处理。

任务一：制作坦克炮塔的低模

1. 制作坦克炮塔主体的低模

步骤 01：打开坦克炮塔的中模场景文件，选择坦克炮塔主体的中模，在透视图菜单栏中单击"隔离选择"工具▉图标，独立显示坦克炮塔主体的中模，如图 3.392 所示。

步骤 02：选择不影响模型结构的边，按键盘上的"Ctrl+Delete"组合键，删除选择的边。删除边之后的效果如图 3.393 所示。

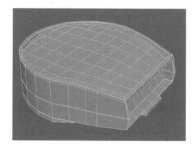
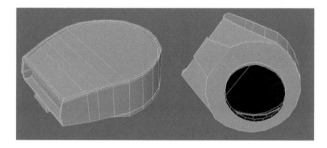

图 3.392　坦克炮塔的中模　　　　　图 3.393　删除边之后的效果

步骤 03：选择超过 4 条边的面，在菜单栏中单击【网格】→【三角化】命令，把超过 4 条边的面转化为三边面。在菜单栏中单击【网格】→【四边形化】命令，把三边面转化为四边面。转化为四边面之后的效果如图 3.394 所示。

提示：为了写作方便，将"在菜单栏中单击【网格】→【三角化】命令，把超过 4 条边的面转化为三边面，再在菜单栏中单击【网格】→【四边形化】命令，把三边面转化为四边面"。表述为"先进行三角化处理，再进行四边形化处理"。

步骤 04：选择转化为低模的模型，在菜单栏中单击【网格显示】→【软化边】命令，对模型的边进行软化处理。软化边之后的模型效果如图 3.395 所示。

提示：为了写作方便，下文把"在菜单栏中单击【网格显示】→【软化边】命令，对模型的边进行软化处理"表述为"软化边"，把"选择需要硬化的边，在菜单栏中单击【网格显示】→【硬化边】命令，对选择的边进行硬化处理"表述为"选择需要硬化的边，进行硬化处理"。

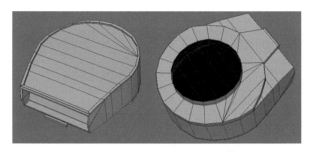

图 3.394　转化为四边面之后的效果　　　　　　图 3.395　软化边之后的模型效果

2. 制作炮塔护盾的低模

步骤 01：选择坦克炮塔主体的中模，在透视图菜单栏中单击"隔离选择"工具■图标，独立显示炮塔护盾的中模，如图 3.396 所示。

步骤 02：选择不影响模型结构的边，按键盘上的"Ctrl+Delete"组合键，删除选择的边。删除边之后的效果如图 3.397 所示。

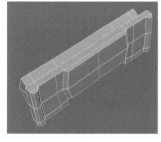

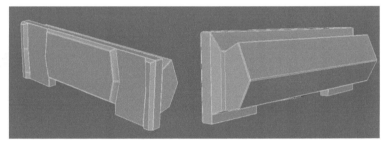

图 3.396　炮塔护盾的中模　　　　　　图 3.397　删除边之后的效果

步骤 03：选择超过 4 条边的面，先进行三角化处理，再进行四边形化处理。处理之后的低模效果如图 3.398 所示。

步骤 04：先选择低模中需要软化的边进行软化处理，再选择需要硬化的边进行硬化处理。软化边和硬化边之后的效果如图 3.399 所示。

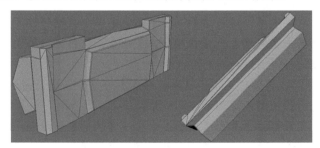

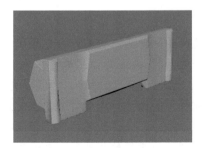

图 3.398　处理之后的低模效果　　　　　图 3.399　软化边和硬化边
　　　　　　　　　　　　　　　　　　　　　　之后的效果

3. 制作主炮的低模

步骤 01：选择主炮的中模，在透视图菜单栏中单击"隔离选择"工具▣图标，独立显示主炮的中模，如图 3.400 所示。

步骤 02：该模型的布线已经符合低模的布线要求，直接进行软化边即可。软化边之后的效果如图 3.401 所示。

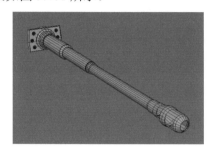

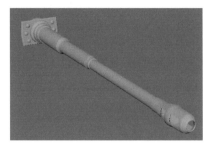

图 3.400　主炮的中模　　　　　　　　　图 3.401　软化边处理之后的效果

4. 制作炉舱的低模

步骤 01：选择炉舱的中模，在透视图菜单栏中单击"隔离选择"工具▣图标，独立显示炉舱的中模，如图 3.402 所示。

步骤 02：选择不影响模型结构的边，按键盘上的"Ctrl+Delete"组合键，删除选择的边。删除边之后的效果如图 3.403 所示。

步骤 03：选择超过 4 条边的面，先进行三角化处理，再进行四边形化处理。处理之后的低模效果如图 3.404 所示。

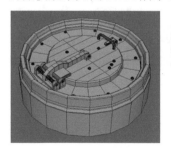
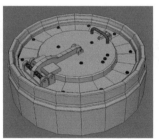
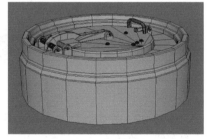

图 3.402　炉舱的中模　　　　图 3.403　删除边之后的效果　　　　图 3.404　处理之后的低模效果

步骤 04：先选择低模中需要软化的边进行软化处理，再选择需要硬化的边进行硬化处理。软化边和硬化边之后的效果如图 3.405 所示。

5. 制作装弹手舱盖的低模

步骤 01：选择装弹手舱盖的中模，在透视图菜单栏中单击"隔离选择"工具▣图标，独立显示装弹手舱盖的中模，如图 3.406 所示。

步骤 02：选择不影响模型结构的边，按键盘上的"Ctrl+Delete"组合键，删除选择的边。删除边之后的效果如图 3.407 所示。

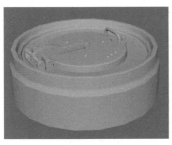 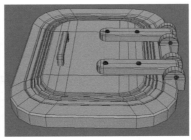 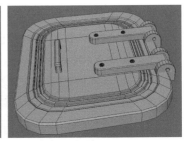

图 3.405　软化边和硬化边　　　图 3.406　装弹手舱盖的中模　　　图 3.407　删除边之后的效果
　　　　　之后的效果

步骤 03：选择超过 4 条边的面，先进行三角化处理，再进行四边形化处理。处理之后的低模效果如图 3.408 所示。

步骤 04：先选择低模中需要软化的边进行软化处理，再选择需要硬化的边进行硬化处理。软化边和硬化边之后的效果如图 3.409 所示。

6. 制作气窗的低模

步骤 01：选择气窗的中模，在透视图菜单栏中单击"隔离选择"工具，独立显示气窗的中模，如图 3.410 所示。

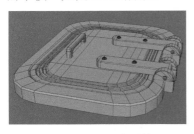 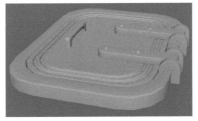 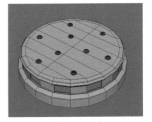

图 3.408　处理之后的　　　　　图 3.409　软化边和硬化边　　　　　图 3.410　气窗的中模
　　　　　低模效果　　　　　　　　　　　　之后的效果

步骤 02：先删除边，再单击【多边形建模】工具架中的"多切割"工具 图标，修改边的布线。修改布线之后的效果如图 3.411 所示。

步骤 03：先选择低模中需要软化的边进行软化处理，再选择需要硬化的边进行硬化处理。软化边和硬化边之后的效果如图 3.412 所示。

7. 制作杂物箱的低模

步骤 01：选择杂物箱的中模，在透视图菜单栏中单击"隔离选择"工具 图标，独立显示杂物箱的中模，如图 3.413 所示。

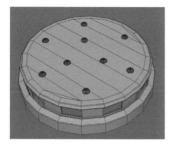

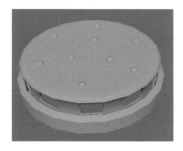

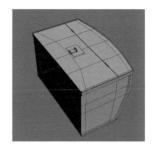

图 3.411 修改布线之后的效果　　　图 3.412　软化边和硬化边　　　图 3.413　杂物箱的中模
　　　　　　　　　　　　　　　　　　　　之后的效果

步骤 02：选择不影响模型结构的边，按键盘上的"Ctrl+Delete"组合键，删除选择的边。删除边之后的效果如图 3.414 所示。

步骤 03：选择超过 4 条边的面，先进行三角化处理，再进行四边形化处理。处理之后的低模效果如图 3.415 所示。

步骤 04：选择低模中需要软化的边进行软化处理，再选择需要硬化的边进行硬化处理。软化边和硬化边之后的效果如图 3.416 所示。

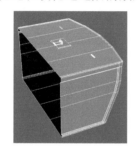

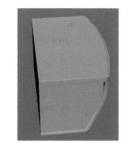

图 3.414　删除边之后的效果　　　图 3.415　处理之后的　　　图 3.416　软化边和硬化边
　　　　　　　　　　　　　　　　　　　低模效果　　　　　　　　　之后的效果

8. 制作手枪射击口的低模

步骤 01：选择手枪射击口的中模，在透视图菜单栏中单击"隔离选择"工具■图标，独立显示手枪射击口的中模，如图 3.417 所示。

步骤 02：选择不影响模型结构的边，按键盘上的"Ctrl+Delete"组合键，删除选择的边。删除边之后的效果如图 3.418 所示。

步骤 03：选择超过 4 条边的面，先进行三角化处理，再进行四边形化处理。处理之后的低模效果如图 3.419 所示。

步骤 04：选择低模中需要软化的边进行软化处理，软化边之后的效果如图 3.420 所示。

9. 制作逃生舱盖的低模

步骤 01：选择逃生舱盖的中模，在透视图菜单栏中单击"隔离选择"工具■图标，独立显示逃生舱盖的中模，如图 3.421 所示。

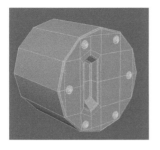
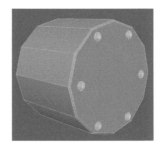
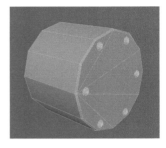

图 3.417　手枪射击口的中模　　　图 3.418　删除边之后的效果　　　图 3.419　处理之后的低模效果

步骤 02：选择不影响模型结构的边，按键盘上的"Ctrl+Delete"组合键，删除选择的边。删除边之后的效果如图 3.422 所示。

图 3.420　软化边之后的效果　　　图 3.421　逃生舱盖的中模　　　图 3.422　删除边之后的效果

步骤 03：选择超过 4 条边的面，先进行三角化处理，再进行四边形化处理。处理之后的低模效果如图 3.423 所示。

步骤 04：选择低模中需要软化的边进行软化处理，软化边之后的效果如图 3.424 所示。

10. 制作烟雾弹发射器的低模

步骤 01：选择烟雾弹发射器的中模，在透视图菜单栏中单击"隔离选择"工具图标，独立显示烟雾弹发射器的中模，如图 3.425 所示。

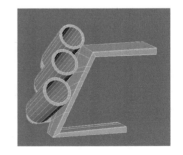

图 3.423　处理之后的低模效果　　　图 3.424　软化边之后的效果　　　图 3.425　烟雾弹发射器的中模

步骤 02：选择不影响模型结构的边，按键盘上的"Ctrl+Delete"组合键，删除选择的边。删除边之后的效果如图 3.426 所示。

步骤 03：选择超过 4 条边的面，先进行三角化处理，再进行四边形化处理。处理之后的低模效果如图 3.427 所示。

步骤 04：选择低模中需要软化的边进行软化处理，软化边之后的效果如图 3.428 所示。

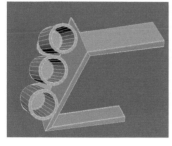 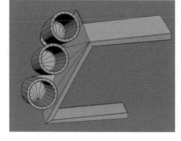 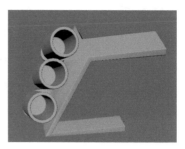

图 3.426　删除边之后的效果　　图 3.427　处理之后的低模效果　　图 3.428　软化边之后的效果

视频播放：关于具体介绍，请观看配套视频"任务一：制作坦克炮塔的低模.wmv"。

任务二：制作坦克车体的低模

坦克车体低模的制作方法与坦克炮塔低模的制作方法基本相同。

1．制作坦克车体主体的低模

步骤 01：选择坦克车体主体的中模，在透视图菜单栏中单击"隔离选择"工具图标，独立显示坦克车体主体的中模，如图 3.429 所示。

步骤 02：选择不影响模型结构的边，按键盘上的"Ctrl+Delete"组合键，删除选择的边。删除边之后的效果如图 3.430 所示。

步骤 03：选择超过 4 条边的面，先进行三角化处理，再进行四边形化处理。处理之后的低模效果如图 3.431 所示。

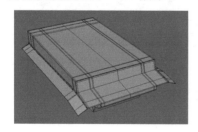 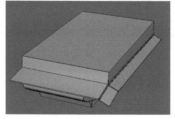 

图 3.429　坦克车体主体的中模　　图 3.430　删除边之后的效果　　图 3.431　处理之后的低模效果

步骤 04：先选择低模中需要软化的边进行软化处理，再选择需要硬化的边进行硬化处理。软化边和硬化边之后的效果如图 3.432 所示。

2．制作前方机枪手和无线电员用舱盖的低模

步骤 01：选择前方机枪手兼无线电员用舱盖的中模，在透视图菜单栏中单击"隔离选择"工具图标，独立显示前方机枪手和无线电员用舱盖的中模，如图 3.433 所示。

步骤 02：选择不影响模型结构的边，按键盘上的"Ctrl+Delete"组合键，删除选择的边。删除边之后的效果如图 3.434 所示。

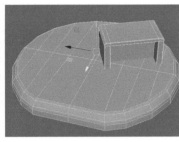
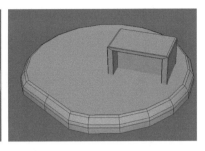

图 3.432 软化边和硬化边之后的效果　　　　图 3.433 前方机枪手和无线电员用舱盖的中模　　　　图 3.434 删除边之后的效果

步骤 03：选择超过 4 条边的面，先进行三角化处理，再进行四边形化处理。处理之后的低模效果如图 3.435 所示。

步骤 04：选择低模中需要软化的边进行软化边处理，软化边之后的效果如图 3.436 所示。

3. 制作管制前照灯的低模

步骤 01：选择管制前照灯的中模，在透视图菜单栏中单击"隔离选择"工具█图标，独立显示管制前照灯的中模，如图 3.437 所示。

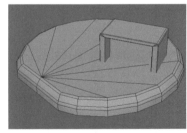
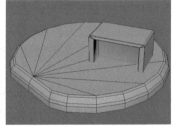
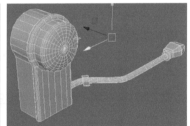

图 3.435 处理之后的低模效果　　　　图 3.436 软化边之后的效果　　　　图 3.437 管制前照灯的中模

步骤 02：管制前照灯的中模布线已经符合低模布线的要求，对其直接进行软化处理即可。软化边之后的管制前照灯低模效果如图 3.438 所示。

4. 制作前机枪的低模

步骤 01：选择前机枪的中模，在透视图菜单栏中单击"隔离选择"工具█图标，独立显示前机枪的中模，如图 3.439 所示。

步骤 02：前机枪的中模布线已经符合低模布线的要求，对其直接进行软化处理即可。软化边之后的前机枪低模效果如图 3.440 所示。

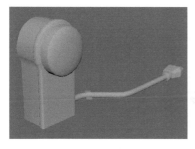

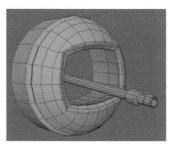

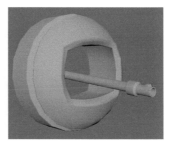

图 3.438　软化边之后的　　　　　图 3.439　前机枪的中模　　　　图 3.440　软化边之后的
管制前照灯低模效果　　　　　　　　　　　　　　　　　　　　　　前机枪低模效果

5. 制作操控手用视察孔的低模

步骤 01： 选择操控手用视察孔的中模，在透视图菜单栏中单击"隔离选择"工具▧图标，独立显示操控手用视察孔的中模，如图 3.441 所示。

步骤 02： 选择不影响模型结构的边，按键盘上的"Ctrl+Delete"组合键，删除选择的边。删除边之后的效果如图 3.442 所示。

步骤 03： 选择超过 4 条边的面，先进行三角化处理，再进行四边形化处理。处理之后的低模效果如图 3.443 所示。

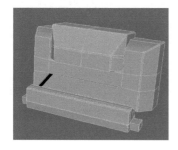

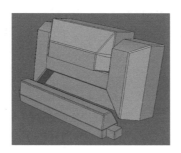

图 3.441　操控手用视察孔的中模　　　图 3.442　删除边之后的效果　　　图 3.443　处理之后的低模效果

步骤 04： 先选择低模中需要软化的边进行软化处理，再选择需要硬化的边进行硬化处理。软化边和硬化边之后的效果如图 3.444 所示。

6. 制作坦克后半部的散热装置的低模

步骤 01： 选择坦克后半部的散热装置的中模，在透视图菜单栏中单击"隔离选择"工具▧图标，独立显示坦克后半部的散热装置的中模，如图 3.445 所示。

步骤 02： 选择不影响模型结构的边，按键盘上的"Ctrl+Delete"组合键，删除选择的边。删除边之后的效果如图 3.446 所示。

步骤 03： 选择超过 4 条边的面，先进行三角化处理，再进行四边形化处理。处理之后的低模效果如图 3.447 所示。

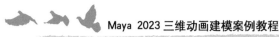
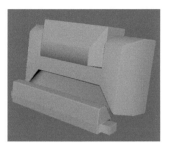

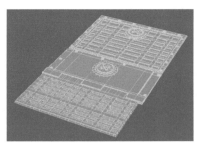

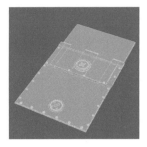

图 3.444　软化边和硬化边
之后的效果

图 3.445　坦克后半部的
散热装置的中模

图 3.446　删除边
之后的效果

步骤 04：先选择低模中需要软化的边进行软化处理，再选择需要硬化的边进行硬化处理。软化边和硬化边之后的效果如图 3.448 所示。

7. 制作引擎进气管的低模

步骤 01：选择引擎进气管的中模，在透视图菜单栏中单击"隔离选择"工具 图标，独立显示引擎进气管的中模，如图 3.449 所示。

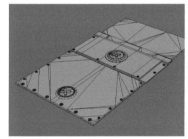

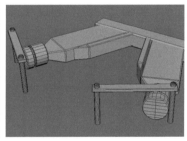

图 3.447　处理之后的低模效果

图 3.448　软化边和
硬化边之后的效果

图 3.449　引擎进气管的中模

步骤 02：选择不影响模型结构的边，按键盘上的"Ctrl+Delete"组合键，删除选择的边。删除边之后的效果如图 3.450 所示。

步骤 03：选择超过 4 条边的面，先进行三角化处理，再进行四边形化处理。处理之后的低模效果如图 3.451 所示。

步骤 04：选择低模中需要软化的边进行软化处理，软化边之后的效果如图 3.452 所示。

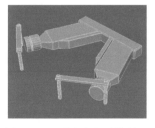

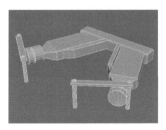

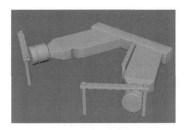

图 3.450　删除边之后的效果

图 3.451　处理之后的低模效果

图 3.452　软化边之后的效果

8. 制作消声器和消声器罩的低模

步骤 01：选择消声器和消声器罩的中模，在透视图菜单栏中单击"隔离选择"工具图标，独立显示消声器和消声器罩的中模，如图 3.453 所示。

步骤 02：选择不影响模型结构的边，按键盘上的"Ctrl+Delete"组合键，删除选择的边。删除边之后的效果如图 3.454 所示。

步骤 03：选择超过 4 条边的面，先进行三角化处理，再进行四边形化处理。处理之后的低模效果如图 3.455 所示。

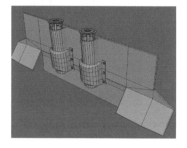
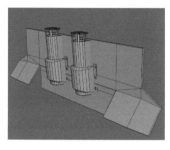
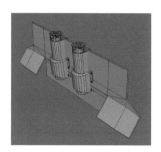

图 3.453　消声器和　　　　图 3.454　删除边之后的效果　　　　图 3.455　处理之后的
消声器罩的中模　　　　　　　　　　　　　　　　　　　　　　　　低模效果

步骤 04：选择低模中需要软化的边进行软化处理，软化边之后的效果如图 3.456 所示。

9. 制作坦克尾部其他配件的低模

步骤 01：选择坦克尾部其他配件的中模，在透视图菜单栏中单击"隔离选择"工具图标，独立显示坦克尾部其他配件的中模，如图 3.457 所示。

步骤 02：管制坦克尾部其他配件的中模布线已经符合低模布线的要求，直接进行软化边处理即可。软化边之后的效果如图 3.458 所示。

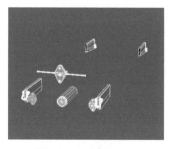
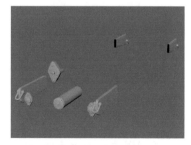

图 3.456　软化边　　　　　图 3.457　坦克尾部　　　　　图 3.458　软化边之后的效果
之后的效果　　　　　　　其他配件的中模

10. 制作铁皮箱的低模

步骤 01：选择铁皮箱的中模，在透视图菜单栏中单击"隔离选择"工具图标，独立显示铁皮箱的中模，如图 3.459 所示。

步骤 02：铁皮箱的中模布线已经符合低模布线的要求，对其直接进行软化和硬化处理即可，软化边和硬化边之后的效果如图 3.460 所示。

11. 制作油桶及其固定装置的低模

步骤 01：选择油桶及其固定装置的中模，在透视图菜单栏中单击"隔离选择"工具 图标，独立显示油桶及其固定装置的中模，如图 3.461 所示。

图 3.459　铁皮箱的中模　　　　图 3.460　软化边和硬化边　　　图 3.461　油桶及其固定
　　　　　　　　　　　　　　　　　　　之后的效果　　　　　　　　装置的中模

步骤 02：选择不影响模型结构的边，按键盘上的"Ctrl+Delete"组合键，删除选择的边，删除边之后的效果如图 3.462 所示。

步骤 03：选择超过 4 条边的面，先进行三角化处理，再进行四边形化处理。处理之后的低模效果如图 3.463 所示。

步骤 04：先选择低模中需要软化的边进行软化处理，再选择需要硬化的边进行硬化处理。软化边和硬化边之后的效果如图 3.464 所示。

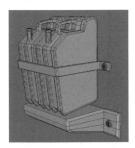
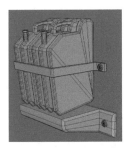

图 3.462　删除边之后的效果　　　图 3.463　处理之后的　　　　图 3.464　软化边和硬化边
　　　　　　　　　　　　　　　　　　　低模效果　　　　　　　　　　之后的效果

视频播放：关于具体介绍，请观看配套视频"任务二：制作坦克车体的低模.wmv"。

任务三：制作坦克车外装备的低模

1. 制作缆绳的低模

步骤 01：选择缆绳的中模，在透视图菜单栏中单击"隔离选择"工具 图标，独立显示缆绳的中模，如图 3.465 所示。

步骤 02：缆绳的中模布线已经符合低模布线的要求，对其直接进行软化处理即可。软化边之后的效果如图 3.466 所示。

2. 制作手斧、铁锤和其他车外装备的低模

步骤 01：选择手斧、铁锤和其他车外装备的中模，在透视图菜单栏中单击"隔离选择"工具 图标，独立显示手斧、铁锤和其他车外装备的中模，如图 3.467 所示。

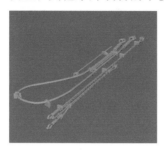
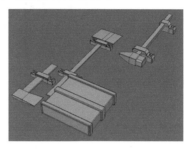

图 3.465　缆绳的中模　　　图 3.466　软化边　　　图 3.467　手斧、铁锤和其他
　　　　　　　　　　　　　　　之后的效果　　　　　　　车外装备的中模

步骤 02：手斧、铁锤和其他车外装备的中模布线已经符合低模布线的要求，对其直接进行软化处理即可。软化边之后的效果如图 3.468 所示。

3. 制作灭火器的低模

步骤 01：选择灭火器的中模，在透视图菜单栏中单击"隔离选择"工具 图标，独立显示灭火器的中模，如图 3.469 所示。

步骤 02：选择不影响模型结构的边，按键盘上的"Ctrl+Delete"组合键，删除选择的边。删除边之后的效果如图 3.470 所示。

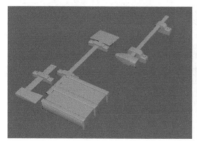
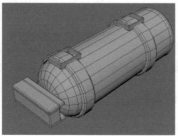
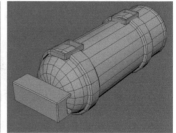

图 3.468　软化边之后的效果　　　图 3.469　灭火器的中模　　　图 3.470　删除边之后的效果

步骤 03：选择超过 4 条边的面，先进行三角化处理，再进行四边形化处理。处理之后的低模效果如图 3.471 所示。

步骤 04：选择低模中需要软化的边进行软化处理，软化边之后的效果如图 3.472 所示。

4. 制作坦克其他外装备的低模

步骤 01：选择坦克其他外装备的中模，在透视图菜单栏中单击"隔离选择"工具图图标，独立显示坦克其他外装备的中模，如图 3.473 所示。

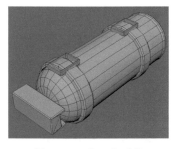

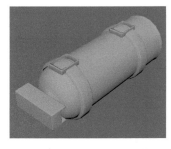

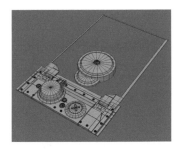

图 3.471　处理之后的
低模效果　　　　图 3.472　软化边之后的效果　　　　图 3.473　坦克其他外
装备的中模

步骤 02：选择不影响模型结构的边，按键盘上的"Ctrl+Delete"组合键，删除选择的边。删除边之后的效果如图 3.474 所示。

步骤 03：选择超过 4 条边的面，先进行三角化处理，再进行四边形化处理。处理之后的低模效果如图 3.475 所示。

步骤 04：选择低模中需要软化的边进行软化处理，软化边之后的效果如图 3.476 所示。

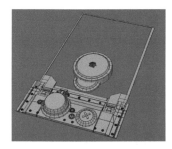

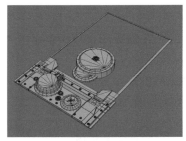

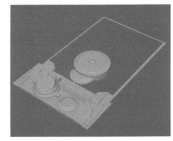

图 3.474　删除边之后的效果　　　图 3.475　处理之后的低模效果　　　图 3.476　软化边之后的效果

视频播放：关于具体介绍，请观看配套视频"任务三：制作坦克车外装备的低模.wmv"。

任务四：制作坦克轮带的低模

1. 制作坦克履带的低模

履带低模的制作主要通过创建圆柱体，对创建的圆柱体进行顶点位置调节、挤出和倒角来完成。

步骤 01：选择坦克履带的中模，在透视图菜单栏中单击"隔离选择"工具图图标，独立显示坦克履带的中模，如图 3.477 所示。

步骤 02：创建 1 个圆柱体，删除其顶面和底面，根据坦克履带的中模调节圆柱体的顶点位置。调节顶点位置之后的效果如图 3.478 所示。

步骤 03：对调节顶点位置之后的圆柱体进行挤出，效果如图 3.479 所示。

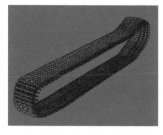

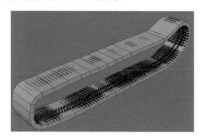

图 3.477　坦克履带的中模　　图 3.478　调节顶点位置　　图 3.479　步骤 04 挤出
　　　　　　　　　　　　　　　　　　之后的效果　　　　　　　　之后的效果

步骤 04：在菜单栏中单击【网格工具】→【插入循环边】命令，在模型内侧插入 4 条循环边。

步骤 05：选择循环面，在菜单栏中单击【编辑网格】→【挤出】命令，对选择的循环面进行挤出，效果如图 3.480 所示。

步骤 06：单击【多边形建模】工具架中的"倒角组件"工具 图标，对挤出的模型进行倒角处理。倒角之后的效果如图 3.481 所示。

步骤 07：选择低模中需要软化的边进行软化处理，软化边之后的效果如图 3.482 所示。

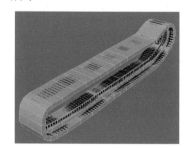

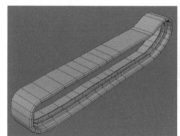

图 3.480　步骤 05 挤出之后的效果　　图 3.481　倒角之后的效果　　图 3.482　软化边之后的效果

2. 制作启动轮的低模

步骤 01：选择启动轮的中模，在透视图菜单栏中单击"隔离选择"工具 图标，独立显示启动轮的中模，如图 3.483 所示。

步骤 02：选择不影响模型结构的边，按键盘上的"Ctrl+Delete"组合键，删除选择的边。删除边之后的效果如图 3.484 所示

步骤 03：选择超过 4 条边的面，先进行三角化处理，再进行四边形化处理。处理之后的低模效果如图 3.485 所示。

步骤 04：选择低模中需要软化的边进行软化处理，软化边之后的效果如图 3.486 所示。

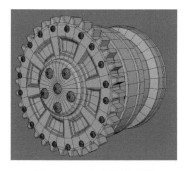
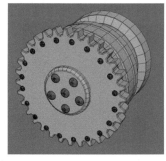
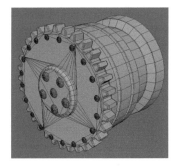

图 3.483　启动轮的中模　　　图 3.484　删除边之后的效果　　　图 3.485　处理之后的低模效果

3. 制作引导轮和转轮的低模

步骤 01：选择引导轮和转轮的中模，在透视图菜单栏中单击"隔离选择"工具█图标，独立显示引导轮和转轮的中模，如图 3.487 所示。

步骤 02：选择不影响模型结构的边，按键盘上的"Ctrl+Delete"组合键，删除选择的边。删除边之后的效果如图 3.488 所示。

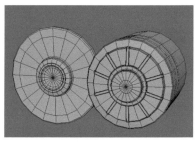
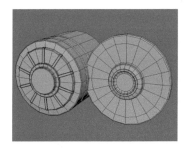

图 3.486　软化边　　　图 3.487　引导轮和转轮的中模　　　图 3.488　删除边之后的效果
之后的效果

步骤 03：选择超过 4 条边的面，先进行三角化处理，再进行四边形化处理。处理之后的低模效果如图 3.489 所示。

步骤 04：选择低模中需要软化的边进行软化处理，软化边之后的效果如图 3.490 所示。

步骤 05：选择坦克轴承的中模，如图 3.491 所示。坦克轴承的中模布线已经符合低模的布线要求，对其直接进行软化处理即可。

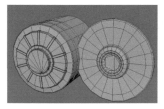

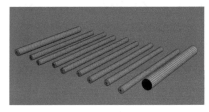

图 3.489 处理之后的　　　图 3.490　软化边　　　图 3.491　坦克轴承的中模
低模效果　　　　　　　之后的效果

最终，整个坦克的低模效果如图 3.492 所示。

图 3.492　整个坦克的低模效果

视频播放：关于具体介绍，请观看配套视频"任务四：制作坦克轮带的低模.wmv"。

七、拓展训练

根据所学知识和提供的参考图，完成以下坦克低模的制作。

第4章 制作动画室内场景模型——书房

说明：

本章主要通过 5 个案例，介绍使用 Maya 2023 中的 Polygon(多边形)建模技术和 NURBS 建模技术，制作动画室内场景模型的方法、技巧和流程。熟练掌握本章内容，读者可以举一反三地制作出各种动画室内场景模型。

教学建议课时数：

一般情况下需要 20 课时，其中理论占 6 课时，实际操作占 14 课时（特殊情况可做相应调整）。

案例 1　书房墙体、窗户、吊顶和门模型的制作

一、案例内容简介

本案例主要介绍动画室内场景模型制作的基本流程，以及书房墙体、窗户和吊顶模型的制作。

二、案例效果欣赏

三、案例制作流程（步骤）

四、制作目的

（1）了解动画室内场景模型制作的基本流程。

（2）掌握书房整体效果的制作方法。

（3）了解动画室内设计的一些基本原理。

（4）了解动画室内家具的基本常识。

五、制作过程中需要解决的问题

（1）动画室内场景模型的制作原理、方法和基本流程。

（2）动画室内家具的基本尺寸。

（3）相关建模命令的灵活应用。

（4）【建模】模块下各个命令的灵活使用。

（5）动画场景制作的注意事项。

六、详细操作步骤

任务一：创建项目文件

在制作项目之前，一定要创建项目文件和设置该文件的单位。

步骤 01：在菜单栏中单击【文件】→【项目窗口】命令，弹出【项目窗口】对话框。在该对话框中设置"当前项目"的名称和"保存"位置，其他参数保持默认值。

步骤 02：【项目窗口】对话框参数设置如图 4.1 所示，单击【接受】按钮，创建项目文件。

步骤 03：设置项目文件单位。在菜单栏中单击【窗口】→【设置/首选项】→【首选项】命令，弹出【首选项】对话框。

步骤 04：在【首选项】对话框中，对"类别"选择"设置"选项。此时，在"类别"列表的右侧显示"世界坐标系"和"工作单位"的参数设置，如图 4.2 所示。

步骤 05：参数设置完毕，单击【保存】按钮。

图 4.1 【项目窗口】对话框参数设置

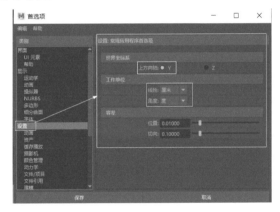

图 4.2 【首选项】对话框参数设置

视频播放：关于具体介绍，请观看配套视频"任务一：创建项目文件.wmv"。

任务二：书房墙体模型的制作

书房墙体模型的制作，主要通过创建立方体并对其进行倒角、挤出和调节来完成。

步骤 01：在顶视图中创建 1 个立方体，该立方体的参数设置如图 4.3 所示。

步骤 02：选择立方体的 4 条侧边，在菜单栏中单击【编辑网格】→【倒角】命令（或按键盘上的"Ctrl+B"组合键），对选择的边进行倒角，把倒角的"分数"值设置为"0.5"，倒角之后的效果如图 4.4 所示。

步骤 03：在菜单栏中单击【网格工具】→【插入循环边】命令，插入如图 4.5 所示的循环边。

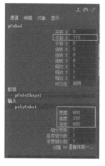

图 4.3　立方体的参数设置

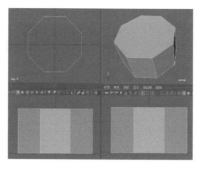

图 4.4　倒角之后的效果

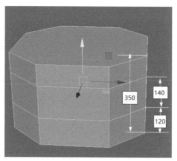

图 4.5　插入的循环边

步骤 04：方法同上，继续插入循环边，划分出窗户和门的位置，如图 4.6 所示。

步骤 05：选择需要挤出的面，单击【多边形建模】工具架中的"挤出"工具 图标，对选择的面进行挤出并删除多余的面。挤出和删除多余的面之后的效果如图 4.7 所示。

步骤 06：反转面操作。选择模型，在菜单栏中单击【网格显示】→【方向】命令，将模型的面法线变成反向，反转面之后的效果如图 4.8 所示。

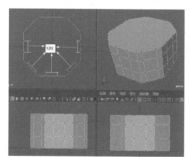

图 4.6　窗户和门的位置

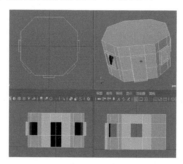

图 4.7　挤出和删除多余的面
之后的效果

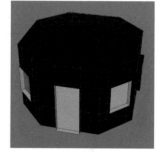

图 4.8　反转面
之后的效果

视频播放：关于具体介绍，请观看配套视频"任务二：书房墙体模型的制作.wmv"。

任务三：摄影机的相关操作

在制作动画室内场景模型时，需要在多个摄影机之间来回切换，以观察场景模型的效果。

步骤 01：创建摄影机。在菜单栏中单击【创建】→【摄影机】命令，创建第 1 个摄影机。

步骤 02：调节摄影机的位置。确保创建的摄影机被选中，在透视图菜单栏中单击【面板】→【沿选定对象观看】命令，切换到所创建的摄影机视图，调节摄影机的位置。

步骤 03：按键盘上的"Ctrl+A"组合键，切换到摄影机的参数设置面板，具体参数设置如图 4.9 所示。

步骤 04：设置参数之后的摄影机视角效果如图 4.10 所示。

图 4.9 摄影机的具体参数设置

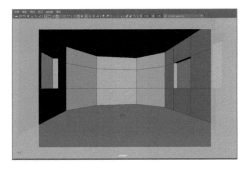

图 4.10 步骤 04 的摄影机视角效果

步骤 05：方法同上，创建第 2 个摄影机，调节该摄影机的参数和视角。具体参数设置如图 4.11 所示，设置参数之后的摄影机视角效果如图 4.12 所示。

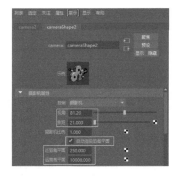

图 4.11 摄影机的具体参数设置

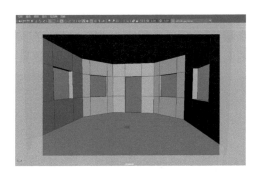

图 4.12 步骤 05 的摄影机视角效果

步骤 06：摄影机之间的切换。在摄影机视图菜单栏中单击【面板】→【透视】命令，弹出二级子菜单，如图 4.13 所示。将光标移到需要切换到的摄影机上并单击，即可进行摄影机的切换。

步骤 07：锁定摄影机视角。在操作过程中为了防止误操作而改变摄影机的视角，可以锁定摄影机视角。选择需要锁定的摄影机，在【通道】面板中选择摄影机参数，如图 4.14 所示。把光标移到任意选定的参数上，单击鼠标右键，弹出快捷菜单。在弹出的快捷菜单中单击【锁定选定项】命令，锁定摄影机视角。锁定之后的摄影机参数如图 4.15 所示。

图 4.13 二级子菜单

图 4.14 选择摄影机参数

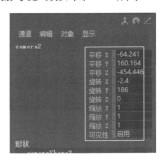

图 4.15 锁定之后的
摄影机参数

步骤 08：解除摄影机视角的锁定。在【通道】面板中选择锁定的参数，单击鼠标右键，弹出快捷菜单。在弹出的快捷菜单中，单击【解除锁定选定项】命令，即可解除摄影机视角的锁定。

视频播放：关于具体介绍，请观看配套视频"任务三：摄影机的相关操作.wmv"。

任务四：窗户模型的制作

窗户模型的制作通过创建平面，根据参考图使用【插入循环边】命令插入循环边，删除多余的面，对剩余的面进行挤出和倒角来完成。

1. 制作窗户的窗框模型

步骤 01：创建 1 个平面并选择该平面，在菜单栏中单击【编辑网格】→【挤出】命令，对挤出的面进行缩放并删除多余的面。挤出和删除多余的面之后的效果如图 4.16 所示。

步骤 02：选择其中 1 个面，在菜单栏中单击【编辑网格】→【提取】命令，将选择的面单独提取出来，如图 4.17 所示。

步骤 03：继续将其余 3 个面提取为单独的面，选择所提取的 4 个面，在菜单栏中单击【网格】→【结合】命令，把 4 个面结合为 1 个模型。

步骤 04：选择结合之后的模型，在菜单栏中单击【编辑网格】→【挤出】命令，对结合之后的模型进行挤出操作。挤出操作之后的效果如图 4.18 所示。

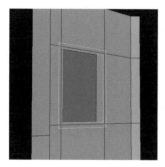
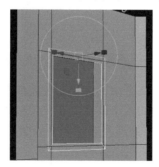
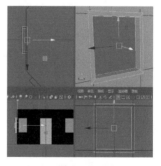

图 4.16　挤出和删除多余的　　　　图 4.17　提取的面　　　　图 4.18　挤出操作
　　　　　面之后的效果　　　　　　　　　　　　　　　　　　　　　　之后的效果

步骤 05：选择挤出的面，在菜单栏中单击【编辑网格】→【倒角】命令，对选择的面进行倒角处理。倒角之后的效果如图 4.19 所示。

2. 制作窗户的扇叶模型

步骤 01：创建 1 个平面，如图 4.20 所示。删除该平面的一半，插入 4 条循环边，效果如图 4.21 所示。

步骤 02：使用【插入循环边】命令，在水平方向插入 5 条循环边，竖直方向插入 19 条循环边，插入多条循环边之后的效果如图 4.22 所示。

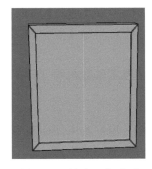

图 4.19　倒角之后的效果　　图 4.20　创建 1 个平面　　图 4.21　删除一半面和插入
　　　　　　　　　　　　　　　　　　　　　　　　　　　　　　　　4 条循环边之后的效果

步骤 03：选择插入的循环边，对其进行倒角处理，倒角之后的效果如图 4.23 所示。

步骤 04：删除多余的面，效果如图 4.24 所示。

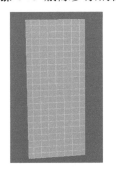

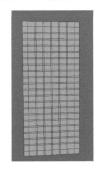

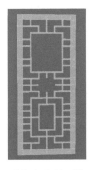

图 4.22　插入多条循环边之后的效果　　图 4.23　倒角之后的效果　　图 4.24　删除多余的面之后的效果

步骤 05：创建 1 个平面，该平面的大小和位置如图 4.25 所示。

步骤 06：选择所创建平面的 4 个顶点，在菜单栏中单击【编辑网格】→【切角顶点】
命令，对所选择的顶点进行切角处理并删除多余的面，切角和删除多余的面之后的效果如
图 4.26 所示。

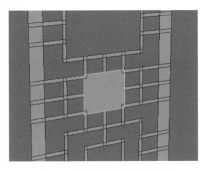

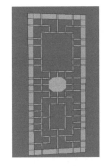

图 4.25　平面的大小和位置　　　　　　图 4.26　切角和删除多余的面之后的效果

步骤 07：对切角之后的平面进行挤出操作并删除多余的面，挤出和删除多余的面之后
的效果如图 4.27 所示。

步骤 08：选择需要结合的 2 个模型，在菜单栏中单击【网格】→【结合】命令，把选择的 2 个模型结合为 1 个模型。

步骤 09：选择结合之后的模型，进行挤出操作，挤出之后的效果如图 4.28 所示。

步骤 10：对挤出的面进行倒角处理，倒角之后的效果如图 4.29 所示。

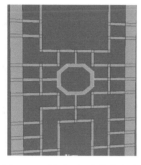
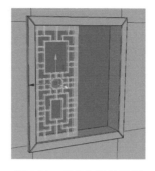
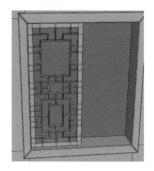

图 4.27　挤出和删除多余的　　　　图 4.28　挤出之后的效果　　　　图 4.29　倒角之后的效果
　　　　　　面操作之后的效果

步骤 11：将制作好的窗户扇叶复制 1 份并调节好其位置，效果如图 4.30 所示。

步骤 12：将制作好的窗框和窗户扇叶复制 3 份并调节好其位置，效果如图 4.31 所示。

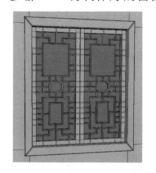
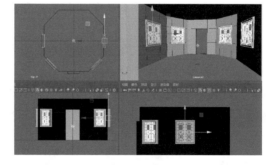

图 4.30　复制的窗户扇叶效果　　　　　图 4.31　复制的窗框和窗户扇叶效果

视频播放：关于具体介绍，请观看配套视频"任务四：窗户模型的制作.wmv"。

任务五：书房门模型的制作

书房门模型的制作通过创建平面，调节其顶点的位置，删除多余的面，对剩余的面进行挤出和镜像复制来完成。

1. 制作门框模型

步骤 01：创建 1 个平面，调节其顶点的位置，效果如图 4.32 所示。

步骤 02：删除中间的面，对剩余的面进行挤出，挤出之后的效果如图 4.33 所示。

步骤 03：选择朝向书房内部的门框的面，进行倒角处理，倒角之后的效果如图 4.34 所示。

2. 制作门模型

门模型的制作方法与窗户模型的制作方法基本相同。

步骤 01：创建 1 个平面，其大小和位置如图 4.35 所示。

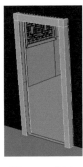

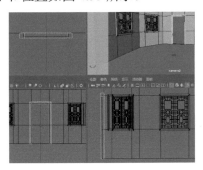

图 4.32　调节顶点
位置之后的效果　　　图 4.33　挤出
之后的效果　　　图 4.34　倒角之后的效果　　　图 4.35　平面的
大小和位置

　　步骤 02：使用【插入循环边】命令，插入 3 条循环边，插入循环边之后的效果如图 4.36 所示。

　　步骤 03：选择所有的面，对它们进行挤出和顶点位置调节，挤出和调节位置之后的效果如图 4.37 所示。

　　步骤 04：选择需要挤出门板厚度的面，使用【挤出】命令将选择的面往里挤出门板的厚度。挤出的门板厚度如图 4.38 所示。

　　步骤 05：选择需要倒角的面进行倒角，然后删除多余的面，效果如图 4.39 所示。

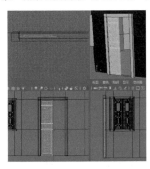

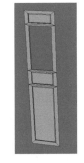

图 4.36　插入循环
边之后的效果　　　图 4.37　步骤03挤出和
调节位置之后的效果　　　图 4.38　挤出的门板厚度　　　图 4.39　倒角和删除
多余的面之后的效果

　　步骤 06：选择边界边进行挤出和顶点位置调节，挤出和位置调节之后的效果如图 4.40 所示。

　　步骤 07：创建 1 个平面，调节其顶点位置，删除多余的面，效果如图 4.41 所示。

　　步骤 08：对剩余的面进行挤出和倒角处理，效果如图 4.42 所示。

　　步骤 09：将制作好的门模型复制 1 份，调节好其位置，效果如图 4.43 所示。

图 4.40　步骤 06 挤出和
位置调节之后的效果

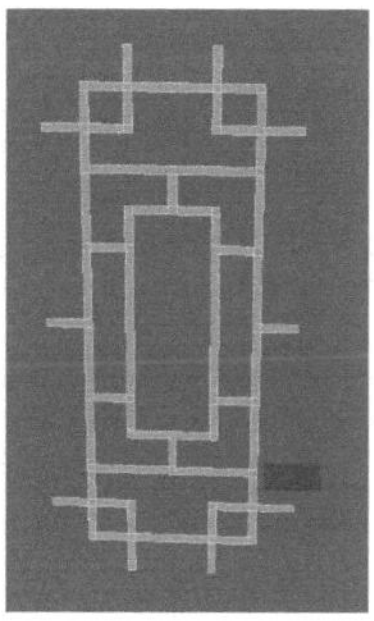

图 4.41　调节顶点位置
和删除面之后的效果

图 4.42　挤出和
倒角之后的效果

图 4.43　复制和位置调节
之后的效果

视频播放：关于具体介绍，请观看配套视频"任务五：书房门模型的制作.wmv"。

任务六：书房吊顶模型的制作

书房吊顶模型的制作根据参考图对基本几何体进行编辑来完成。

步骤 01：创建 1 个 600mm×600mm 的平面，选择该平面的 4 个顶点，在菜单栏中单击【编辑网格】→【切角顶点】命令，进行顶点切角处理并删除多余的面，效果如图 4.44 所示。

步骤 02：选择切角之后的面，对其进行挤出和缩放并删除多余的面，效果如图 4.45 所示。

步骤 03：选择模型，对其进行挤出操作。挤出和位置调节之后的效果如图 4.46 所示。

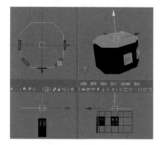

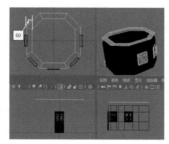

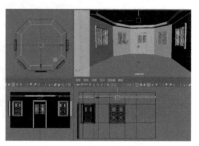

图 4.44　步骤 01 切角和
删除多余的面之后的效果

图 4.45　挤出和删除多余的
面之后的效果

图 4.46　挤出和位置调节
之后的效果

步骤 04：再创建 1 个 600mm×600mm 的平面，选择该平面的 4 个顶点，在菜单栏中单击【编辑网格】→【切角顶点】命令，进行切角处理并删除多余的面，效果如图 4.47 所示。

步骤 05：选择需要挤出的面进行挤出，挤出之后的效果如图 4.48 所示。

步骤 06：使用【倒角】命令对模型的边进行倒角，删除多余的面，效果如图 4.49 所示。

步骤 07：使用【挤出】命令对选择的面进行挤出操作，挤出之后的效果如图 4.50 所示。

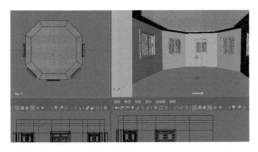

图 4.47　步骤 04 切角和删除多余的面之后的效果

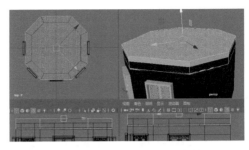

图 4.48　步骤 05 挤出之后的效果

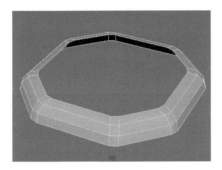

图 4.49　倒角和删除多余的面之后的效果

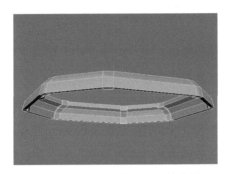

图 4.50　步骤 07 挤出之后的效果

步骤 08：调节吊顶的位置，吊顶的具体位置如图 4.51 所示，渲染效果如图 4.52 所示。

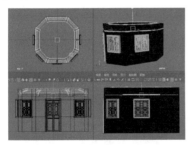

图 4.51　吊顶的具体位置

图 4.52　步骤 08 吊顶的渲染效果

步骤 09：使用【倒角】命令对吊顶模型的边进行倒角处理，倒角之后的效果如图 4.53 所示。

步骤 10：吊顶制作完毕，对制作好的吊顶进行渲染，渲染效果如图 4.54 所示。

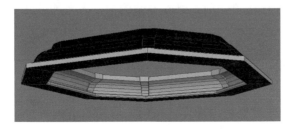

图 4.53　倒角之后的效果

图 4.54　步骤 10 吊顶的渲染效果

视频播放： 关于具体介绍，请观看配套视频"任务六：书房吊顶模型的制作.wmv"。

任务七：筒灯和吊灯模型的制作

筒灯的制作比较简单，主要通过对创建的圆柱体和球体进行挤出和倒角来完成。

1. 制作筒灯模型

步骤 01： 创建 1 个圆柱体，该圆柱体的具体参数设置如图 4.55 所示。

步骤 02： 删除圆柱体的顶面，使用【挤出】命令对圆柱体的底面进行 2 次挤出，挤出之后的效果如图 4.56 所示。

步骤 03： 使用【倒角】命令，对挤出之后的模型进行倒角处理，倒角之后的效果如图 4.57 所示。

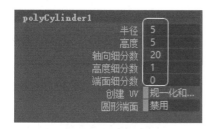

图 4.55 圆柱体的参数设置

图 4.56 挤出之后的效果

图 4.57 倒角之后的效果

步骤 04： 在顶视图中创建 1 个球体，删除该球体的上半部，对剩余的下半部球体沿 Y 轴进行适当的缩放并调节好其位置，制作好的筒灯效果如图 4.58 所示。

步骤 05： 选择 2 个模型，在菜单栏中单击【网格】→【结合】命令，把 2 个模型结合为 1 个模型，把它命名为"tongdeng"。把筒灯模型复制 10 份并调节好它们的位置，具体位置和渲染效果如图 4.59 所示。

2. 制作吊灯模型

吊灯模型的制作主要根据参考图来完成，吊灯参考图如图 4.60 所示。

图 4.58 制作好的筒灯效果

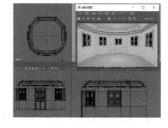

图 4.59 筒灯具体位置和渲染效果

图 4.60 吊灯参考图

1）制作吊灯支架模型

步骤 01： 创建第 1 个圆柱体，该圆柱体的参数设置如图 4.61 所示。删除该圆柱体两端的面，效果如图 4.62 所示。

步骤 02：使用【倒角】命令对所创建的圆柱体的边进行倒角，倒角之后的效果如图 4.63 所示。

图 4.61　第 1 个圆柱体的
　　　　参数设置

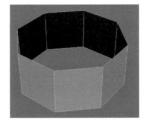

图 4.62　圆柱体效果

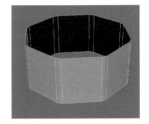

图 4.63　倒角之后的效果

步骤 03：先使用【插入循环边】命令插入 2 条循环边，再使用【挤出】命令对面进行挤出并删除多余的面，效果如图 4.64 所示。

步骤 04：创建第 2 个圆柱体，具体参数设置如图 4.65 所示。设置完毕，删除该圆柱体的顶面。

步骤 05：使用【倒角】命令对圆柱体底面进行倒角，并删除多余的面，效果如图 4.66 所示。

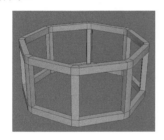

图 4.64　挤出和删除多余的
　　　　面之后的效果

图 4.65　第 2 个圆柱体的
　　　　参数设置

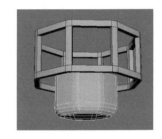

图 4.66　倒角和删除多余的
　　　　面之后的效果

步骤 06：对剩下的面进行挤出和顶点位置调节，效果如图 4.67 所示。

步骤 07：选择需要结合的 2 个模型并使用【结合】命令，把它们结合为 1 个模型，结合之后的效果如图 4.68 所示。

步骤 08：使用【多切割】命令，给结合之后的模型添加边，如图 4.69 所示。

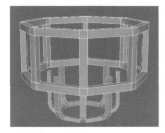

图 4.67　挤出和顶点位置调节
　　　　之后的效果

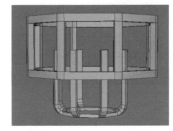

图 4.68　结合之后的效果

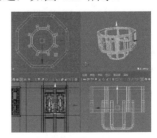

图 4.69　添加的边

步骤 09：选择需要桥接的 2 个面，使用【桥接】命令将选择的 2 个面进行桥接，此操作需要进行 10 次。桥接之后的效果如图 4.70 所示。

步骤 10：创建第 3 个圆柱体，删除该圆柱体的顶面，调节好其大小和位置，效果如图 4.71 所示。

步骤 11：使用【倒角】命令，对第 3 次创建的圆柱体进行倒角，倒角之后的效果如图 4.72 所示。

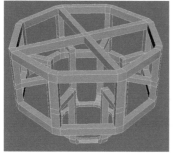
图 4.70　桥接之后的效果

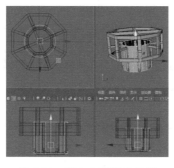
图 4.71　第 3 个圆柱体效果

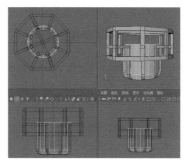
图 4.72　倒角之后的效果

步骤 12：创建第 4 个圆柱体，删除该圆柱体两端的面，调节其大小和位置，效果如图 4.73 所示。

2）制作吊灯的花纹

步骤 01：创建 1 个平面，使用【挤出】命令，根据参考图对该平面的边进行挤出和调节，挤出和调节之后的效果如图 4.74 所示。

步骤 02：对模型进行挤出和倒角处理，效果如图 4.75 所示。

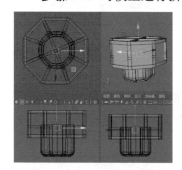
图 4.73　第 4 个圆柱体效果

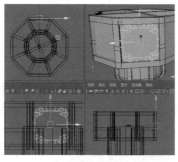
图 4.74　挤出和调节之后的效果

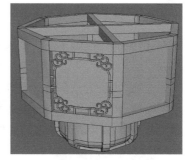
图 4.75　挤出和倒角之后的效果

步骤 03：把制作好的花纹复制 7 份并调节好它们的位置，效果如图 4.76 所示。

步骤 04：使用【创建多边形】命令，根据参考图绘制如图 4.77 所示的多边形平面。

步骤 05：使用【多切割】命令对所创建的多边形面进行分割处理，分割处理之后的效果如图 4.78 所示。

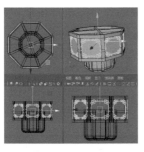

图 4.76　复制的花纹效果　　　图 4.77　绘制的多边形面　　　图 4.78　分割处理之后的效果

步骤 06：使用【特殊复制】命令，把分割处理之后的模型沿 Y 轴镜像复制 1 份，调节好其位置，效果如图 4.79 所示。

步骤 07：先使用【结合】命令，把选择的 2 个模型结合为 1 个模型，再使用【合并到中心】命令，对顶点进行合并处理。结合和合并之后的效果如图 4.80 所示。

步骤 08：使用【挤出】命令，对结合和合并之后的模型进行挤出，挤出之后的效果如图 4.81 所示。

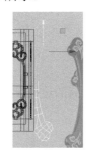

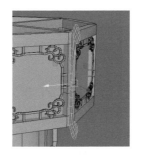

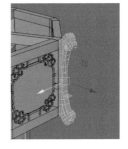

图 4.79　镜像复制的模型效果　　　图 4.80　结合和合并之后的效果　　　图 4.81　挤出之后的效果

步骤 09：使用【倒角】命令，对挤出的模型进行倒角处理，倒角之后的效果如图 4.82 所示。

步骤 10：方法同上，使用【多边形建模】命令制作如图 4.83 所示的装饰性花纹。

步骤 11：使用【结合】命令，先把选择的多个模型结合为 1 个模型，再把结合之后的模型复制 7 份并调节好它们的位置，效果如图 4.84 所示。

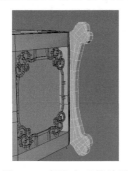

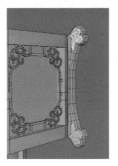

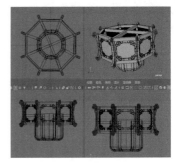

图 4.82　倒角之后的效果　　　图 4.83　装饰性花纹　　　图 4.84　结合和复制的模型效果

3）制作吊坠模型

步骤 01：创建 1 个球体，根据如图 4.85 所示的参考图绘制和调节球体的顶点位置，制作 1 个葫芦形状的模型作为吊灯的吊坠。制作的吊坠效果如图 4.86 所示。

步骤 02：创建 2 个圆柱体，作为吊灯的电线保护外套和吊坠的拉线，如图 4.87 所示。

图 4.85　参考图

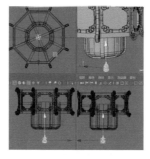

图 4.86　制作的吊坠效果

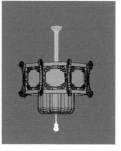

图 4.87　吊灯电线保护
外套和吊坠的拉线

步骤 03：创建 1 个圆柱体，调节该圆柱体的顶点位置，制作吊灯中的吊坠丝带，如图 4.88 所示。

步骤 04：调节好吊灯的位置，吊灯的位置和渲染效果如图 4.89 所示。

图 4.88　吊坠丝带

图 4.89　吊灯的位置和渲染效果

视频播放：关于具体介绍，请观看配套视频"任务七：筒灯和吊灯模型的制作.wmv"。

七、拓展训练

根据所学知识完成以下墙体、窗户、门、吊顶和吊灯模型效果。

案例 2　背景装饰模型的制作

一、案例内容简介

本案例主要介绍背景装饰模型的制作原理、基本流程、方法和技巧。

二、案例效果欣赏

三、案例制作流程（步骤）

任务一：制作背景装饰柜模型

任务二：制作背景装饰框模型

任务三：制作背景装饰花格模型

案例2 背景装饰模型的制作

四、制作目的

（1）了解背景装饰模型制作的基本流程。
（2）掌握各种中式装饰花格的制作原理、方法和技巧。
（3）了解室内设计的一些基本原理。
（4）了解室内常用家具的基本尺寸。

五、制作过程中需要解决的问题

（1）背景装饰的注意事项。
（2）背景装饰的基本流程。
（3）各种中式装饰花格的制作原理、方法和技巧。
（4）背景装饰模型的制作原理、方法和技巧。

六、详细操作步骤

任务一：制作背景装饰柜模型

背景装饰柜模型主要包括装饰柜主体和柜门两大部分。

1. 制作背景装饰柜主体模型

步骤 01：在菜单栏中单击【网格工具】→【创建多边形】命令，在顶视图中创建 1 个多边形平面，如图 4.90 所示。

步骤 02：使用【挤出】命令，对创建的多边形进行挤出，挤出的效果如图 4.91 所示。

步骤 03：使用【插入循环边】命令，给挤出的模型插入循环边，再对面进行挤出，挤出之后的效果如图 4.92 所示。

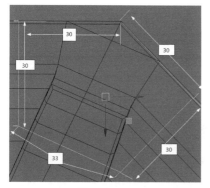  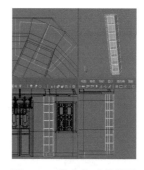

图 4.90　创建 1 个多边形平面　　　图 4.91　多边形挤出的效果　　图 4.92　挤出之后的效果

2. 制作中式装饰柜门模型

中式装饰柜门的制作方法与本章案例 1 中门的制作方法基本相同，在此不再赘述。

步骤 01：制作的背景装饰柜门模型效果如图 4.93 所示。

步骤 02：将制作好的背景装饰柜主体和柜门镜像复制 1 份，调节好它们的位置。装饰柜的位置和效果如图 4.94 所示。

图 4.93　背景 装饰柜门模型 效果

图 4.94　装饰柜的位置和效果

步骤 03：把制作好的背景装饰柜复制 6 个并调节好它们的位置，复制的装饰柜位置和渲染效果如图 4.95 所示。

图 4.95　复制的装饰柜位置和渲染效果

视频播放：关于具体介绍，请观看配套视频"任务一：制作背景装饰柜模型.wmv"。

任务二：制作背景装饰框模型

背景装饰框模型制作通过创建平面，对平面进行挤出和倒角处理来完成。

步骤 01：创建 1 个平面，该平面的大小和位置如图 4.96 所示。

步骤 02：使用【挤出】命令对创建的平面进行挤出操作，挤出之后的效果如图 4.97 所示。

步骤 03：对挤出之后的效果进行倒角处理，倒角之后的效果如图 4.98 所示。

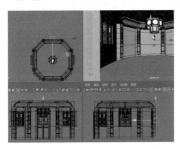 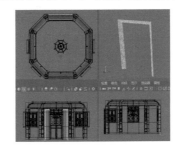 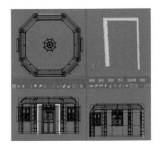

　　图 4.96　平面的大小和位置　　　　　图 4.97　挤出之后的效果　　　　图 4.98　倒角之后的效果

步骤 04：把制作好的背景装饰框复制 5 个并调节好它们的位置，复制的背景装饰框的位置和效果如图 4.99 所示，渲染效果如图 4.100 所示。

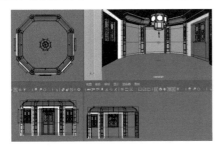 

图 4.99　复制的背景装饰框的位置和效果　　　　　　图 4.100　渲染效果

视频播放：关于具体介绍，请观看配套视频"任务二：制作背景装饰框模型.wmv"。

任务三：制作背景装饰花格模型

步骤 01：创建 1 个平面，调节该平面顶点的位置，删除多余的面，对剩余的面进行挤出。挤出的平面效果如图 4.101 所示。

步骤 02：使用【挤出】和【倒角】命令，对选择的面进行挤出和倒角处理，效果如图 4.102 所示。

步骤 03：创建 1 个宽度和深度都为 10mm、高度为 45mm 的立方体，对该立方体进行倒角处理，倒角之后的立方体效果如图 4.103 所示。

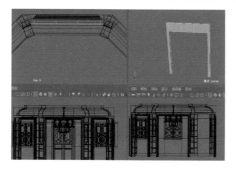

图 4.101　挤出的平面效果　　　　图 4.102　步骤 02 挤出和　　　图 4.103　倒角之后的
　　　　　　　　　　　　　　　　　　　　　　倒角之后的效果　　　　　　　　立方体效果

步骤 04：创建 1 个半径为 4mm、高度为 12mm 的圆柱体，根据如图 4.104 所示的参考图，对所创建的圆柱体中的循环边进行缩放和倒角处理，缩放和倒角之后的效果如图 4.105 所示。

步骤 05：把制作好的 2 个模型各复制 1 份，调节它们的位置，调节之后的具体位置和效果如图 4.106 所示。

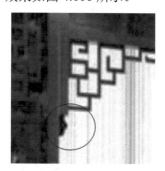

图 4.104　参考图　　　　图 4.105　缩放和倒角之后的效果　　　图 4.106　具体位置和效果

步骤 06：再创建 1 个平面，该平面的具体参数设置如图 4.107 所示，创建的平面如图 4.108 所示。

步骤 08：选择平面的边，使用【倒角】命令对选择的边进行倒角处理，删除多余的面，效果如图 4.109 所示。

图 4.107 平面的具体参数设置

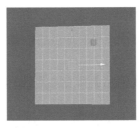

图 4.108 创建的平面

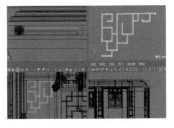

图 4.109 倒角和删除
多余的面之后的效果

步骤 09：对剩余的面进行挤出和倒角，挤出和倒角之后的效果如图 4.110 所示。

步骤 10：对挤出和倒角之后的模型进行镜像复制并调节好其位置，编辑之后的花格的位置和渲染效果如图 4.111 所示。

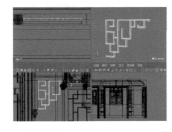

图 4.110 步骤 09 挤出和
倒角之后的效果

图 4.111 编辑之后的花格的位置和渲染效果

视频播放：关于具体介绍，请观看配套视频"任务三：制作背景装饰花格模型.wmv"。

七、拓展训练

根据所学知识完成以下背景装饰效果。

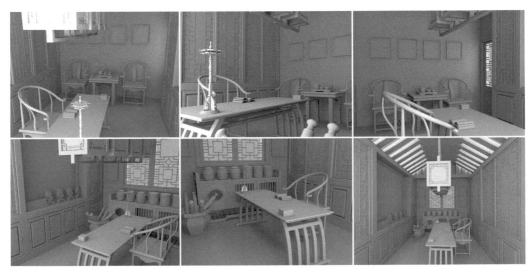

案例 3　书柜模型的制作

一、案例内容简介

本案例主要介绍中式书柜模型的制作流程、方法和技巧。

二、案例效果欣赏

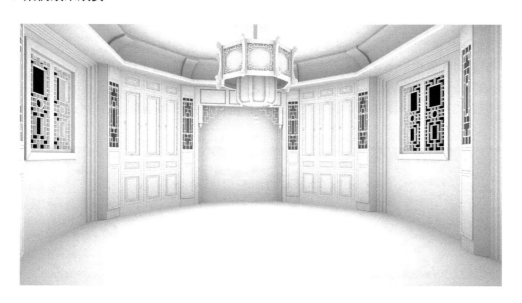

三、案例制作流程（步骤）

四、制作目的

（1）了解中式书柜模型制作的基本流程。

（2）掌握中式书柜的基本尺寸。

（3）了解中式书柜的榫卯结构。

五、制作过程中需要解决的问题

（1）中式书柜的款式。

（2）中式书柜的榫卯结构。

（3）中式书柜模型制作的基本流程。

（4）中式书柜模型的制作方法、原理和技巧。

六、详细操作步骤

任务一：制作书柜的主体模型

书柜主体模型的制作通过创建立方体并对其进行挤出和倒角来完成。

步骤 01：创建 1 个立方体，该立方体的具体参数设置如图 4.112 所示。

步骤 02：调节立方体中边的位置，调节之后的效果如图 4.113 所示。

步骤 03：先选择面进行挤出，再对边进行倒角，挤出和倒角之后的效果如图 4.114 所示。

图 4.112　立方体的具体
参数设置

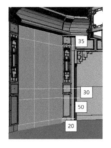

图 4.113　调节中边位置
之后的效果

图 4.114　挤出和倒角
之后的效果

视频播放：关于具体介绍，请观看配套视频"任务一：制作书柜的主体模型.wmv"。

任务二：制作书柜的木门和抽屉门模型

书柜的木门和抽屉门模型的制作，通过对创建的立方体进行挤出和缩放来完成。

步骤 01：在顶视图中创建 1 个立方体，该立方体的大小和位置如图 4.115 所示。

步骤 02：删除立方体中看不到的背面，使用【挤出】命令对其正面进行挤出操作，挤出之后的效果如图 4.116 所示。

步骤 03：使用【倒角】命令对挤出之后的模型进行倒角处理，倒角之后的效果如图 4.117 所示。

步骤 04：将制作好的木门复制 8 份并调节木门的顶点位置，以匹配书柜的门和抽屉，复制和调节顶点位置之后的效果如图 4.118 所示。

视频播放：关于具体介绍，请观看配套视频"任务二：制作书柜的木门和抽屉门模型.wmv"。

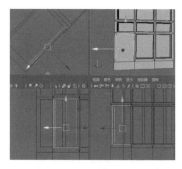

图 4.115　立方体的大小和位置

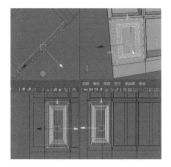

图 4.116　挤出之后的效果

图 4.117　倒角之后的效果

任务三：制作书柜的花格门模型

书柜的花格门制作方法如下：导入参考图，根据参考图对所创建的平面的边进行挤出。

步骤 01： 导入如图 4.119 所示的参考图。

步骤 02： 创建第 1 个平面，使用【插入循环边】命令根据导入的参考图插入循环边。插入的循环边如图 4.120 所示。

图 4.118　复制和调节
顶点位置之后的效果

图 4.119　参考图

图 4.120　插入的循环边

步骤 03： 先删除多余的面和边，再使用【挤出】命令，对剩余的面进行挤出。挤出之后的效果如图 4.121 所示。

步骤 04： 使用【倒角】命令，对挤出面进行倒角，倒角之后的效果如图 4.122 所示。

步骤 05： 创建第 2 个平面，调节该平面的边位置，删除多余的面，对剩余的面进行挤出和倒角，最终效果和位置如图 4.123 所示。

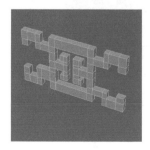

图 4.121　挤出之后的效果

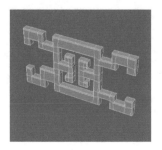

图 4.122　倒角之后的效果

图 4.123　最终效果和位置

步骤 06：创建 1 个平面，把它制作成花格窗的玻璃，调节好其位置。制作好的书柜门如图 4.124 所示。

步骤 07：把制作好的书柜门复制 2 份并调节好它们的位置，复制的书柜门如图 4.125 所示。

步骤 08：把制作好的书柜主体和书柜门各复制 1 份并调节好它们的位置，2 个书柜模型的位置如图 4.126 所示。

图 4.124　制作好书柜门　　　图 4.125　复制的书柜门　　　图 4.126　2 个书柜模型的位置

步骤 09：复制已制作好的拉手，为每个书柜门配置 1 个拉手，如图 4.127 所示。渲染效果如图 4.128 所示。

图 4.127　为每个书柜门配置 1 个拉手　　　　　图 4.128　渲染效果

视频播放：关于具体介绍，请观看配套视频"任务三：制作书柜的花格门模型.wmv"。

七、拓展训练

根据所学知识完成以下中式书柜模型的制作。

案例 4　书桌和椅子模型的制作

一、案例内容简介

本案例主要介绍中式书桌和椅子模型的制作流程、方法和技巧。

二、案例效果欣赏

三、案例制作流程（步骤）

四、制作目的

（1）了解中式书桌和椅子模型制作的基本流程。

（2）掌握中式书桌和椅子的基本尺寸。

（3）了解各种中式书桌和椅子的榫卯结构。

五、制作过程中需要解决的问题

（1）中式书桌和椅子的款式和名称。

（2）中式书桌和椅子的榫卯结构。

（3）中式书桌和椅子制作的基本流程。

（4）中式书桌和椅子模型的制作方法和技巧。

六、详细操作步骤

任务一：制作书桌模型

书桌模型的制作主要根据图 4.129 所示的参考图，对所创建的立方体进行挤出、倒角和顶点位置调节来完成。

1. 制作书桌的桌面模型

步骤 01：在顶视图中创建 1 个立方体，该立方体的具体参数设置如图 4.130 所示。

步骤 02：对立方体的底面顶点进行适当的缩放，缩放之后的效果如图 4.131 所示。

图 4.129　参考图

图 4.130　立方体的具体参数设置

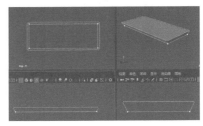
图 4.131　缩放之后的效果

步骤 03：选择立方体的顶面，使用【挤出】和【倒角】命令对顶面进行挤出和倒角，挤出和倒角之后的效果如图 4.132 所示。

2. 制作书桌腿模型

步骤 01：创建第 1 个立方体，该立方体的具体参数设置如图 4.133 所示。

步骤 02：调节立方体循环边的位置，调节之后的效果如图 4.134 所示。

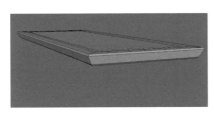
图 4.132　挤出和倒角之后的效果

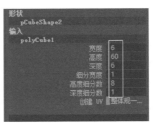
图 4.133　立方体的具体参数设置

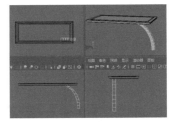
图 4.134　调节之后的效果

步骤 03：使用【倒角】命令，对书桌腿进行倒角处理。然后，复制 3 份并调节好它们的位置，如图 4.135 所示。

步骤 04：方法同上，创建第 2 个立方体，对该立方体进行调节和倒角处理。创建好的书桌支架模型如图 4.136 所示。

步骤 05：对制作好的书桌进行渲染，最终渲染效果如图 4.137 所示。

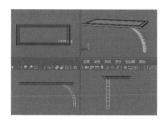

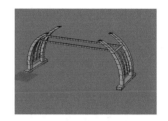

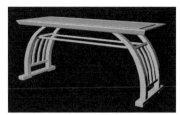

图 4.135　复制和调节好
位置的书桌腿

图 4.136　创建好的
书桌支架模型

图 4.137　最终渲染效果

视频播放：关于具体介绍，请观看配套视频"任务一：制作书桌模型.wmv"。

任务二：制作圈椅模型

圈椅模型的制作主要根据参考图，通过对创建的基本几何体和引导线进行挤出、缩放
和倒角来完成。

1. 制作圈椅面模型

步骤 01：收集参考图，了解圈椅的结构。参考图如图 4.138 所示。

图 4.138　参考图

步骤 02：创建 1 个立方体，该立方体的具体参数设置如图 4.139 所示。

步骤 03：选择立方体的顶面，使用【挤出】命令对顶面进行挤出和缩放，第 1 次挤出
和缩放之后的效果如图 4.140 所示。

步骤 04：选择挤出和缩放之后的顶面，使用【挤出】命令对选择的面进行挤出和缩放，
第 2 次挤出和缩放操作之后的效果如图 4.141 所示。

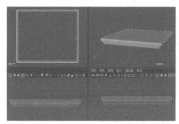

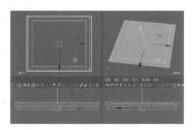

图 4.139　立方体的
具体参数设置

图 4.140　第 1 次挤出和缩放
之后的效果

图 4.141　第 2 次挤出和缩放
之后的效果

步骤 05：使用【倒角】命令，对圈椅面的边进行倒角，倒角之后的效果如图 4.142 所示。

2. 制作月牙形扶手模型

月牙形扶手模型的制作是通过创建圆柱体和曲线，沿曲线进行挤出来完成的。

步骤 01：在菜单栏中单击【创建】→【曲线工具】→【CV 曲线工具】命令，在顶视图中绘制曲线，绘制的曲线如图 4.143 所示。

步骤 02：在前视图中创建 1 个圆柱体，只留圆柱体的顶面，删除圆柱体的其他面，调节好圆柱体的顶面位置，如图 4.144 所示。

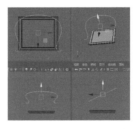

图 4.142　倒角之后的效果　　图 4.143　绘制的曲线　　图 4.144　圆柱体顶面的位置

步骤 03：先选择圆柱体的顶面，再选择曲线，使用【挤出】命令将圆柱体顶面沿着曲线挤出，具体参数设置如图 4.145 所示，挤出之后的效果如图 4.146 所示。

步骤 04：使用【多切割】命令，对挤出模型的两端进行分割处理，效果如图 4.147 所示。

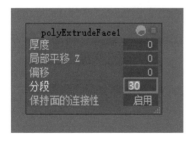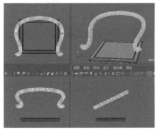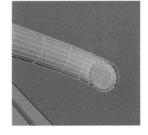

图 4.145　具体参数设置　　图 4.146　挤出之后的效果　　图 4.147　分割处理之后的效果

步骤 05：对模型进行缩放，缩放之后的效果如图 4.148 所示。

步骤 06：使用【平滑】命令，对模型进行平滑处理，平滑之后的效果如图 4.149 所示。

3. 制作圈椅的靠背板和联帮棍模型

圈椅的靠背板和联帮棍模型的制作主要通过沿曲线挤出和调节来完成。

步骤 01：创建 1 个圆柱体和 1 条曲线，圆柱体和曲线的位置如图 4.150 所示。

步骤 02：先选择圆柱体的顶面，再选择曲线。使用【挤出】命令进行挤出，挤出的效果如图 4.151 所示。

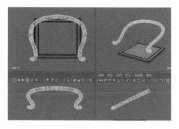

图 4.148　缩放之后的效果

图 4.149　平滑之后的效果

图 4.150　圆柱体和
曲线的位置

步骤 03：方法同上，继续制作其他联帮棍模型。联帮棍的最终效果如图 4.152 所示。

步骤 04：制作圈椅的靠背板。创建 1 个立方体，删除其上下面，调节顶点的位置；对调节之后的立方体进行边的倒角处理。圈椅的靠背板最终效果和位置如图 4.153 所示。

图 4.151　挤出的效果

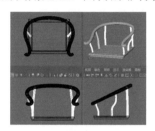

图 4.152　联帮棍的最终效果

图 4.153　圈椅的靠背板最终效果和位置

4. 制作圈椅腿和下截杆模型

圈椅腿和下截杆模型的制作比较简单，只须创建圆柱体并对圆柱体的位置进行调节即可。

步骤 01：创建 1 个半径为 2mm，高度为 48mm 的圆柱体。

步骤 02：对圆柱体的底面进行倒角处理，效果如图 4.154 所示。

步骤 03：对倒角之后的圆柱体进行复制和位置调节，圈椅腿和下截杆模型最终效果如图 4.155 所示。

5. 制作券口牙子、牙条和牙头模型

券口牙子、牙条和牙头模型的制作方法如下：先使用【创建多边形】命令创建多边形，再使用【多切割】命令，对所创建的多边形进行分割，最后对分割之后的多边形进行挤出和倒角处理。

步骤 01：先使用【创建多边形】命令创建多边形，再使用【多切割】命令对所创建的多边形进行分割。创建的多边形效果如图 4.156 所示。

步骤 02：对分割之后的多边形进行挤出和倒角，效果如图 4.157 所示。

步骤 03：方法同上，制作牙条和牙头模型，效果如图 4.158 所示。

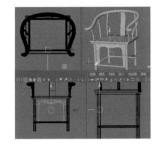

图 4.154 倒角处理之后的效果　　图 4.155 圈椅腿和下截杆　　图 4.156 创建的多边形效果
　　　　　　　　　　　　　　　　　　　　模型最终效果

步骤 04：把制作好的券口牙子、牙条和牙头模型复制 3 份并调节好它们的位置，调节位置之后的效果如图 4.159 所示。

图 4.157 挤出和倒角之后的效果　　图 4.158 牙条和牙头模型效果　　图 4.159 调节位置之后的效果

视频播放：关于具体介绍，请观看配套视频"任务二：制作圈椅模型.wmv"。

七、拓展训练

根据所学知识完成以下桌椅模型的制作。

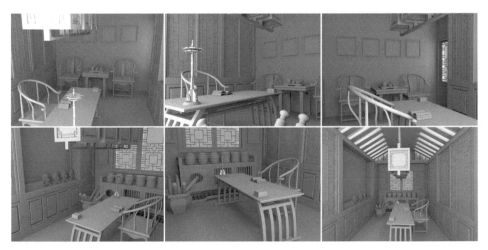

案例 5　其他装饰模型的制作

一、案例内容简介

本案例主要介绍书籍、笔筒、装饰画框、笔架和毛笔模型的制作方法，以及外部装饰模型的导入。

二、案例效果欣赏

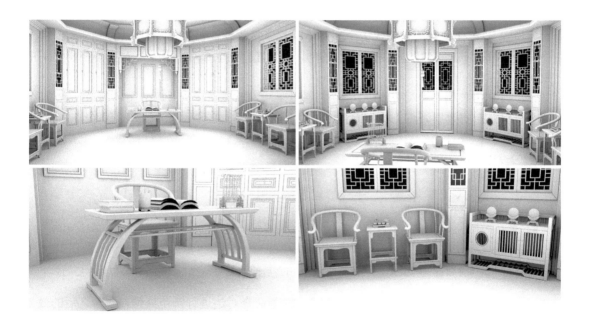

三、案例制作流程（步骤）

四、制作目的

熟练掌握书籍、笔筒、装饰画框、笔架和毛笔模型的制作方法和技巧。

五、制作过程中需要解决的问题

（1）书籍的分类、基本尺寸。

（2）笔筒的尺寸。

（3）装饰画的基本尺寸以及材质。

（4）书籍、笔筒、装饰画框、笔架和毛笔模型的制作原理。

六、详细操作步骤

任务一：制作书籍模型

书籍模型的制作比较简单，主要通过对创建的立方体进行挤出、倒角和分割来完成。

步骤 01：在顶视图中创建 1 个立方体，具体参数设置和效果如图 4.160 所示。

步骤 02：选择立方体上需要挤出的面，使用【挤出】命令对其进行挤出，挤出之后的效果如图 4.161 所示。

步骤 03：使用【插入循环边】命令，等距离插入 5 条循环边并调节循环边的顶点位置。调节位置之后的效果如图 4.162 所示。

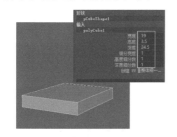  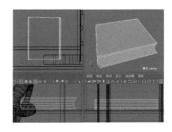

图 4.160　具体参数设置和效果　　图 4.161　挤出之后的效果　　图 4.162　调节位置之后的效果

步骤 04：选择需要挤出的边，使用【倒角】命令对边进行倒角处理，倒角之后的效果如图 4.163 所示。

步骤 05：使用【多切割】命令，对倒角之后的模型进行分割处理，效果如图 4.164 所示。

视频播放：关于具体介绍，请观看配套视频"任务一：制作书籍模型.wmv"。

任务二：制作笔筒模型

制作笔筒模型的方法：根据收集的参考图使用圆柱体进行挤出和调节来制作。收集的参考图如图 4.165 所示。

步骤 01：创建 1 个半径为 5mm、高度为 11.5mm 的圆柱体，使用【挤出】命令对圆柱体进行挤出，挤出之后的效果如图 4.166 所示。

步骤 02：使用【倒角】命令，对挤出之后的模型进行倒角处理，倒角之后的效果如图 4.167 所示。

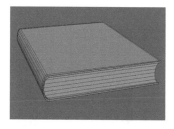 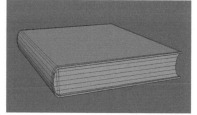 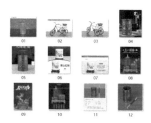

图 4.163　倒角之后的效果　　　图 4.164　分割处理之后的效果　　　图 4.165　收集的参考图

步骤 03：使用【刺破】命令，对圆柱体的内外底面进行刺破操作，刺破之后的效果如图 4.168 所示。

 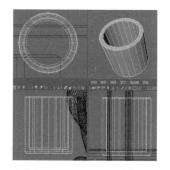 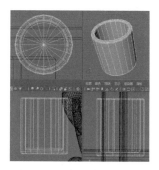

图 4.166　挤出之后的效果　　　图 4.167　倒角之后的效果　　　图 4.168　步骤 03 刺破之后的效果

步骤 04：创建 1 个半径为 5.2mm、高度为 1.5mm、"高度细分数"值为 3 的圆柱体，创建的圆柱体如图 4.169 所示。

步骤 05：使用【挤出】命令，对创建的圆柱体进行挤出，挤出之后的效果如图 4.170 所示。

步骤 06：使用【倒角】命令，对挤出之后的模型进行倒角处理，倒角之后的效果如图 4.171 所示。

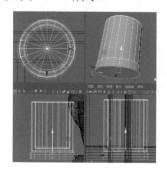 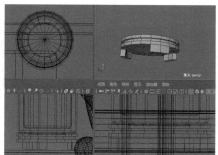 

图 4.169　创建的圆柱体　　　图 4.170　挤出操作之后的效果　　　图 4.171　倒角之后的效果

步骤 07：使用【刺破】命令，对倒角之后的模型进行刺破操作，刺破之后的效果如图 4.172 所示。

步骤 08：制作好的笔筒模型如图 4.173 所示。

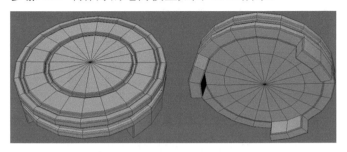

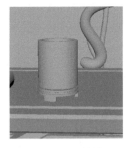

图 4.172　步骤 07 刺破操作之后的效果　　　　图 4.173　笔筒模型

视频播放：关于具体介绍，请观看配套视频"任务二：制作笔筒模型.wmv"。

任务三：制作笔架和毛笔模型

笔架和毛笔模型的制作方法如下：根据参考图，使用多边形建模相关命令创建笔架和毛笔的基本形状，在创建过程中，调节顶点位置，对边或面进行挤出和倒角处理。

1. 导入参考图

步骤 01：导入参考图。在前视图菜单栏中单击【视图】→【图像平面】→【导入图像…】命令，弹出【打开】对话框。在该对话框中选择需要导入的参考图，如图 4.174 所示。

步骤 02：单击【打开】按钮，把参考图导入视图中。在前视图中选择已导入的参考图，按键盘上的"Ctrl+A"组合键，打开【属性编辑器】面板，设置已导入的参考图属性参数，具体参数设置如图 4.175 所示。

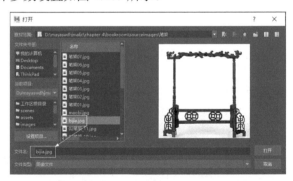

图 4.174　选择需要导入的参考图　　　　图 4.175　参考图属性参数设置

步骤 03：设置参数之后，在前视图中的笔架和毛笔模型如图 4.176 所示。

2. 制作笔架的龙头架模型

笔架的龙头架模型制作方法如下：根据参考图，使用【创建多边形】命令制作龙头架的基本形状；使用【多切割】命令对多边形面进行分割处理，对分割之后的多边形进行挤

出、倒角和平滑处理。

步骤 01：使用【创建多边形】命令，根据参考图绘制笔架的龙头架基本形状，如图 4.177 所示。

步骤 02：使用【多切割】命令，对创建的多边形面进行分割处理，分割处理之后的效果如图 4.178 所示。

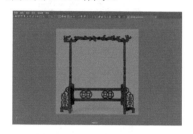

图 4.176　在前视图中的
笔架和毛笔模型

图 4.177　笔架的龙头架
基本形状

图 4.178　分割处理
之后的效果

步骤 03：使用【挤出】命令，对分割之后的多边形进行挤出操作，挤出之后的效果如图 4.179 所示。

步骤 04：选择挤出模型的循环面，使用【倒角】命令对选择的循环面进行倒角处理，倒角之后的效果如图 4.180 所示。

步骤 05：根据如图 4.181 所示的参考图，创建 1 个圆柱体，对该圆柱体中的循环边进行缩放，缩放之后的效果如图 4.182 所示。

图 4.179　挤出之后的效果

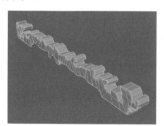

图 4.180　倒角之后的效果

图 4.181　参考图

步骤 06：对缩放操作之后的模型进行复制和位置调节，制作好的笔架的龙头架模型如图 4.183 所示。

3. 制作笔架立柱模型

步骤 01：创建 1 个圆柱体，根据参考图对该圆柱体进行缩放和位置调节，圆柱体的位置和大小如图 4.184 所示。

步骤 02：使用【插入循环边】命令插入循环边，根据参考图对插入的循环边进行缩放，缩放之后的效果如图 4.185 所示。

步骤 03：创建 1 个平面，使用【挤出】命令对所创建的平面进行挤出和位置调节，效果如图 4.186 所示。

图 4.182　缩放之后的效果

图 4.183　制作好的笔架的
龙头架模型

图 4.184　圆柱体的
位置和大小

步骤 04：对挤出和位置调节之后的模型再次进行挤出和倒角处理，效果如图 4.187 所示。

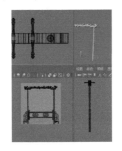

图 4.185　缩放之后的效果

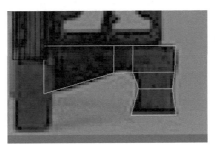

图 4.186　挤出和位置调节
之后的效果

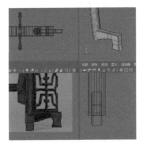

图 4.187　再次挤出和倒角
之后的效果

步骤 05：再次创建 1 个平面，根据参考图，使用【插入循环边】命令插入循环边，插入循环边之后的效果如图 4.188 所示。

步骤 06：根据参考图，删除多余的面，对剩余的面进行挤出操作。挤出之后的效果如图 4.189 所示。

步骤 07：选择挤出模型的侧面，使用【倒角】命令对侧面进行倒角处理，倒角之后的效果如图 4.190 所示。

步骤 08：对 2 个挤出和倒角之后的模型进行复制和位置调节，复制和位置调节之后的效果如图 4.191 所示。

图 4.188　插入循环边
之后的效果

图 4.189　挤出
之后的效果

图 4.190　倒角
之后的效果

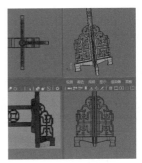

图 4.191　步骤 08 复制和
位置调节之后的效果

步骤 09：把制作好的立柱模型镜像复制 1 份并调节好其位置，复制和位置调节之后的效果如图 4.192 所示。

4. 制作笔架横梁模型

笔架横梁模型的制作方法：根据参考图，对基本几何体进行编辑。

步骤 01：创建立方体，根据参考图调节该立方体的顶点位置。调节顶点位置之后的效果如图 4.193 所示。

步骤 02：创建圆环，圆环的具体参数设置如图 4.194 所示。把所创建的圆环复制 7 份，复制的圆环位置如图 4.195 所示。

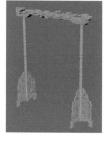

图 4.192　步骤 09
复制和位置调节
之后的效果

图 4.193　调节顶点
位置之后的效果

图 4.194　圆环的
具体参数设置

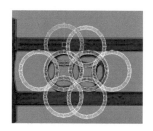

图 4.195　复制的
圆环位置

步骤 03：根据参考图，将多余的面删除，删除多余的面之后的效果如图 4.196 所示。

步骤 04：选择所有剩余面中的圆环，在菜单栏中单击【网格】→【结合】命令，把所有剩余面的圆环结合为 1 个模型，再把它复制 1 份并调节好位置。笔架模型最终效果如图 4.197 所示。

5. 制作毛笔模型

毛笔模型的制作方法：创建圆柱体，根据参考图对所创建的圆柱体的循环边进行缩放。

步骤 01：在前视图中导入参考图，创建 1 个圆柱体，根据参考图调节圆柱体的大小。导入的参考图和创建的圆柱体如图 4.198 所示。

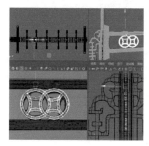

图 4.196　删除多余的面
之后的效果

图 4.197　笔架模型
最终效果

图 4.198　导入的参考图和
创建的圆柱体

步骤 02：使用【插入循环边】命令插入循环边，对插入的循环边进行缩放。缩放之后的效果如图 4.199 所示。

步骤 03：在菜单栏中单击【创建】→【曲线工具】→【CV 曲线工具】命令，在前视图中创建 1 条曲线，创建的曲线如图 4.200 所示。

步骤 04：创建 1 个圆柱体，先选择圆柱体的顶面，再选择曲线，使用【挤出】命令把顶面沿曲线挤出。沿曲线挤出的效果如图 4.201 所示。

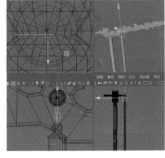
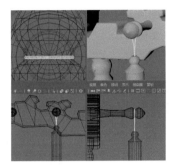

图 4.199　缩放之后的效果　　　图 4.200　创建的曲线　　　图 4.201　沿曲线挤出的效果

步骤 05：选择 2 个模型，使用【结合】命令，把选择的 2 个模型结合为 1 个模型，把结合后的模型复制 11 份并调节好它们的位置，复制和调节好位置之后的毛笔模型如图 4.202 所示。

视频播放：关于具体介绍，请观看配套视频"任务三：制作笔架和毛笔模型.wmv"。

任务四：制作装饰画框模型

装饰画框模型的制作通过对创建的立方体进行挤出、倒角、提取和结合来完成。

步骤 01：在前视图中创建 1 个立方体，该立方体的具体参数设置如图 4.203 所示。

步骤 02：选择立方体的正面，使用【挤出】命令对选择的面进行挤出和缩放，挤出和缩放之后的效果如图 4.204 所示。

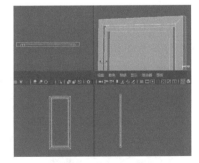

图 4.202　复制和调节好　　　图 4.203　立方体的　　　图 4.204　挤出和缩放
位置之后的毛笔模型　　　　　具体参数设置　　　　　之后的效果

步骤 03：使用【倒角】命令，对挤出之后的模型边进行倒角处理，倒角之后的效果如图 4.205 所示。

步骤 04：选择倒角之后模型的中间面，如图 4.206 所示。

步骤 05：在菜单栏中单击【编辑网格】→【提取】命令，把选择的面提取出来，作为装饰画模型。

步骤 06：选择装饰画和画框模型，使用【结合】命令，把选择的 2 个模型结合为 1 个模型。

步骤 07：把结合之后的画框模型复制 2 份，调节好它们的位置。复制和位置调节之后的效果如图 4.207 所示。

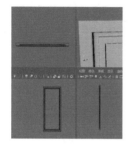

图 4.205　倒角之后的效果　　　图 4.206　选择的面　　　图 4.207　复制和位置调节
　　　　　　　　　　　　　　　　　　　　　　　　　　　　　　　　之后的效果

视频播放：关于具体介绍，请观看配套视频"任务四：制作装饰画框模型.wmv"。

任务五：外部装饰模型的导入

在制作动画室内场景时，可以把已经制作好的外部装饰模型导入场景中。因此，可以在平时多制作和收集一些好的动画室内场景装饰模型，在需要的时候，直接导入。

在此，以导入矮柜模型为例介绍外部装饰模型的导入。至于其他模型的导入，读者可以参照此方法依次导入。

步骤 01：在菜单栏中单击【文件】→【导入…】命令，弹出【导入】对话框。在该对话框中选择需要导入的矮柜模型文件，如图 4.208 所示。

步骤 02：单击【导入】按钮，即可把矮柜模型导入场景中，调节好其位置，如图 4.209 所示。

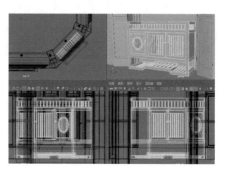

图 4.208　在【导入】对话框选择矮柜模型文件　　　　图 4.209　调节位置之后的矮柜模型

步骤 03：把导入的矮柜模型复制 1 份并调节好其位置，效果如图 4.210 所示。

步骤 04：方法同步骤 01～步骤 03，继续把其他模型导入场景中并调节好它们的位置，最后效果如图 4.211 所示。

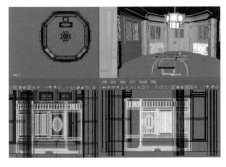 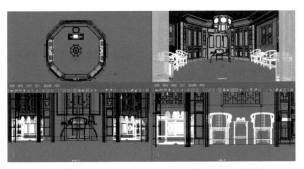

图 4.210　复制和调节位置之后的　　　　　　图 4.211　最后效果
　　　　　　矮柜模型效果

视频播放：关于具体介绍，请观看配套视频"任务五：外部装饰模型的导入.wmv"。

七、拓展训练

根据所学知识完成以下装饰模型的制作。

第5章 制作动画室外场景模型——国学书院

说明：

本章主要通过5个案例，介绍使用 Maya 2023 中的 Polygon（多边形）建模技术和 NURBS 建模技术，制作动画室外场景模型的方法、技巧和流程。熟练掌握本章内容，读者可以举一反三地制作出各种动画室外场景模型。

教学建议课时数：

一般情况下需要25课时，其中理论学习占8课时，实际操作占17课时（特殊情况可做相应调整）。

案例 1 制作国学书院的大门模型

一、案例内容简介

本案例主要介绍动画室外场景模型制作的基础知识，以及国学书院的大门模型的制作流程、方法和技巧。

二、案例效果欣赏

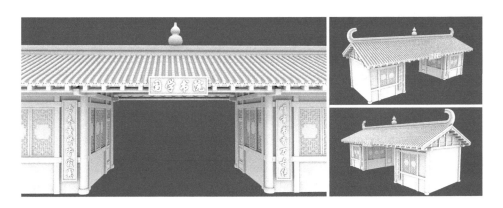

三、案例制作流程（步骤）

任务五：制作国学书院大门的屋顶模型

任务四：制作国学书院的大门窗户和门扇模型

案例1 制作国学书院的大门模型

任务一：制作场景的基础知识

任务二：制作国学书院的大门墙体模型

任务三：制作国学书院大门的柱子和木架结构模型

四、制作目的

（1）了解动画室外场景模型制作的基本流程。

（2）掌握国学书院大门模型效果的制作技巧。

（3）了解建筑设计的基本原理。

（4）了解室外建筑的基本常识。

五、制作过程中需要解决的问题

（1）场景的概念和场景的分类。

（2）场景在影视动画中的作用。

（3）软件命令的作用、使用方法以及参数调节。

六、详细操作步骤

任务一：制作场景的基础知识

在动画片中，需要用到的模型元素大致分 3 类：场景、道具和角色，三者缺一不可。

1. 场景的概念和分类

所谓场景，是指影视动画中除角色以外的周围一切空间、环境和物件的集合。

场景一般分为室外场景（左）、室内场景（中）和室内外结合场景（右），如图 5.1 所示。

图 5.1　场景的分类

2. 场景在影视动画中的作用

场景在影视动画中的作用主要体现在以下 7 个方面：

（1）交代时空关系、塑造客观空间。场景设计要符合剧情内容，除了体现时代特征、历史风貌和民族文化特点，还要体现故事发生、发展的地点和时间，如图 5.2 所示。

（2）营造氛围。场景设计一般要从剧本出发，营造出特定的气氛和情绪基调，还要从剧情和角色出发，符合角色生活环境，如图 5.3 所示。

（3）刻画角色的性格和心理。场景的主要作用是刻画角色，为角色服务，为创造生动、真实和性格鲜明的典型角色服务，通过场景可以辅助体现角色的性格特征、体现角色的精神面貌和展现角色的心理活动。在影视动画中，场景与角色之间的关系是密不可分、相互依存的。典型的角色性格要通过典型环境来体现。图 5.4 所示为动画片《冰雪奇缘》中的 1 个场景，辅助刻画了女主角艾莎优雅、美丽、矜持的性格。

图 5.2　交代故事发生的时空关系　　　图 5.3　营造氛围　　　图 5.4　刻画角色

（4）动作的支点。场景与角色动作之间的关系非常密切，场景主要是根据角色的行为动作而周密设计的，它不仅起填充画面背景的作用，而且积极、主动与故事情节的发展结合在一起，成为角色动作的支点。

（5）隐喻的作用。场景的隐喻在影视动画中应用得比较多，场景的隐喻可以体现潜移默化的视觉象征和深化主题的内在含义。

（6）可以强化矛盾冲突。

（7）叙事的作用。

3. 制作场景的基本流程

在影视动画中，场景分为二维动画场景和三维动画场景，这两种场景的基本制作流程略有差别。

1）二维动画场景制作的基本流程

步骤 01：绘制线描草图，这是场景结构的蓝图。

步骤 02：描绘出素描层次。

步骤 03：描绘光影效果、色彩基调和色彩变化。

步骤 04：最终形成场景画面并达到预期的气氛。

2）三维动画场景制作的基本流程

步骤 01：建模。三维建模主要有多边形建模、曲面建模和细分建模。

步骤 02：材质。根据动画原画赋予模型材质，可以通过各种渠道收集材质，也可以绘制材质。

步骤 03：灯光。根据氛围设计图，架设灯光。Maya 2023 提供了 6 种灯光类型，通过这 6 种灯光，可以很轻松地模拟出自然光、人工光和特殊用光。

步骤 04：渲染输出。预览场景，检查模型、材质和灯光是否存在问题。若存在问题，则需要及时进行修改，然后渲染输出。

视频播放：关于具体介绍，请观看配套视频"任务一：制作场景的基础知识.wmv"。

任务二：制作国学书院的大门墙体模型

国学书院的大门墙体模型的制作通过创建立方体，对创建的立方体进行挤出、合并和位置调节来完成。

步骤 01：在顶视图中创建 1 个立方体，删除该立方体的顶面和底面。立方体的参数设置如图 5.5 所示。

步骤 02：使用【插入循环边】命令，给立方体插入循环边。插入循环边的位置如图 5.6 所示。

步骤 03：删除多余的面并调节顶点的位置，效果如图 5.7 所示。

视频播放：关于具体介绍，请观看配套视频"任务二：制作国学书院的大门墙体模型.wmv"。

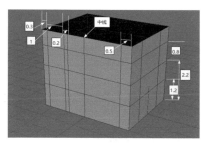

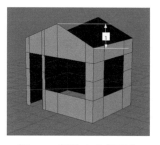

图 5.5　立方体的
参数设置

图 5.6　插入循环边的位置

图 5.7　删除多余的面和
调节顶点位置之后的效果

任务三：制作国学书院大门的柱子和木架结构模型

1. 制作国学书院大门的柱子模型

国学书院大门的柱子模型的制作通过创建圆柱体和球体来完成。

步骤 01：创建 1 个半径值为 0.15m 的圆柱体，圆柱长度与墙体等高。创建的圆柱体如图 5.8 所示。

步骤 02：在顶视图中创建 1 个半径值为 0.2m 的球体，删除上下多余的面，效果如图 5.9 所示。

步骤 03：选择球体顶面的边界边，使用【挤出】和【倒角】命令，对选择的边界边进行挤出和倒角处理，效果如图 5.10 所示。

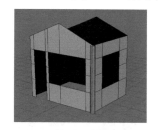

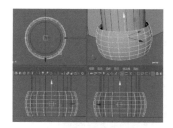

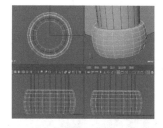

图 5.8　创建的圆柱体

图 5.9　创建的球体效果

图 5.10　挤出和倒角之后的效果

步骤 04：选择创建的圆柱体和编辑之后的球体，在菜单栏中单击【网格】→【结合】命令，把选择的 2 个对象结合为 1 个模型。

步骤 05：将结合之后的模型复制 3 份并调节好它们的位置，效果如图 5.11 所示。

2. 制作国学书院大门的木架结构模型

国学书院大门的木架结构模型的制作通过创建圆柱体，对创建的圆柱体进行倒角、缩放和顶点位置调节来完成。

步骤 01：创建 1 个立方体，其具体参数设置如图 5.12 所示。

步骤 02：先使用【倒角】命令，对创建的立方体进行倒角处理，再使用【多切割】命令，对倒角之后的模型进行分割。倒角和分割之后的效果如图 5.13 所示。

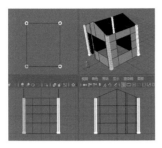

图 5.11　复制和调节位置
之后的效果

图 5.12　立方体的
具体参数设置

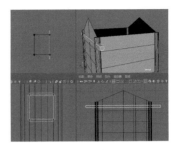

图 5.13　倒角和分割
之后的效果

步骤 03：对编辑之后的立方体进行复制、缩放和位置调节，效果如图 5.14 所示。

步骤 04：把制作好的墙体、柱子和木架结构模型各复制 1 份，调节好它们的位置，效果如图 5.15 所示。

视频播放：关于具体介绍，请观看配套视频"任务三：制作国学书院大门的柱子和木架结构模型.wmv"。

任务四：制作国学书院的大门窗户和门扇模型

制作国学书院窗户和门模型的方法如下：根据参考图，创建平面；给创建的平面插入循环边，删除多余的面，对剩余的面进行挤出、缩放、倒角和位置调节。

1. 制作国学书院的大门窗户模型

步骤 01：收集有关中式窗户和门的参考图，如图 5.16 所示。

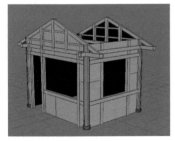

图 5.14　复制、缩放和位置
调节之后的效果

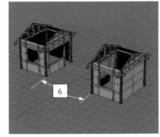

图 5.15　复制和位置调节
之后的效果

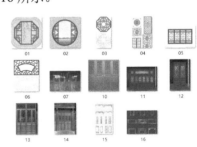

图 5.16　收集的参考图

步骤 02：创建第 1 个平面，该平面的大小和分段数如图 5.17 所示。

步骤 03：删除平面的一半，使用【插入循环边】命令，给剩余的平面等距离插入循环边。插入的循环边位置如图 5.18 所示。

步骤 04：选择所有插入的循环边，使用【倒角】命令，对选择的边进行倒角处理。倒角之后的效果如图 5.19 所示。

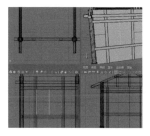
图 5.17　平面的大小和分段数

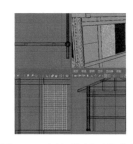
图 5.18　插入的循环边位置

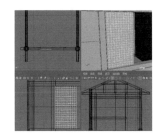
图 5.19　倒角之后的效果

步骤 05：根据参考图，删除多余的面，效果如图 5.20 所示。

步骤 06：选择剩余面的对象，使用【挤出】命令进行挤出。挤出之后的效果如图 5.21 所示。

步骤 07：创建第 2 个平面，对该平面进行挤出和缩放，删除多余的面，效果如图 5.22 所示。

图 5.20　删除多余的面
之后的效果

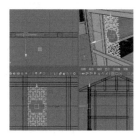
图 5.21　挤出之后的效果

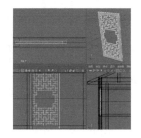
图 5.22　挤出、缩放和删除
多余的面之后的效果

步骤 08：使用【倒角】命令，对窗格和窗框进行倒角处理。创建第 3 个平面，把它作为窗户的玻璃。倒角和创建第 3 个平面之后的效果如图 5.23 所示。

步骤 09：将制作好的窗户模型复制 7 份并调节好它们的位置，复制和调节好位置的模型如图 5.24 所示。

2. 制作国学书院大门的门扇模型

门扇模型的制作方法与窗户模型的制作方法完全相同，在此不再赘述。请读者参考窗户模型的制作方法，制作好的门扇模型效果如图 5.25 所示。

图 5.23　倒角和创建第 3 个
平面之后的效果

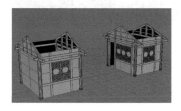
图 5.24　复制和调节好
位置的模型

图 5.25　制作好的门扇
模型效果

视频播放：关于具体介绍，请观看配套视频"任务四：制作国学书院大门窗户和门扇模型.wmv"。

任务五：制作国学书院大门的屋顶模型

制作国学书院大门的屋顶模型的方法如下：通过创建平面、立方体和圆柱体，对创建的平面、立方体和圆柱体进行挤出、倒角和位置调节。

1. 制作屋顶的支架结构模型

步骤 01：在侧视图中创建 1 个圆柱体，对该圆柱体的顶面和底面进行倒角处理，调节好位置，效果如图 5.26 所示。

步骤 02：把制作好的圆柱体复制 1 份并调节其位置，效果如图 5.27 所示。

步骤 03：创建第 1 个平面，调节该平面的顶点位置，如图 5.28 所示。

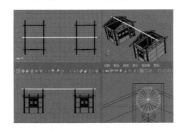 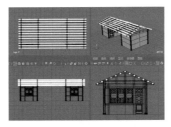 

图 5.26　倒角和位置　　　　图 5.27　复制和调节位置　　　图 5.28　调节顶点
　　　调节之后的效果　　　　　　　之后的效果　　　　　　　位置之后的平面

步骤 04：选择调节位置之后的平面，使用【挤出】命令和【倒角】命令，分别对平面进行挤出和倒角处理，效果如图 5.29 所示。

步骤 05：把挤出和倒角之后的模型复制 24 份并调节好它们的位置，效果如图 5.30 所示。

步骤 06：方法同上，创建第 2 个平面，先调节平面的顶点位置，再对平面进行挤出。效果如图 5.31 所示。

 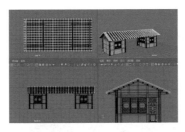 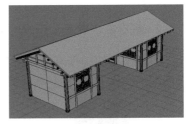

图 5.29　挤出和倒角　　　　图 5.30　复制和调节位置　　　图 5.31　位置调节和挤出
　　　之后的效果　　　　　　　　之后的效果　　　　　　　　之后的效果

2. 制作屋顶的琉璃瓦模型

琉璃瓦模型的制作通过使用多边形建模技术，对创建的圆柱体进行编辑来完成。

步骤 01：创建 1 个圆柱体，调节该圆柱体的位置，使用【插入循环边】命令，给创建

的圆柱体插入循环边。插入循环边之后的圆柱体如图 5.32 所示。

步骤 02：把插入循环边之后的圆柱体复制 1 份，删除该圆柱体上半部的面，效果如图 5.33 所示。

步骤 03：对剩余的面进行挤出，挤出之后的效果如图 5.34 所示。

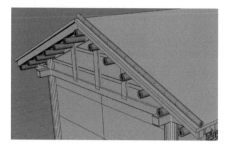  

图 5.32　插入循环边之后的圆柱体　　　图 5.33　复制和删除上半部　　　图 5.34　挤出之后的效果
的面之后的效果

步骤 04：使用【倒角】命令，先对模型的循环边进行倒角处理，再对倒角之后的循环边进行缩放。倒角和缩放之后的效果如图 5.35 所示。

步骤 05：使用【挤出】命令，对模型的顶面进行挤出和缩放，效果如图 5.36 所示。

步骤 06：把制作好的琉璃瓦模型复制 1 份并调节好其位置，效果如图 5.37 所示。

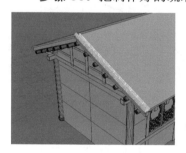 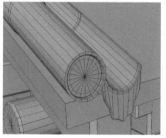 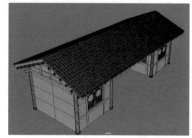

图 5.35　倒角和缩放　　　图 5.36　挤出和缩放　　　图 5.37　复制和位置调节
之后的效果　　　　　　之后的效果　　　　　　之后的效果

3. 制作屋顶的其他结构模型

屋顶的其他结构模型的制作通过创建立方体和曲线，对它们进行挤出和倒角来完成。

步骤 01：创建 1 个立方体，使用【挤出】命令，对创建的立方体进行挤出和缩放，效果如图 5.38 所示。

步骤 02：在菜单栏中单击【创建】→【曲线工具】→【CV 曲线工具】命令，在侧视图中创建 1 条曲线，如图 5.39 所示。

步骤 03：先选择挤出之后的立方体侧面，再选择创建的曲线，使用【挤出】命令，把选择的侧面沿着曲线挤出，效果如图 5.40 所示。

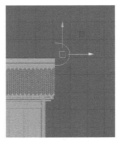

图 5.38　挤出和缩放之后的效果　　图 5.39　创建 1 条曲线　　图 5.40　沿曲线挤出的效果

步骤 04：使用【插入循环边】命令，给挤出模型添加 1 条中线循环边。删除模型一侧没有挤出的面，删除面之后的效果如图 5.41 所示。

步骤 05：把剩余的模型沿 X 轴镜像复制 1 份。选择原模型和镜像之后的模型，执行【结合】和【合并】操作，结合和合并之后的效果如图 5.42 所示。

步骤 06：使用【倒角】命令，对模型的边和面进行倒角处理。倒角之后的效果如图 5.43 所示。

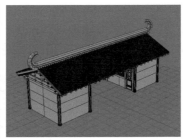
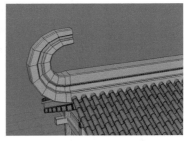

图 5.41　删除面之后的效果　　图 5.42　结合和合并之后的效果　　图 5.43　倒角之后的效果

步骤 07：根据图 5.44 所示的参考图，绘制 1 条曲线，如图 5.45 所示。

步骤 08：选择绘制的曲线，在菜单栏中单击【曲面】→【旋转】命令，对该曲线进行旋转。旋转之后的效果如图 5.46 所示。

图 5.44　参考图　　　　图 5.45　绘制的 1 条曲线　　　　图 5.46　旋转之后的效果

4. 制作对联装饰框和文字模型

步骤 01：创建 1 个立方体，使用【挤出】命令，对创建的立方体进行挤出和缩放，效

果如图 5.47 所示。

步骤 02：把挤出和缩放之后的立方体复制 2 份并调节它们顶点的位置，效果如图 5.48 所示。

图 5.47　挤出和缩放之后的立方体效果

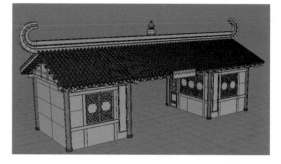

图 5.48　复制和顶点位置调节之后的效果

步骤 03：在菜单栏中单击【创建】→【类型】命令，创建 1 个 3D 文字，在【type】面板中修改文字，具体属性参数如图 5.49 所示。设置属性参数之后的文字效果如图 5.50 所示。

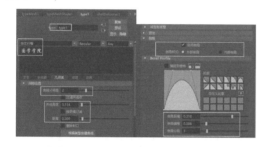

图 5.49　文字的【type】属性参数

图 5.50　设置属性参数之后的文字效果

步骤 04：方法同上，创建一副对联效果，如图 5.51 所示。

步骤 05：把创建的文字效果调节好，最终的对联效果如图 5.52 所示。

图 5.51　创建一副对联效果

图 5.52　最终的对联效果

视频播放：关于具体介绍，请观看配套视频"任务五：制作国学书院大门的屋顶模型.wmv"。

七、拓展训练

根据所学知识完成以下大门模型的制作。

案例 2　制作国学书院的教学楼模型

一、案例内容简介

本案例主要介绍国学书院的教学楼模型的制作流程、方法和技巧。

二、案例效果欣赏

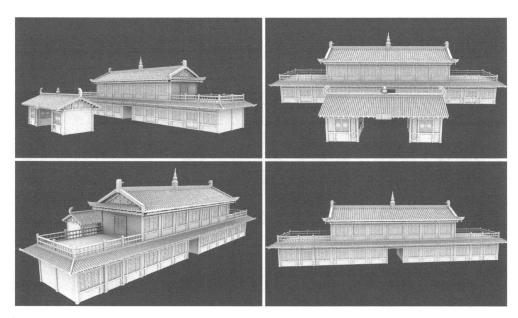

三、案例制作流程（步骤）

任务八：制作国学书院教学楼的窗户模型

任务七：制作国学书院教学楼的门模型

任务六：制作国学书院教学楼中间的琉璃瓦支架和琉璃瓦模型

任务五：制作国学书院教学楼的屋顶模型

案例2 制作国学书院的教学楼模型

任务一：制作国学书院教学楼的墙体模型

任务二：制作国学书院教学楼的柱子模型

任务三：制作国学书院教学楼的框架模型

任务四：制作国学书院教学楼的露台围栏模型

四、制作目的

（1）了解制作动画室外场景模型的基本流程。

（2）掌握国学书院教学楼模型效果的制作技巧。

（3）了解建筑设计的基本原理。

（4）了解室外建筑的基本常识。

五、制作过程中需要解决的问题

软件命令的作用、使用方法以及参数调节。

六、详细操作步骤

任务一：制作国学书院教学楼的墙体模型

国学书院教学楼的墙体模型的制作方法如下：创建立方体，使用【插入循环边】命令插入循环边，使用【挤出】命令对选择的面和边进行挤出和编辑。

步骤 01：创建 1 个立方体，该立方体的具体参数设置如图 5.53 所示，创建的立方体效果和位置如图 5.54 所示。

步骤 02：使用【插入循环边】命令，给创建的立方体插入循环边。插入的循环边效果如图 5.55 所示。

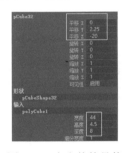
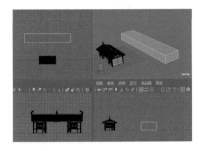
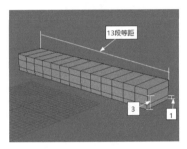

图 5.53　立方体的具体　　　图 5.54　创建的立方体效果和位置　　　图 5.55　插入的循环边效果
　　　　参数设置

步骤 03：选择循环边，使用【倒角】命令，对选择的边进行倒角处理，倒角参数设为0.2。倒角之后的效果如图 5.56 所示。

步骤 04：删除多余的面，效果如图 5.57 所示。

步骤 05：使用【挤出】命令，对选择的面进行挤出，挤出的高度值设为"4"。挤出之后的效果如图 5.58 所示。

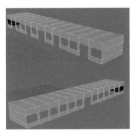
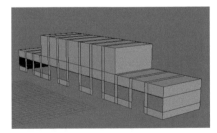

图 5.56　倒角之后的效果　　　图 5.57　删除多余的面　　　图 5.58　挤出之后的效果
　　　　　　　　　　　　　　　　　　之后的效果

步骤 06：使用【插入循环边】命令，插入循环边，调节顶点的位置，删除多余的面。编辑之后的效果如图 5.59 所示。

步骤 07：使用【桥接】命令，对选择的 2 条边进行桥接，效果如图 5.60 所示。

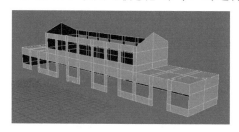

图 5.59 编辑之后的效果

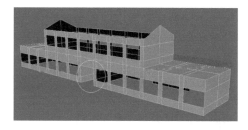

图 5.60 桥接之后的效果

视频播放：关于具体介绍，请观看配套视频"任务一：制作国学书院教学楼的墙体模型.wmv"。

任务二：制作国学书院教学楼的柱子模型

国学书院教学楼的柱子模型的制作通过创建圆柱体和球体，对创建的圆柱体和球体进行编辑来完成。

步骤 01：在顶视图中创建 1 个半径值为 0.15m 的圆柱体和 1 个半径值为 0.2m 的球体，创建的圆柱体和球体如图 5.61 所示。

步骤 02：删除球体中多余的面，选择删除面的边界边，使用【挤出】和【倒角】命令对边界边进行挤出和倒角处理。挤出和倒角之后的效果如图 5.62 所示。

步骤 03：删除圆柱体顶面和底面，选择编辑之后的圆柱体和球体，在菜单栏中单击【网格】→【结合】命令，把选择的 2 个对象结合为 1 个对象。

提示：在每次执行【结合】操作之后，都需要在菜单栏中单击【编辑】→【按类型删除全部】→【历史】命令，删除多余的群组节点。

步骤 04：把结合之后的对象复制 1 份并调节其位置，复制和位置调节之后的柱子效果如图 5.63 所示。

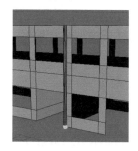

图 5.61 创建的圆
柱体和球体

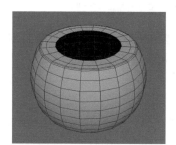

图 5.62 挤出和倒角
之后的效果

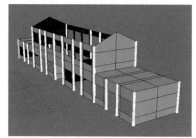

图 5.63 复制和位置调节
之后的柱子效果

视频播放：关于具体介绍，请观看配套视频"任务二：制作国学书院教学楼的柱子模型.wmv"。

任务三：制作国学书院教学楼的框架模型

国学书院教学楼的框架模型的制作方法如下：创建立方体，对创建的立方体进行倒角处理，复制经过编辑之后的立方体，根据结构调节顶点位置。

步骤 01：创建 1 个立方体，其宽度值和高度值都为 0.2，长度值根据结构而定。

步骤 02：使用【倒角】命令，对创建的立方体进行倒角处理。倒角之后的立方体效果如图 5.64 所示。

步骤 03：把倒角之后的立方体复制 1 份，根据结构调节复制的立方体和顶点位置，最终的框架效果如图 5.65 所示。

步骤 04：继续复制倒角之后的立方体并调节好位置，以制作窗户和门的框架，最终的窗户和门的框架效果如图 5.66 所示。

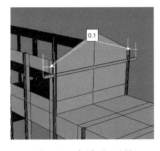 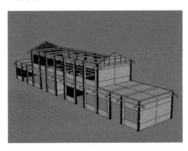 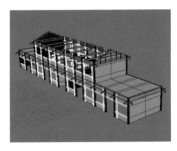

图 5.64 倒角之后的立方体效果　　图 5.65 最终框架效果　　图 5.66 最终的窗户和门的框架效果

提示：在制作国学书院教学楼的框架模型时，建议读者先打开本书提供的源文件了解整个框架结构，再进行学习。

视频播放：关于具体介绍，请观看配套视频"任务三：制作国学书院教学楼的框架模型.wmv"。

任务四：制作国学书院教学楼的露台围栏模型

制作国学书院教学楼露台围栏模型的方法如下：对前面制作的柱子模型进行编辑，以制作围栏的主立柱，再使用立方体制作围栏的横条。

1. 对柱子进行编辑和位置调节

步骤 01：调节柱子模型的顶点位置，效果如图 5.67 所示。

步骤 02：先使用【插入循环边】命令，给柱子模型插入循环边，再使用【挤出】命令对面进行挤出。插入循环边和挤出之后的效果如图 5.68 所示。

步骤 03：使用【倒角】命令，对挤出的模型的边和面进行倒角处理。倒角之后的效果如图 5.69 所示。

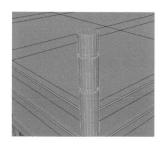

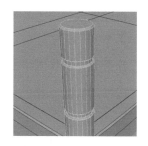

图 5.67　调节位置　　　　图 5.68　插入循环边和挤出　　　　图 5.69　倒角之后的效果
　　之后的效果　　　　　　　之后的效果

步骤 04：选择倒角之后的柱子顶面，在菜单栏中单击【编辑网格】→【刺破】命令，刺破之后的效果如图 5.70 所示。

步骤 05：删除需要替换的柱子模型，复制经过编辑之后的柱子并调节好其位置。复制和位置调节之后的效果如图 5.71 所示。

2. 制作露台围栏的横条和装饰模型

步骤 01：创建半径值分别为 0.1m 和 0.05m 的 2 个圆柱体，调节好它们的位置。创建和调节好位置的 2 个圆柱体如图 5.72 所示。

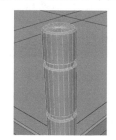

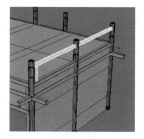

图 5.70　刺破之后的效果　　　图 5.71　复制和位置调节　　　　图 5.72　创建和调节好
　　　　　　　　　　　　　　　之后的效果　　　　　　　　　位置的 2 个圆柱体

步骤 02：把创建的圆柱体复制 1 份并进行位置调节，复制和位置调节之后的效果如图 5.73 所示。

步骤 03：把制作好的模型镜像复制 1 份，调节好其位置。镜像复制和位置调节之后的效果如图 5.74 所示。

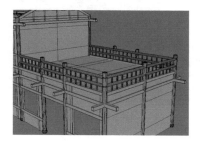

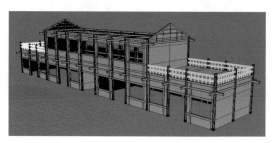

图 5.73　复制和位置调节之后的效果　　　　图 5.74　镜像复制和位置调节之后的效果

视频播放：关于具体介绍，请观看配套视频"任务四：制作国学书院教学楼的露台围栏模型.wmv"。

任务五：制作国学书院教学楼的屋顶模型

国学书院教学楼的屋顶模型主要分屋顶支架模型、琉璃瓦模型和屋顶装饰模型三大部分。

1. 制作国学书院教学楼的屋顶支架模型

步骤 01：创建 1 个平面，调节该平面的顶点位置。创建和位置调节之后的平面效果如图 5.75 所示。

步骤 02：使用【挤出】命令，对位置调节之后的平面进行挤出。挤出之后的效果如图 5.76 所示。

步骤 03：对挤出之后的模型进行等距离复制，复制之后的效果如图 5.77 所示。

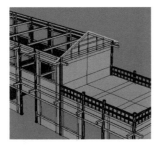  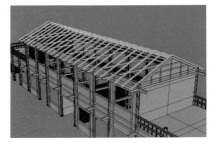

图 5.75　创建和位置调节　　　图 5.76　挤出之后的效果　　　图 5.77　复制之后的效果
之后的平面效果

步骤 04：创建第 1 个半径值为 0.09m 的圆柱体，使用【倒角】命令，对创建的圆柱体的两端进行倒角处理。创建和倒角之后的圆柱体效果如图 5.78 所示。

步骤 05：复制倒角之后的圆柱体并调节其位置，复制和位置调节之后的圆柱体效果如图 5.79 所示。

步骤 06：方法同上，创建第 2 个半径值为 0.09m 的圆柱体，对创建的圆柱体进行倒角处理。倒角之后的圆柱体效果如图 5.80 所示。

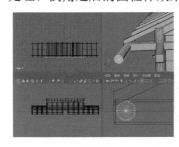 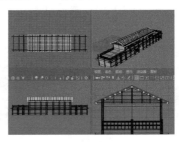 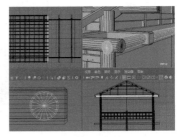

图 5.78　创建和倒角之后的　　　图 5.79　复制和位置调节　　　图 5.80 倒角之后的圆
圆柱体效果　　　　　　　　之后的圆柱体效果　　　　　　柱体效果

步骤 07：创建 1 个立方体，对创建的立方体进行位置调节和复制。复制和位置调节之后的效果如图 5.81 所示。

步骤 08：把制作好的侧面屋顶支架模型镜像复制 1 份并调节好其位置，镜像复制和调节好位置的效果如图 5.82 所示。

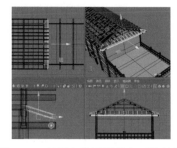
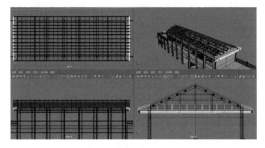

图 5.81　复制和位置调节之后的效果　　　　图 5.82　镜像复制和调节好位置的效果

2. 制作国学书院教学楼的琉璃瓦模型

步骤 01：根据结构要求，调节屋顶的横梁长度，使其与墙体对齐。长度调节之后的效果如图 5.83 所示。

步骤 02：创建 1 个平面，根据屋顶的框架调节立方体的顶点位置。创建和顶点位置调节之后的平面效果如图 5.84 所示。

步骤 03：使用【挤出】命令，对顶点位置调节之后的平面进行挤出。挤出之后的效果如图 5.85 所示。

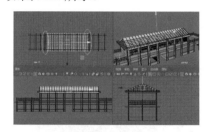

图 5.83　长度调节　　　　图 5.84　创建和顶点位置　　　　图 5.85　挤出之后的效果
　　之后的效果　　　　　　　调节之后的平面效果

步骤 04：创建 1 个半径值为 0.1m 的圆柱体，把该圆柱体的高度分段数设为 11。调节该圆柱体的顶点位置，效果如图 5.86 所示。

步骤 05：先使用【挤出】命令，选择循环边进行挤出，再使用【目标焊接】工具对其进行焊接。挤出和焊接之后的效果如图 5.87 所示。

步骤 06：使用【倒角】命令，对选择的循环边和面进行倒角处理。倒角之后的效果如图 5.88 所示。

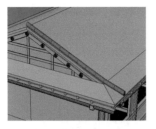

图 5.86　调节顶点位置
之后的效果

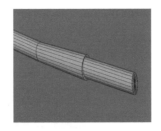

图 5.87　挤出和焊接
之后的效果

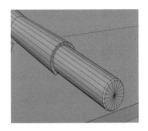

图 5.88　倒角之后的效果

步骤 07：方法同上，继续进行挤出、焊接和倒角处理，效果如图 5.89 所示。

步骤 08：创建 1 个平面，调节该平面的顶点位置，效果如图 5.90 所示。

步骤 09：先使用【插入循环边】命令，插入循环边，再使用【挤出】命令对已插入循环边的平面进行挤出。插入循环边和挤出之后的效果如图 5.91 所示。

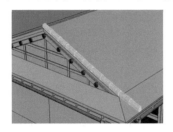

图 5.89　步骤 07 挤出、
焊接和倒角之后的效果

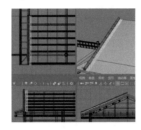

图 5.90　创建和顶点位置调节
之后的效果

图 5.91　插入循环边和
挤出之后的效果

步骤 10：方法同上，使用【挤出】命令和【目标焊接】工具，对选择的面进行挤出和焊接，效果如图 5.92 所示。

步骤 11：复制已制作好的 2 个模型，调节好它们的位置，最终的琉璃瓦模型效果如图 5.93 所示。

图 5.92　挤出和焊接之后的效果

图 5.93　最终的琉璃瓦模型效果

3. 制作国学书院教学楼的屋顶装饰模型

国学书院教学楼的屋顶装饰模型的制作通过创建立方体，根据收集的参考图对创建的立方体进行挤出、倒角和顶点位置调节来完成。

步骤 01：创建 1 个立方体，调节该立方体的顶点位置。调节顶点位置之后的立方体效果如图 5.94 所示。

步骤 02：使用【挤出】命令，对位置调节之后的立方体进行挤出。选择循环面，使用【倒角】命令对选择的循环面进行倒角处理。挤出和倒角之后的效果如图 5.95 所示。

步骤 03：方法同上，创建 1 个立方体，对创建的立方体进行挤出和位置调节，以制作屋顶的其他装饰压条。最终的屋顶装饰模型效果如图 5.96 所示。

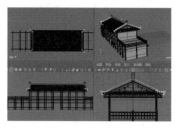

图 5.94　调节顶点位置
之后的立方体效果

图 5.95　挤出和倒角
之后的效果

图 5.96　最终屋顶装饰
模型效果

步骤 04：在菜单栏中单击【创建】→【曲线工具】→【CV 曲线工具】命令，在前视图中根据参考图绘制，如图 5.97 所示的曲线。

步骤 05：选择绘制的曲线，在菜单栏中单击【曲面】→【旋转】命令，对曲线进行旋转。旋转之后的效果如图 5.98 所示。

视频播放：关于具体介绍，请观看配套视频"任务五：制作国学书院教学楼的屋顶模型.wmv"。

任务六：制作国学书院教学楼中间的琉璃瓦支架和琉璃瓦模型

国学书院教学楼中间的琉璃瓦支架和琉璃瓦模型的制作方法，与屋顶的制作方法完全相同，在此不再赘述，读者可以参考屋顶模型的制作步骤或本书配套的多媒体教学视频。

步骤 01：国学书院教学楼中间的琉璃瓦支架模型效果如图 5.99 所示。

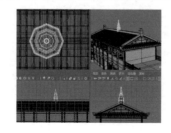
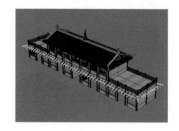

图 5.97　绘制的曲线

图 5.98　旋转之后的效果

图 5.99　教学楼中间的琉璃瓦
支架模型效果

步骤 02：创建第 1 个立方体，调节该立方体的顶点位置，删除多余的面。对剩余的面进行挤出，挤出之后的效果如图 5.100 所示。

步骤 03：琉璃瓦模型的制作方法与教学楼屋顶琉璃瓦模型的制作方法相同，制作好的

琉璃瓦模型效果如图 5.101 所示。

步骤 04：创建第 2 个立方体，对创建的立方体进行顶点位置调节和倒角处理，以制作琉璃瓦的压条。制作好的压条模型效果如图 5.102 所示。

图 5.100　挤出之后的效果

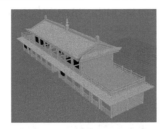

图 5.101　制作好的琉璃瓦模型效果

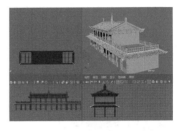

图 5.102　制作好的压条模型效果

视频播放：关于具体介绍，请观看配套视频"任务六：制作国学书院教学楼的中间琉璃瓦支架和琉璃瓦模型.wmv"。

任务七：制作国学书院教学楼的门模型

国学书院教学楼的门模型的制作通过创建平面，根据参考图给创建的平面插入循环边，对循环边进行挤出和倒角处理。

1. 制作国学书院教学楼的门框架模型

步骤 01：收集门的参考图，如图 5.103 所示。

步骤 02：在前视图中创建 1 个平面，使用【挤出】命令，对创建的平面进行挤出和删除。挤出和删除多余的面之后的效果，如图 5.104 所示。

步骤 03：使用【倒角】命令，对挤出的模型进行倒角处理。倒角之后的效果如图 5.105 所示。

图 5.103　门的参考图

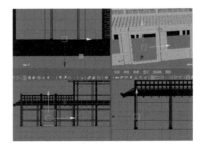

图 5.104　挤出和删除多余的面之后的效果

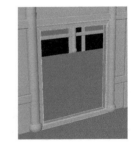

图 5.105　倒角之后的效果

步骤 04：创建 1 个平面，根据参考图对该平面的顶点位置进行调节。位置调节之后的效果如图 5.106 所示。

步骤 05：使用【挤出】命令，对创建的平面进行挤出和位置调节，把用来制作门的花

格的面删除，效果如图 5.107 所示。

步骤 06：使用【倒角】命令，对挤出和删除多余的面之后的模型进行倒角处理。倒角之后的效果如图 5.108 所示。

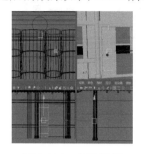
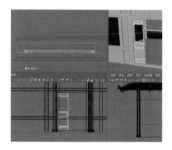

图 5.106　位置调节　　　　图 5.107　挤出、位置调节和删除　　　图 5.108　倒角之后的效果
　　之后的效果　　　　　　　　　多余的面之后的效果

2. 制作国学书院教学楼门上的花格模型

步骤 01：创建第 1 个平面，该平面的分段数和大小如图 5.109 所示。

步骤 02：选择所有的边，使用【倒角】命令，对选择的边进行倒角处理；根据参考图，删除多余的面。倒角和删除多余的面之后的效果如图 5.110 所示。

步骤 03：使用【挤出】命令和【倒角】命令，先后对删除多余的面之后的模型进行挤出和倒角处理，效果如图 5.111 所示。

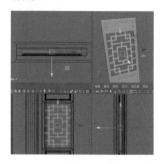

图 5.109　平面的　　　　图 5.110　倒角和删除多余的　　　图 5.111　挤出和倒角
　　分段数和大小　　　　　　　面之后的效果　　　　　　　之后的效果

步骤 04：创建第 2 个平面，对创建的平面进行挤出和倒角处理，把经过编辑的平面作为花格边框，效果如图 5.112 所示。

步骤 05：创建第 3 个平面，把它作为花格的玻璃模型。把制作好的所有门部件模型结合为 1 个模型，结合之后的模型效果如图 5.113 所示。

步骤 06：把制作好的门模型进行复制和调节位置，效果如图 5.114 所示。

视频播放：关于具体介绍，请观看配套视频"任务七：制作国学书院教学楼的门模型.wmv"。

图 5.112　花格边框效果

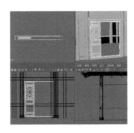

图 5.113　结合之后的
模型效果

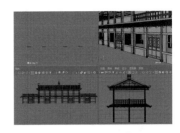

图 5.114　复制和位置调节
之后的效果

任务八：制作国学书院教学楼的窗户模型

　　国学书院教学楼的窗户模型的制作方法与国学书院教学楼的门模型的制作方法完全相同，在此不再详细介绍。

　　国学书院教学楼的窗户模型的效果如图 5.115 所示。把制作好的窗户进行复制和调节位置，得到的窗户模型效果如图 5.116 所示。

图 5.115　国学书院教学楼的窗户模型效果

图 5.116　窗户模型效果

　　视频播放：关于具体介绍，请观看配套视频"任务八：制作国学书院教学楼的窗户模型.wmv"。

七、拓展训练

　　根据所学知识完成以下中间楼模型的制作。

案例 3 制作国学书院的回廊模型

一、案例内容简介

本案例主要介绍国学书院的回廊模型的制作流程、方法和技巧。

二、案例效果欣赏

三、案例制作流程（步骤）

任务五：制作国学书院回廊转角处的屋顶模型

任务四：制作国学书院的回廊屋顶模型

案例3 制作国学书院的回廊模型

任务一：制作国学书院的回廊支架模型

任务二：制作国学书院的回廊装饰花格模型

任务三：制作国学书院回廊中的凳子和靠背模型

四、制作目的

（1）了解制作动画室外场景模型的基本流程。

（2）掌握国学书院的回廊模型的制作技巧。

（3）了解回廊设计的基本原理。

（4）熟练掌握回廊模型的制作方法。

五、制作过程中需要解决的问题

（1）回廊设计的基本原理。

（2）软件命令的作用、使用方法以及参数调节。

六、详细操作步骤

任务一：制作国学书院的回廊支架模型

国学书院回廊支架模型的制作通过使用多边形建模命令，对多边形基本几何体进行编辑来完成。

1. 制作国学书院的回廊基座模型

步骤 01：创建 1 个平面，该平面的具体参数设置如图 5.117 所示。

步骤 02：调节平面顶点的位置，如图 5.118 所示。

步骤 03：删除平面中间的面，使用【挤出】命令，对剩余的面进行挤出，把挤出的高度值设为 0.2m，挤出之后的效果如图 5.119 所示。

 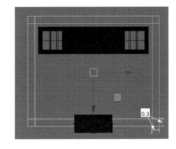 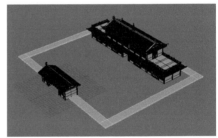

图 5.117　平面的　　　　图 5.118　平面顶点　　　　图 5.119　挤出之后的效果
具体参数设置　　　　　　位置的调节

2. 制作国学书院的回廊主体支架模型

国学书院的回廊主体支架模型的制作通过创建圆柱体和立方体，对创建的圆柱体和立方体进行倒角来完成。

步骤 01：创建第 1 个圆柱体，该圆柱体的具体参数如图 5.120 所示。

步骤 02：对创建的圆柱体进行复制和位置调节，效果如图 5.121 所示。

步骤 03：创建第 2 个圆柱体，该圆柱体的具体参数设置如图 5.122 所示。设置完毕，使用【倒角】命令，对圆柱体的两端进行倒角处理。

步骤 04：把倒角之后的圆柱体复制 1 份，对复制的圆柱体进行旋转和顶点位置调节，调节之后的圆柱体长度为 0.1m。旋转和位置调节之后的效果如图 5.123 所示。

步骤 05：把 2 个圆柱体结合为 1 个对象，把结合之后的对象进行复制和位置调节，复制和位置调节之后的效果如图 5.124 所示。

图 5.120　第 1 个圆柱体的
具体参数设置

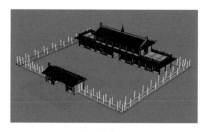

图 5.121　复制和位置调节
之后的效果

图 5.122　第 2 个圆柱体的
具体参数设置

步骤 06：创建 1 个半径值为 0.08m 的圆柱体，根据参考图要求调节圆柱体长度。使用
【倒角】命令，对创建的圆柱体两端进行倒角处理。根据场景的需要，复制 4 个已编辑好的
圆柱体并调节好它们的位置。复制和位置调节之后的效果如图 5.125 所示。

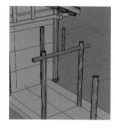

图 5.123　旋转和
位置调节之后的效果

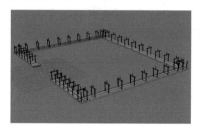

图 5.124　步骤 05 复制和位置
调节之后的效果

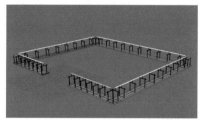

图 5.125　步骤 06 复制和位置调节之
后的效果

步骤 07：把步骤 06 创建的圆柱体复制 10 份，调节它们的长度和位置。复制和位置调
节之后的效果如图 5.126 所示。

3．制作回廊转角处的支架模型

回廊转角处的支架模型的制作方法比较简单，主要通过创建圆柱体并对其进行倒角、
复制和位置调节来完成。

步骤 01：创建 1 个半径值为 0.006m、长度值为 1m 的圆柱体，对该圆柱体的两端进行
倒角处理。倒角之后的圆柱体效果如图 5.127 所示。

步骤 02：把创建的圆柱体复制 4 份并调节好它们的位置，调节位置之后的效果如图 5.128
所示。

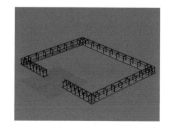

图 5.126　步骤 07 复制和
位置调节之后的效果

图 5.127　倒角之后的
圆柱体效果

图 5.128　调节位置
之后的效果

步骤 03：继续把创建的圆柱体复制 4 份，把圆柱体的长度值调为 2.5m，调节复制的圆柱体的位置。复制的圆柱体具体位置如图 5.129 所示。

步骤 04：继续把创建的圆柱体复制 4 份，把圆柱体的长度值调为 1.5m。对复制的圆柱体进行移动和旋转，效果如图 5.130 所示。

步骤 05：选择所有圆柱体，使用【结合】命令，将选择的圆柱体结合为 1 个对象。把结合之后的对象复制 3 份，调节好它们的位置。复制和位置调节之后的效果如图 5.131 所示。

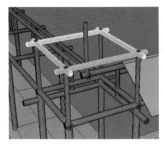 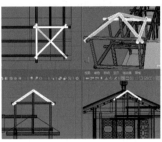 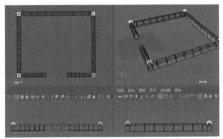

图 5.129　复制的圆柱体　　　图 5.130　复制、移动和　　　图 5.131　复制和位置调节
　　　　　具体位置　　　　　　　　　旋转之后的效果　　　　　　　　之后的效果

视频播放：关于具体介绍，请观看配套视频"任务一：制作国学书院的回廊支架模型.wmv"。

任务二：制作国学书院的回廊装饰花格模型

国学书院的回廊装饰花格模型的制作通过对创建的平面进行倒角和挤出来制作。

步骤 01：在侧视图中创建 1 个平面，该平面的具体参数设置如图 5.132 所示。

步骤 02：选择平面中除边界边之外的所有边，使用【倒角】命令，对选择的边进行倒角处理。倒角之后的效果如图 5.133 所示。

步骤 03：根据如图 5.134 所示的参考图，删除多余的面。

  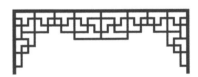

图 5.132　平面的具体　　　图 5.133　倒角之后的效果　　　图 5.134　参考图
　　　　　参数设置

步骤 04：使用【挤出】命令，对剩余的面进行挤出，挤出之后的效果如图 5.135 所示。

步骤 05：创建 1 个平面，调节该平面顶点的位置，删除多余的面。使用【挤出】命令，对剩余的面进行挤出，挤出之后的效果如图 5.136 所示。

步骤 06：使用【倒角】命令，对挤出的模型进行倒角处理，倒角之后的效果如图 5.137 所示。

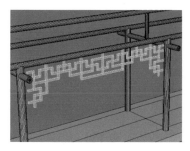

图 5.135　步骤 04 挤出
之后的效果

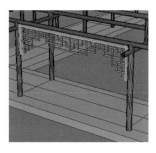

图 5.136　步骤 05 挤出
之后的效果

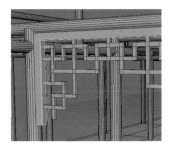

图 5.137　倒角之后的效果

步骤 07：选择倒角之后的模型和装饰花格，使用【结合】命令把 2 个对象结合为 1 个对象。

步骤 08：复制结合之后的对象，根据项目要求对复制的对象进行旋转和移动。复制和位置调节之后的回廊装饰花格模型如图 5.138 所示。

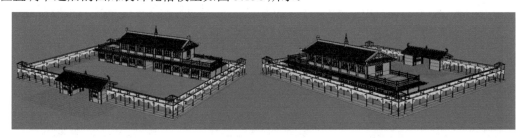

图 5.138　复制和位置调节之后的回廊装饰花格模型

视频播放：关于具体介绍，请观看配套视频"任务二：制作国学书院的回廊装饰花格模型.wmv"。

任务三：制作国学书院回廊中的凳子和靠背模型

国学书院回廊中的凳子和靠背模型的制作通过对立方体、平面和圆柱体进行编辑来完成。

1. 制作国学书院回廊中的凳子模型

步骤 01：创建 1 个平面，调节平面顶点的位置，删除多余的面，效果如图 5.139 所示。

步骤 02：使用【挤出】命令，对剩余的面进行挤出，把挤出的参数设为 0.1，离地面的高度为 0.3m。挤出和高度调节之后的效果如图 5.140 所示。

步骤 03：创建 1 个半径值为 0.05m 的圆柱体，删除该圆柱体两端的顶面。圆柱体的长度和位置如图 5.141 所示。

步骤 04：方法同上，创建 4 个半径值为 0.05m 的圆柱体，删除圆柱体两端的顶面，调节好其位置，圆柱体的具体位置如图 5.142 所示。

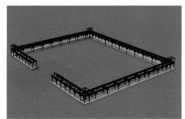

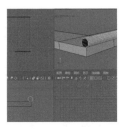

图 5.139　删除多余的面
之后的效果

图 5.140　挤出和高度调节
之后的效果

图 5.14　圆柱体的
长度和位置

2. 制作国学书院回廊中的凳子靠背花格模型

国学书院回廊中的凳子的靠背花格模型的制作方法和国学书院的回廊装饰花格模型的制作方法完全相同，在此不再赘述。

步骤 01：在侧视图中制作 1 个大小为 0.45m×0.45m 的花格模型，如图 5.143 所示。

步骤 02：将制作好的花格模型沿 Z 轴旋转-15°，调节好其位置，效果如图 5.144 所示。

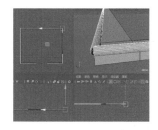

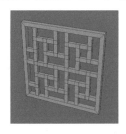

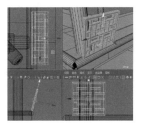

图 5.142　圆柱体的具体位置

图 5.143　花格模型

图 5.144　位置调节之后的
花格模型效果

步骤 03：创建 1 个长度值和宽度值都为 0.45m、高度值为 1.50m 的立方体，使用【倒角】命令对该立方体进行倒角处理。

步骤 04：使用【多切割】命令，对倒角之后的立方体进行分割，调节好其位置。分割和位置调节之后的效果如图 5.145 所示。

步骤 05：创建 1 个半径值为 0.16m 的球体，使用【结合】命令把立方体和球体结合为 1 个对象。结合之后的效果如图 5.146 所示。

步骤 06：复制结合之后的对象和花格模型，调节好它们的位置，效果如图 5.147 所示。

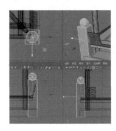

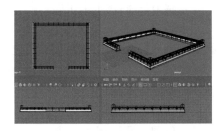

图 5.145　分割和位置调节
之后的效果

图 5.146　结合之后的效果

图 5.147　复制和位置调节
之后的效果

步骤 07：创建 5 个半径值为 0.03m 的圆柱体，其长度根据回廊的长度而定。删除该圆柱体两端的面，对圆柱体进行旋转和移动，圆柱体的位置和效果如图 5.148 所示。

视频播放：关于具体介绍，请观看配套视频"任务三：制作国学书院的回廊中的凳子和靠背模型.wmv"。

任务四：制作国学书院的回廊屋顶模型

国学书院的回廊屋顶模型的制作通过创建平面，使用【挤出】、【倒角】和【插入循环边】命令，对创建的平面插入循环边、进行倒角和挤出来完成。

1. 制作国学书院回廊屋顶的琉璃瓦的支撑结构模型

步骤 01：创建 1 个平面，调节该平面的顶点位置，效果如图 5.149 所示。

步骤 02：使用【插入循环边】命令，插入 20 条等距离的循环边，如图 5.150 所示。

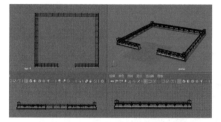

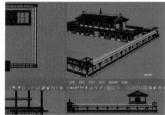

图 5.148　圆柱体的位置和效果　　　图 5.149　位置调节　　　　图 5.150　插入 20 条
　　　　　　　　　　　　　　　　　　之后的平面效果　　　　　等距离的循环边

步骤 03：选择插入的循环边，使用【倒角】命令，对插入的循环进行倒角处理。倒角之后删除多余的面，效果如图 5.151 所示。

步骤 04：使用【挤出】命令，对剩余的面进行挤出，挤出之后的效果如图 5.152 所示。

步骤 05：选择如图 5.153 所示面，在菜单栏中单击【编辑网格】→【复制】命令，把选择的面复制 1 份，调节复制的面的顶点位置。复制和位置调节之后的效果如图 5.154 所示。

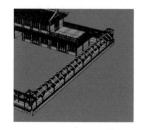

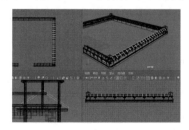

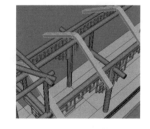

图 5.151　倒角和删除多余的面　　　图 5.152　步骤 04 挤出　　　图 5.153　选择的面
　　　　　之后的效果　　　　　　　　　　之后的效果

步骤 06：使用【挤出】命令，对调节顶点位置之后的面进行挤出，效果如图 5.155 所示。

步骤 07：将制作的模型进行复制和位置调节，效果如图 5.156 所示。

 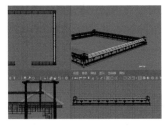 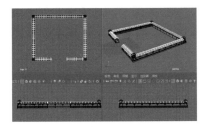

图 5.154　复制和顶点位置
调节之后的效果　　　　　图 5.155　步骤 06 挤出
之后的效果　　　　　图 5.156　复制和位置调节
之后的效果

2. 制作国学书院回廊屋顶的琉璃瓦模型

本节琉璃瓦模型的制作方法与前面介绍的琉璃瓦模型的制作方法完全相同，这里不再详细介绍。读者也可以复制前面制作好的琉璃瓦模型进行编辑。

步骤 01：制作好的琉璃瓦模型如图 5.157 所示。

步骤 02：把制作好的琉璃瓦模型进行复制和位置调节，效果如图 5.158 所示。

 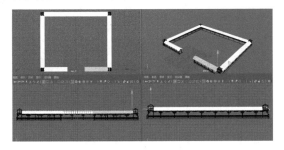

图 5.157　制作好的琉璃瓦模型　　　　　图 5.158　复制和位置调节之后的效果

步骤 03：创建 5 个半径值为 0.15m 的圆柱体，这些圆柱体的长度根据回廊尺寸而定。使用【倒角】命令，依次对 5 个圆柱体两端的面进行倒角处理，调节好这些圆柱体位置，效果如图 5.159 所示。

视频播放：关于具体介绍，请观看配套视频"任务四：制作国学书院回廊屋顶模型.wmv"。

任务五：制作国学书院回廊转角处的屋顶模型

国学书院回廊转角处的屋顶模型的制作通过使用【多边形建模】工具架中的工具，对平面和立方体进行编辑来完成。

步骤 01：创建 1 个平面，该平面的具体参数设置如图 5.160 所示。

步骤 02：选择平面内所有顶点，使用【合并到中心】命令，把选择的顶点合并为 1 个顶点。合并到中心之后的效果如图 5.161 所示。

步骤 03：使用【多切割】命令对模型进行分割，对分割之后的模型顶点位置进行调节，效果如图 5.162 所示。

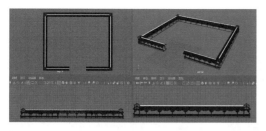

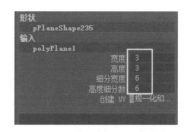

图 5.159　创建和调节好位置之后的 5 个圆柱体效果　　　　图 5.160　平面的具体参数设置

步骤 04：把分割之后的模型复制 1 份作为备用。

步骤 05：选择分割之后的模型中需要倒角的边，使用【倒角】命令进行倒角处理，然后删除多余的面，效果如图 5.163 所示。

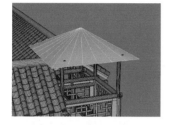

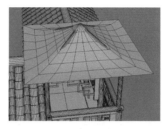

图 5.161　合并到中心 　　　　图 5.162　分割和顶点位置 　　　　图 5.163　倒角和删除多余的面
之后的效果 　　　　　　　　　调节之后的效果 　　　　　　　　之后的效果

步骤 06：使用【挤出】命令，对剩余的面进行挤出，挤出之后的效果如图 5.164 所示。

步骤 07：选择前面复制的平面，使用【挤出】命令，对其进行挤出，挤出之后的效果如图 5.165 所示。

步骤 08：把本案例"任务四"中制作好的琉璃瓦模型进行复制、旋转和移动，删除多余的面，效果如图 5.166 所示。

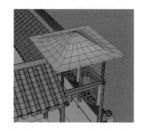

图 5.164　步骤 06 挤出 　　　　图 5.165　步骤 07 挤出 　　　　图 5.166　步骤 08 的效果
之后的效果 　　　　　　　　　之后的效果

步骤 09：创建 1 个立方体并调节其顶点位置，把调节好顶点位置之后的模型旋转后复制 3 份，效果如图 5.167 所示。

步骤 10：把前面制作的屋顶装饰模型复制 1 份并调节好位置，如图 5.168 所示。

步骤 11：把国学书院回廊转角处的屋顶模型全部选中，使用【结合】命令，把选择的所有模型结合为 1 个模型，再把结合之后的模型复制 3 份并调节好它们的位置。结合和复制的模型效果如图 5.169 所示。

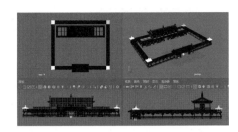

图 5.167　步骤 09 的效果　　图 5.168　复制的模型　　图 5.169　结合和复制的模型效果

视频播放： 关于具体介绍，请观看配套视频"任务五：制作国学书院回廊转角处屋顶模型.wmv"。

七、拓展训练

根据所学知识完成以下侧楼模型的制作。

案例 4　制作国学书院的天桥模型

一、案例内容简介

通过本案例，介绍国学书院的天桥模型的制作流程、方法和技巧。

二、案例效果欣赏

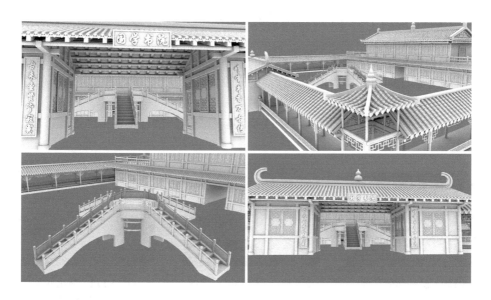

三、案例制作流程（步骤）

任务三：制作国学书院天桥的围栏模型

案例4
制作国学书院
的天桥模型

任务一：制作国学书院天桥的主体模型

任务二：制作国学书院天桥的阶梯模型

四、制作目的

（1）了解动画室外场景模型制作的基本流程。

（2）掌握国学书院的天桥模型效果的制作技巧。

（3）了解天桥设计的基本原理。

（4）熟练掌握天桥模型的制作方法和技巧。

五、制作过程中需要解决的问题

（1）桥梁设计的基本原理。

（2）桥梁建筑的基本常识。

（3）软件命令的作用、使用方法以及参数调节。

六、详细操作步骤

任务一：制作国学书院天桥的主体模型

国学书院天桥的主体模型的制作通过创建圆柱体，使用多边形建模命令对创建的圆柱体进行编辑来完成。

步骤 01：创建 1 个圆柱体，该圆柱体的具体参数设置如图 5.170 所示。

步骤 02：创建的圆柱体的顶面到底面的高度为 2m，把它放置在场景中间位置。创建的圆柱体效果如图 5.171 所示。

步骤 03：选择圆柱体的顶面，使用【挤出】命令对，圆柱体的顶面进行挤出和缩放，效果如图 5.172 所示。

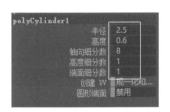

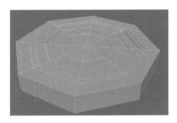

图 5.170　圆柱体的具体　　　图 5.171　步骤 02 创建的　　　图 5.172　挤出和缩放
　　　　参数设置　　　　　　　　　圆柱体效果　　　　　　　　之后的效果

步骤 04：选择需要倒角的边，使用【倒角】命令进行倒角处理。倒角之后的效果如图 5.173 所示。

步骤 05：创建 1 个半径值为 0.1m 的圆柱体，删除其两端的面，该圆柱体的长度为 2m。创建的圆柱体效果如图 5.174 所示。

步骤 06：使用【插入循环边】命令，给创建的圆柱体插入循环边。选择需要挤出的循环边，使用【挤出】命令进行挤出。挤出之后的效果如图 5.175 所示。

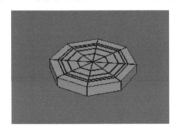
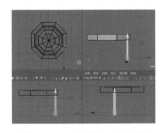

图 5.173　倒角之后的效果　　　图 5.174　步骤 05 创建的　　　图 5.175　挤出之后的效果
　　　　　　　　　　　　　　　　　圆柱体效果

步骤 07：把挤出之后的圆柱体复制 7 份并调节好它们的位置，效果如图 5.176 所示。

步骤 08：创建 1 个圆柱体，删除它的上下顶面，先使用【挤出】命令进行挤出，再使用【倒角】命令对挤出的模型的边进行倒角处理，效果如图 5.177 所示。

步骤 09：把挤出和倒角之后的模型复制 1 份，调节好其位置。复制的模型位置如图 5.178 所示。

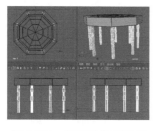
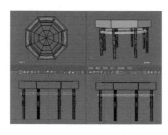
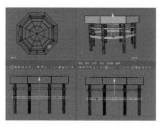

图 5.176　复制和位置调节　　　　图 5.177　挤出和倒角　　　　图 5.178　复制的模型位置
　　　　　之后的效果　　　　　　　　　　之后的效果

视频播放：关于具体介绍，请观看配套视频"任务一：制作国学书院天桥的主体模型.wmv"。

任务二：制作国学书院天桥的阶梯模型

国学书院天桥的阶梯模型的制作通过复制选择的面，再对复制的面进行挤出、倒角和复制来完成。

步骤 01：选择如图 5.179 所示的面，在菜单栏中单击【编辑网格】→【复制】命令，把选择的面复制 1 份。

步骤 02：对复制的面进行缩放，使用【挤出】命令对缩放之后的平面进行挤出，效果如图 5.180 所示。

步骤 03：复制挤出之后的模型并调节好其位置，如图 5.181 所示。

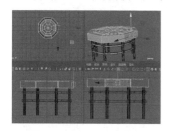
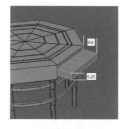
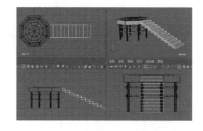

图 5.179　选择的面　　　　图 5.180　缩放和挤出　　　　图 5.181　复制和调节好位置
　　　　　　　　　　　　　　　　　之后的效果　　　　　　　　　　之后的模型

步骤 04：创建 1 个立方体，调节其顶点位置，对该立方体进行挤出，效果如图 5.182 所示。

步骤 05：把顶点位置调节之后的立方体复制 1 份，调节好其位置，如图 5.183 所示。

步骤 06：把所有阶梯模型选中，使用【结合】命令，把选择的所有模型结合为 1 个模

型。把结合之后的模型复制 3 份，调节好它们的位置。复制和位置调节之后的效果如图 5.184 所示。

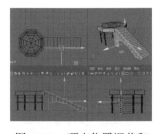 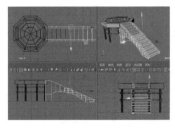 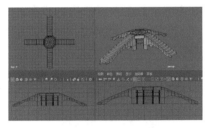

图 5.182　顶点位置调节和　　　　图 5.183　复制的立方体　　　　图 5.184　复制和位置调节
　　　　挤出之后的效果　　　　　　　　　　　　　　　　　　　　　　　　　之后的效果

视频播放：关于具体介绍，请观看配套视频"任务二：制作国学书院天桥的阶梯模型 .wmv"。

任务三：制作国学书院天桥的围栏模型

国学书院天桥的围栏模型的制作通过使用多边形编辑工具，对创建的立方体进行挤出和倒角来完成。

步骤 01：在顶视图中创建 1 个立方体，该立方体的具体参数设置如图 5.185 所示。

步骤 02：使用【插入循环边】命令，插入 2 条循环边。选择循环面，使用【挤出】命令，对选择的面进行挤出。挤出之后的效果如图 5.186 所示。

步骤 03：选择需要倒角的循环边，使用【倒角】命令，对选择的循环边进行倒角处理。倒角之后的效果如图 5.187 所示。

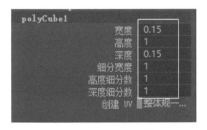  

图 5.185　立方体的具体参数设置　　　图 5.186　挤出之后的效果　　　图 5.187　倒角之后的效果

步骤 04：复制倒角之后的模型并调节好其位置，效果如图 5.188 所示。

步骤 05：创建 1 个立方体，调节该立方体的顶点位置和立方体的大小。调节之后的立方体效果如图 5.189 所示。

步骤 06：使用【挤出】命令，对创建的立方体进行挤出和缩放，效果如图 5.190 所示。

步骤 07：复制挤出之后的模型，根据围栏的立柱调节复制的模型，效果如图 5.191 所示。

步骤 08：创建 1 个宽度值和高度值都为 0.07m 的立方体，其长度根据围栏立柱之间的距离而定。然后，删除立方体两端的面。

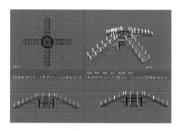
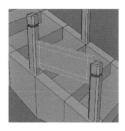
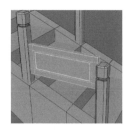

图 5.188　复制和位置调节　　　图 5.189　调节之后的　　　图 5.190　挤出和缩放
　　　　　之后的效果　　　　　　　　　　立方体效果　　　　　　　　　之后的效果

步骤 09：使用【倒角】命令，对立方体进行倒角处理，调节好其位置，效果如图 5.192
所示。

步骤 10：复制倒角之后的立方体，根据围栏的立柱调节该立方体的长度和位置，复制
和调节之后的效果如图 5.193 所示。

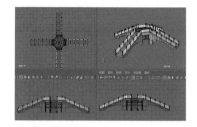

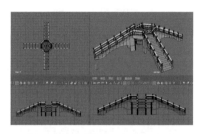

图 5.191　步骤 07 复制和调节　　图 5.192　倒角和位置　　　图 5.193　步骤 10 复制和调节
　　　　　之后的效果　　　　　　　　　调节之后的效果　　　　　　　　之后的效果

视频播放：关于具体介绍，请观看配套视频"任务三：制作国学书院天桥的围栏模
型.wmv"。

七、拓展训练

根据所学知识完成以下侧楼模型的制作。

案例5　制作国学书院的池塘、基座和围墙模型

一、案例内容简介

通过本案例，介绍国学书院的池塘及荷花、基座和围墙模型的制作流程、方法和技巧。

二、案例效果欣赏

三、案例制作流程（步骤）

任务八：制作国学书院中的植物花盆和花坛模型

任务七：制作国学书院中的植物模型

任务六：制作国学书院围墙外的围栏模型

任务五：制作国学书院围墙的琉璃瓦模型

案例5
制作国学书院的池塘、基座和围墙模型

任务一：制作国学书院的池塘模型

任务二：制作荷花模型

任务三：制作国学书院的基座模型

任务四：制作国学书院的围墙模型

四、制作目的

（1）了解动画室外场景模型制作的基本流程。

（2）掌握国学书院池塘、基座和围墙模型的制作技巧。

（3）了解池塘、基座和围墙设计的基本原理。

五、制作过程中需要解决的问题

（1）池塘、基座和围墙模型建筑的基本常识。

（2）动画场景制作的基本流程。

（3）软件命令的作用、使用方法以及参数调节。

六、详细操作步骤

任务一：制作国学书院的池塘模型

国学书院的池塘模型的制作通过创建圆柱体，对创建的圆柱体进行挤出、倒角和分割来完成。

步骤 01：创建第 1 个圆柱体，该圆柱体的具体参数设置如图 5.194 所示。

步骤 02：删除圆柱体的底面，使用【挤出】命令，对圆柱体进行挤出，挤出之后的效果如图 5.195 所示。

步骤 03：选择圆柱体中心的面，先使用【挤出】命令进行挤出，再使用【倒角】命令对挤出之后的模型进行倒角处理。挤出和倒角之后的效果如图 5.196 所示。

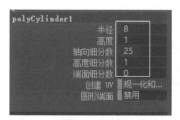
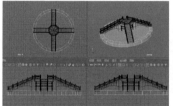
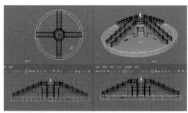

图 5.194　圆柱体的具体参数设置　　　图 5.195　挤出之后的效果　　　图 5.196　挤出和倒角之后的效果

步骤 04：创建第 2 个圆柱体，该圆柱体的具体参数设置如图 5.197 所示。

步骤 05：调节圆柱体中循环边的位置，删除圆柱体的底面，选择循环面进行挤出，效果如图 5.198 所示。

步骤 06：使用【倒角】命令，对挤出之后的模型进行倒角处理，效果如图 5.199 所示。

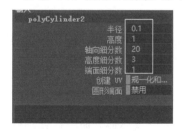
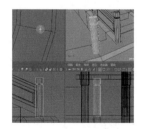
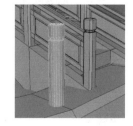

图 5.197　圆柱体的具体　　　图 5.198　位置调节和挤出　　　图 5.199　倒角之后的效果
　　　　　参数设置　　　　　　　　　之后的效果

步骤 07：复制倒角之后的模型并调节好其位置，效果如图 5.200 所示。

步骤 08：创建 1 个立方体，对创建的立方体进行挤出和倒角处理，效果如图 5.201 所示。

步骤 09：创建 2 个圆柱体，删除该圆柱体两端的面，调节其顶点位置，效果如图 5.202 所示。

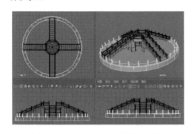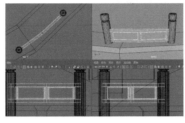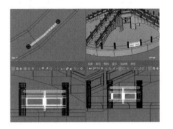

图 5.200　复制和位置调节　　　图 5.201　挤出和倒角之后的　　　图 5.202　位置调节
　　　之后的效果　　　　　　　　　　立方体效果　　　　　　　　　之后的效果

步骤 10：把完成编辑的 3 个模型选中，使用【结合】命令把它们结合为 1 个模型。

步骤 11：将结合之后的模型进行复制和位置调节，效果如图 5.203 所示。

步骤 12：把结合之后的模型再复制 1 份，进入面编辑模式，删除复制的模型的一半，调节好其位置，效果如图 5.204 所示。

步骤 13：将删除一半和位置调节之后的模型复制 7 份，调节好它们的位置，效果如图 5.205 所示。

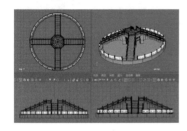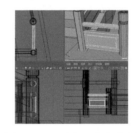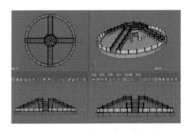

图 5.203　步骤 11 复制和位置　　　图 5.204　删除一半和位置　　　图 5.205　步骤 13 复制和位置
　　调节之后的效果　　　　　　　　调节之后的效果　　　　　　　　调节之后的效果

视频播放：关于具体介绍，请观看配套视频"任务一：制作国学书院的池塘模型.wmv"。

任务二：制作荷花的模型

荷花模型主要包括花冠、荷柄、莲蓬、花苞、荷叶和花蕊 6 个子模型。荷花模型的制作通过使用 NURBS 建模技术对创建的 NURBS 球体和圆柱体进行编辑来完成。

1. 制作荷花花冠的模型

步骤 01：在菜单栏中单击【创建】→【NURBS 基本体】→【球体】命令，在顶视图中创建 1 个球体，对球体进行适当的缩放。创建的球体效果如图 5.206 所示。

步骤 02：切换到等参线编辑模式，选择如图 5.207 所示的等参线。在菜单栏中单击【曲面】→【分离】命令，沿选择的等参线把大曲面分离成 4 个小曲面，对分离出来的曲面进行适当旋转。分离和旋转之后的效果如图 5.208 所示。

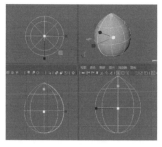

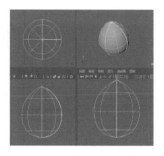

图 5.206　创建的球体效果　　　图 5.207　选择的等参线　　　图 5.208　分离和旋转之后的效果

步骤 03：复制已制作好的荷花花瓣模型，进行适当的旋转和缩放，最终的荷花花瓣组合效果如图 5.209 所示。

2. 制作荷柄的模型

荷柄模型的制作比较简单，在菜单栏中单击在菜单栏中单击【创建】→【NURBS 基本体】→【圆柱体】命令，在顶视图中创建 1 个圆柱体，调节该圆柱体的大小和位置，如图 5.210 所示。

3. 制作莲蓬模型

步骤 01：创建 1 个圆柱体，对该圆柱体的顶点进行缩放和位置调节。制作好的效果如图 5.211 所示。

图 5.209　最终的荷花花瓣　　　图 5.210　调节圆柱体的　　　图 5.211　莲蓬模型效果
　　　　　组合效果　　　　　　　　　大小和位置

步骤 02：创建球体，调节好该球体的大小和位置，效果如图 5.212 所示。

步骤 03：把前面创建的 NURBS 模型转换为多边形模型。选择需要转换的模型，在菜单栏中单击【修改】→【转化】→【NURBS 到多边形】→■图标，弹出【将 NURBS 转换为多边形选项】对话框。设置该对话框参数，具体参数设置如图 5.213 所示。

步骤 04：参数设置完毕，单击【应用】按钮，把 NURBS 模型转换为多边形模型。转换之后的模型效果如图 5.214 所示。

步骤 05：方法同上，继续将其他 NURBS 模型转换为多边形模型，转换之后的效果如图 5.215 所示。

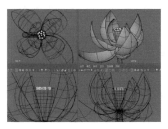

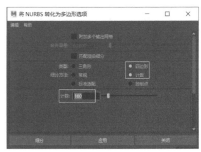

图 5.212　创建的球体效果　　　图 5.213　步骤 03 对话框的　　　图 5.214　转换之后的
　　　　　　　　　　　　　　　　　　具体参数设置　　　　　　　　　模型效果

4. 制作花蕊的模型

花蕊模型的制作比较简单，主要通过对创建的球体和圆柱体进行适当的缩放和变形来完成。

步骤 01：在顶视图中创建 1 个球体，对创建的球体进行适当缩放。创建的球体效果如图 5.216 所示。

步骤 02：创建 1 个圆柱体，删除该圆柱体两端的面，调节好圆柱体大小，效果如图 5.217 所示。

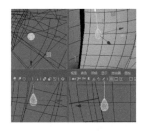

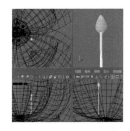

图 5.215　转换之后的效果　　　图 5.216　创建的球体效果　　　图 5.217　调节大小之后的圆柱体效果

步骤 03：使用【结合】命令，把经过编辑的球体和圆柱体结合为 1 个模型。

步骤 04：把结合之后的模型进行复制、旋转和位置调节，效果如图 5.218 所示。

5. 制作荷叶的模型

荷叶模型的制作通过创建圆柱体，只保留创建的圆柱体的 1 个顶面，根据荷花参考图调节顶面的顶点位置来完成。

步骤 01：创建 1 个圆柱体，只保留圆柱体的顶面，对圆柱体的顶面进行缩放和移动。缩放和移动之后的效果如图 5.219 所示。

步骤 02：使用【挤出】命令，挤出荷叶效果如图 5.220 所示。

步骤 03：选择荷叶模型，在菜单栏中单击【网格】→【平滑】命令，给荷叶模型添加平滑效果，如图 5.221 所示。

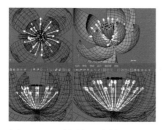

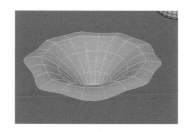

图 5.218　复制、旋转和位置
调节之后的效果

图 5.219　缩放和移动
之后的效果

图 5.220　挤出荷叶效果

6. 制作荷花花苞的模型

荷花花苞模型的制作通过创建球体，使用【晶格】命令调节该球体的形状来完成。

步骤 01：创建 1 个球体，选择创建的球体，在菜单栏中单击【变形】→【晶格】命令，对晶格点进行缩放和移动。调节晶格点之后的效果如图 5.222 所示。

步骤 02：选择调节之后的模型，在菜单栏中单击【编辑】→【按类型删除】→【历史】命令，取消晶格与球体之间的关联。

步骤 03：选择球体底面的几个面，使用【挤出】命令对选择的面进行挤出，效果如图 5.225 所示。

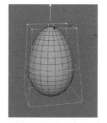

图 5.221　平滑之后的效果　　图 5.222　调节晶格点之后的效果　　图 5.223　挤出之后的效果

步骤 04：选择需要复制的面，使用【复制】命令复制选择的面，再对复制的面进行缩放和旋转，效果如 5.224 所示。

步骤 05：对制作好的荷花、花苞和荷叶模型进行复制、缩放和位置调节，池塘中荷花模型的最终效果如图 5.225 所示。

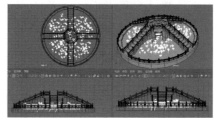

图 5.224　复制和旋转之后的效果　　　图 5.225　池塘中荷花模型的最终效果

视频播放：关于具体介绍，请观看配套视频"任务二：制作荷花的模型.wmv"。

任务三：制作国学书院的基座模型

基座模型的制作通过创建立方体并对其进行编辑来完成。

步骤 01：创建 1 个立方体，该立方体的具体参数设置如图 5.226 所示。

步骤 02：在侧视图中创建 1 个平面，创建的平面效果如图 5.227 所示，平面的具体参数设置如图 5.228 所示。

图 5.226　立方体的具体　　　　　图 5.227　创建的平面效果　　　　图 5.228　平面的具体
参数设置　　　　　　　　　　　　　　　　　　　　　　　　　　　参数设置

步骤 03：删除平面中多余的面，使用【挤出】命令对剩余的面进行挤出。挤出之后的效果如图 5.229 所示。

视频播放：关于具体介绍，请观看配套视频"任务三：制作国学书院的基座模型.wmv"。

任务四：制作国学书院的围墙模型

国学书院的围墙模型的制作通过创建立方体，删除立方体多余的面，再使用多边形编辑命令对创建的立方体进行编辑来完成。

1．制作围墙墙体的模型

步骤 01：创建 1 个立方体，该立方体的具体参数设置如图 5.230 所示。

步骤 02：使用【插入循环边】命令，插入循环边，如图 5.231 所示。

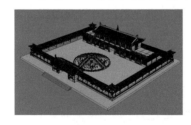

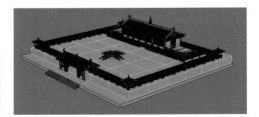

图 5.229　挤出之后的效果　　　图 5.230　立方体　　　　图 5.231　插入的循环边
　　　　　　　　　　　　　的具体参数设置

步骤 03：删除多余的面，适当调节边的位置。删除多余的面和调节边位置之后的效果如图 5.232 所示。

步骤 04：使用【插入循环边】命令，给剩余面插入循环边，删除多余的面，效果如图 5.233 所示。

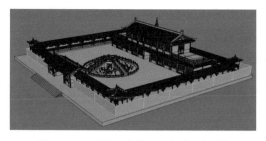

图 5.232　删除多余的面和边位置调节
之后的效果

图 5.233　插入循环边和删除多余的面
之后的效果

步骤 05：使用【挤出】命令，对删除多余的面之后的模型进行挤出，挤出之后的效果如图 5.234 所示。

2. 制作花格窗的模型

步骤 01：根据图 5.235 所示的花格窗参考图，制作花格窗效果。制作好的花格窗模型如图 5.236 所示。

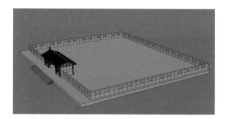

图 5.234　挤出之后的效果

图 5.235　参考图

图 5.236　制作好的
花格窗模型

步骤 02：复制已制作好的花格模型并调节好其位置，效果如图 5.237 所示。

视频播放：关于具体介绍，请观看配套视频"任务四：制作国学书院的围墙模型.wmv"。

任务五：制作国学书院围墙的琉璃瓦模型

国学书院围墙的琉璃瓦模型的制作方法与前面屋顶的琉璃瓦模型的制作方法完全相同，在此不再详细介绍，读者可以参考前面的制作方法或本书配套的教学视频。制作好的琉璃瓦模型效果如图 5.238 所示。

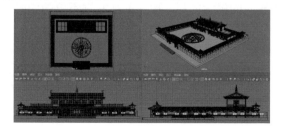

图 5.237　调节好位置之后的效果

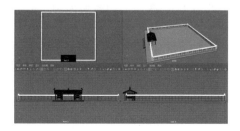

图 5.238　制作好的琉璃瓦模型效果

视频播放：关于具体介绍，请观看配套视频"任务五：制作国学书院围墙的琉璃瓦模型.wmv"。

任务六：制作国学书院围墙外的围栏模型

国学书院围墙外的围栏模型的制作方法和池塘围栏模型的制作方法完全相同，在此不再赘述。

制作好的国学书院围墙外的围栏模型效果如图 5.239 所示。

视频播放：关于具体介绍，请观看配套视频"任务六：制作国学书院围墙外的围栏模型.wmv"。

任务七：制作国学书院中的植物模型

国学书院中的植物模型的制作主要通过调用 Maya 2023 资源库中自带的植物模型来完成。

步骤 01：切换到顶视图。

步骤 02：在菜单栏中单击【窗口】→【建模编辑器】→【Paint Effects】命令，弹出【Paint Effects】对话框，如图 5.240 所示。

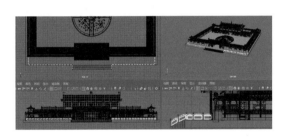

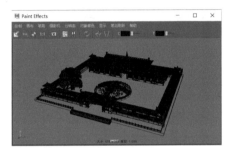

图 5.239　制作好的国学书院围墙外的围栏模型效果　　图 5.240　【Paint Effects】对话框

步骤 03：在【Paint Effects】对话框中单击"获取笔刷"图标，弹出【内容浏览器】窗口。

步骤 05：在【内容浏览器】窗口中的左侧列表选择资源库列表文件，在右侧列表显示相应的资源。例如，在此单击"TreesMesh"文件夹，在右侧列表显示 Maya 2023 自带的树木资源，如图 5.241 所示。

步骤 06：在右侧的资源库中，单击需要导入的树木图标，按住鼠标左键不放的同时拖动树木图标，即可将树木导入场景中。

步骤 07：选择导入的树木，在【通道】面板中根据项目要求设置树木的形状参数并进行缩放。图 5.242 所示为导入树木时的具体参数设置，图 5.243 为设置参数之后的树木形态。

图 5.241　资源库自带的树木资源

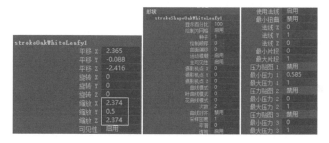

图 5.242　导入树木时的具体参数设置　　　　图 5.243　设置参数之后的树木形态

步骤 08：方法同上，根据项目要求继续导入植物和设置参数。导入植物和设置参数之后的效果如图 5.244 所示。

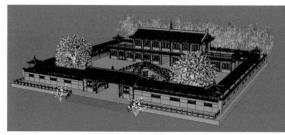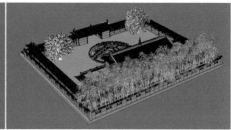

图 5.244　导入植物和设置参数之后的效果

视频播放：关于具体介绍，请观看配套视频"任务七：制作国学书院中的植物模型.wmv"。

任务八：制作国学书院中的植物花盆和花坛模型

植物花盆模型的制作根据参考图创建曲线，再对曲线进行旋转来完成。花坛模型的制

作通过创建圆柱体，对创建的圆柱体进行挤出和倒角来完成。

1. 制作植物花盆的模型

步骤 01：在菜单栏中单击【创建】→【曲线工具】→【CV 曲线工具】命令，在前视图中绘制如图 5.245 所示的曲线。

步骤 02：选择绘制的曲线，在菜单栏中单击【曲面】→【旋转】命令，生成曲面模型。生成的曲面模型如图 5.246 所示。

步骤 03：使用旋转之后的曲面模型，在菜单栏中单击【修改】→【转化】→【NURBS 到多边形】命令，弹出【将 NURBS 转化为多边形选项】对话框。该对话框的具体参数设置如图 5.247 所示。

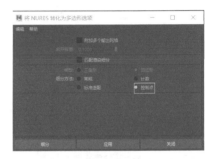

图 5.245　绘制的曲线　　　图 5.246　生成的曲面模型　　　图 5.247　步骤 03 对话框的
　　　　　　　　　　　　　　　　　　　　　　　　　　　　　　　　具体参数设置

步骤 04：单击【应用】按钮，把旋转得到的曲面模型转换为多边形模型。转换之后的效果如图 5.248 所示。

步骤 05：选择转换之后的模型，在菜单栏中单击【网格】→【平滑】命令，给转换之后的模型进行平滑处理。平滑之后的效果如图 5.249 所示。

步骤 06：把制作好的植物花盆模型复制 1 份，调节好其位置。植物花盆的位置和效果如图 5.250 所示。

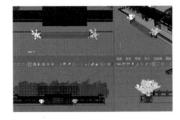

图 5.248　转换之后的效果　　　图 5.249　平滑之后的效果　　　图 5.250　植物花盆的位置和效果

2. 制作花坛的模型

步骤 01：创建 1 个圆柱体，该圆柱体的大小和位置如图 5.251 所示。

步骤 02：使用【挤出】命令对圆柱体进行挤出，再使用【倒角】命令对挤出模型进行

倒角处理。挤出和倒角之后的效果如图 5.252 所示。

步骤 03：把挤出和倒角之后的模型复制 1 份并调节好其位置，如图 5.253 所示。

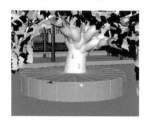
图 5.251　创建的圆柱体
大小和位置

图 5.252　挤出和倒角
之后的效果

图 5.253　复制和位置调节
之后的效果

视频播放：关于具体介绍，请观看配套视频"任务八：制作国学书院中的植物花盆和花坛模型.wmv"。

七、拓展训练

根据所学知识完成以下围墙和基座模型的制作。

第6章 制作影视动画写实人物模型——小乔

说明：

本章主要通过4个案例，介绍使用 Maya 2023 中的 Polygon（多边形）建模技术，制作影视动画写实人物的基本流程、方法和技巧。

教学建议课时数：

一般情况下需要30课时，其中理论学习占8课时，实际操作占22课时（特殊情况下可做相应调整）。

本章主要以《三国演义》中的小乔为例，介绍影视动画写实人物模型的制作流程、方法和技巧。建议读者在学习之前，了解一些有关人体结构和比例的相关基础知识。通过本章的学习，读者可以举一反三地制作各种影视动画写实人物模型。

案例1 制作影视动画写实人物模型的基础知识

一、案例内容简介

通过本案例，介绍制作影视动画写实人物模型的相关基础知识。

二、案例效果欣赏

三、案例制作流程（步骤）

任务六：了解人体头部的块面关系

任务五：了解人体头部的肌肉结构

任务四：了解人体头部的骨骼结构

案例1 制作影视动画写实人物模型的基础知识

任务一：制作影视动画写实人物模型的基础知识

任务二：制作影视动画写实人物模型时需要了解的人体知识

任务三：了解人体头部模型的比例关系

四、制作目的

（1）了解影视动画写实人物模型的制作流程。

（2）掌握参考图的收集方法，对参考图结构进行分析和提取元素。

（3）了解人体的基本结构和比例关系。

（4）了解写实人体结构布线的原理和规律。

五、制作过程中需要解决的问题

（1）影视动画写实人物模型的制作原理、方法和基本流程。

（2）人体结构、骨骼和肌肉的命名、分布与形态。

（3）影视动画写实角色的布线原理、方法和技巧。

六、详细操作步骤

任务一：制作影视动画写实人物模型的基础知识

1. 人物分析

小乔为桥玄之女、周瑜之妻，与姐姐大乔并称"二乔"。小乔天真纯洁，不谙世事，把上战场当作陪伴周瑜游玩。不过，上战场打仗时小乔也具备过人的勇气。

2. 参考图的收集

参考图可以从以下途径收集。

（1）通过互联网。

（2）通过购买相关书籍。

（3）通过各种报刊和宣传画册。

图 6.1 所示是通过各种途径收集的小乔人物形象的参考图，从收集的参考图中提取有效的元素。

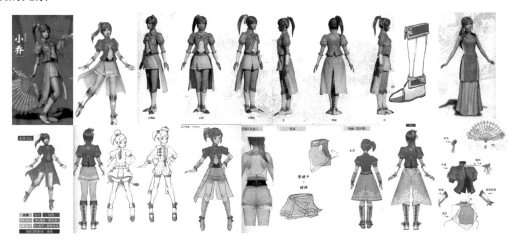

图 6.1　小乔人物形象的参考图

在本案例中，主要以《真·三国无双 8》官方艺术设定集中的小乔原画为蓝本，进行三维模型的制作。

3. 制作影视动画写实人物模型的基本流程

制作影视动画写实人物模型的基本流程如下。

步骤 01：根据项目收集参考图，对收集的参考图进行分析和提取有效元素。

步骤 02：仿制原画，对仿制的原画进行分析和解构。

步骤 03：制作影视动画写实人物的头部模型，主要包括头部的模型大形、五官细节刻画、面部特征调整以及头发的制作。

步骤 04：制作影视动画写实人物的身体模型，主要包括身体模型大形的制作、躯干和四肢的结构细化以及手脚模型的制作。

步骤 05：制作服饰模型，主要包括衣服、手腕装饰、靴子以及各种装饰品。

步骤 06：对模型分布 UV 和文件整理。

视频播放：关于具体介绍，请观看配套视频"任务一：制作影视动画写实人物模型的基础知识.wmv"。

任务二：制作影视动画写实人物模型时需要了解的人体知识

在制作影视动画写实人物模型之前，建议读者利用业余时间了解人体比例、人体布线和人体结构这 3 个方面的知识，这些知识对提高制作影视动画写实人物模型的能力有很大的帮助。

1. 人体比例

了解人体比例是制作出比例精确、整体和谐的模型的前提。作为初学者，可以使用比例正确的正视图和侧视图把握好人体的比例。通过一段时间的强化训练之后，就可以凭借自己对人体比例的了解制作出比例和谐的人体模型。

提示：如果要制作出完美的人体模型，就需要多阅读有关艺用人体结构、艺用人体解剖和艺用人体造型等书籍。然后，通过不断的练习，提高人体建模技术。

2. 人体布线

在制作人物模型时，要特别注意人体布线的合理性。所谓人体布线的合理性主要指布线的走向和疏密，人体布线的合理性将直接影响动画的后期工作，如材质贴图、运动动画和表情动画等。要熟练掌握人体布线，首先，要了解人体的肌肉分布、特征和走向，以及骨骼的结构分布和间架结构等。其次，要了解动画（包括表情动画）的制作流程和方法，在需要制作弯曲效果和表情动画的位置布线要密，布线的走向要符合肌肉的走向。最后，要掌握不同人体风格（Q 版、卡通版和写实等）和不同媒体平台（电视、电影和游戏等）对人物模型精度的要求。

3. 人体结构

制作人体模型的目的是要真实还原人体各部分特征。要做到这一点，读者必须在艺用

人体结构和美术功底 2 个方面下工夫。

在 CG 制作应用领域中，在制作人体模型时，通常把头部、身体、四肢分开建模，然后将它们组合在一起。

视频播放：关于具体介绍，请观看配套视频"任务二：制作影视动画写实人物模型时需要了解的人体知识.wmv"。

任务三：了解人体头部模型的比例关系

在制作人体头部模型时，经常采用"三庭五眼"的比例法则。这是绘画领域根据人的面部五官位置和比例归纳出来的一种人物面部的规律。实际人体面部五官位置和比例或多或少存在一些差异，但作为人体头部建模练习可以采用"三庭五眼"的比例法则。

三庭是指在水平方向把人的面部分为三等份，如图 6.2 所示。

（1）从发际至眉线为一庭。

（2）眉线至鼻底为一庭。

（3）鼻底至颏底为一庭。

提示：*每一庭的距离相等，耳朵位于中间一庭，耳朵的长度为一庭（理想状态）。*

五眼是指在竖直方向把人的面部分为五等份，每份的长度为 1 个眼睛的宽度，如图 6.3 所示。

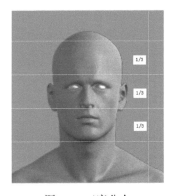

图 6.2　三庭分布

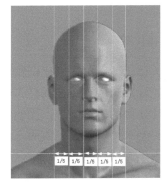

图 6.3　五眼分布

（1）两眼之间的距离为 1 个眼睛的宽度。

（2）从外眼角垂线至外耳孔垂线之间的距离为 1 个眼睛的宽度。

（3）整个面部正面纵向分为 5 个眼睛的宽度。

视频播放：关于具体介绍，请观看配套视频"任务三：了解人体头部模型的比例关系.wmv"。

任务四：了解人体头部的骨骼结构

1. 人体头部的骨骼组成、骨骼名称和位置分布情况

人体头部的骨骼组成、骨骼名称和位置分布情况如图 6.4 所示。

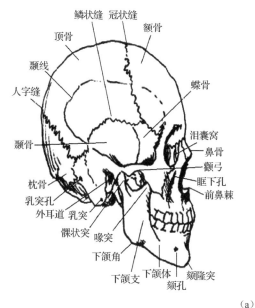

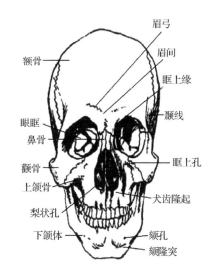

（a）

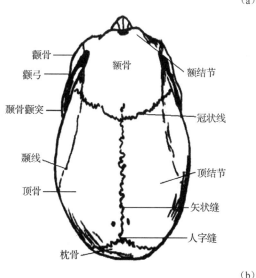

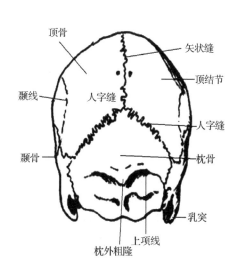

（b）

图 6.4　人的头部骨骼组成、骨骼名称和位置分布情况

（1）人体的头部由 24 块骨骼组成，其中，头盖骨占 8 块，面部骨骼占 16 块。

（2）整个头部骨骼除颌骨能活动外，其他的骨架是固定的，形成 1 个坚固的颅腔。

（3）眼眶以上为额骨，额骨以上为头盖骨，两侧向后与颞骨相连。

（4）颧骨上连额骨，下接颌骨，横接耳孔。

（5）上颌形成牙床，鼻骨形成鼻梁，眼眶位于颧骨、鼻骨和额骨之中。

（6）下颌骨像个马蹄形，上端与颞骨部分连接，主要通过咬肌的作用，可以上下活动，颅骨不能活动。

提示：骨骼的起伏形成形体上的变化。造型特征主要通过这些骨骼的起伏来表现，尤其凸起的骨骼是造型的重要标志。

2. 头部骨骼上的主要骨点

头部骨骼上的主要骨点分布情况如图6.5所示。

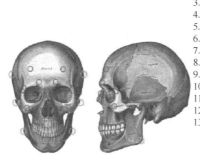

突起的骨点：
1. 额结节
2. 眉弓
3. 额颧突
4. 颧骨结节
5. 鼻骨
6. 上颌隆突
7. 下颌角
8. 颏隆突
9. 颏结节
10. 顶结节
11. 眶下缘
12. 颧弓
13. 颞骨乳突

凹下的骨点：
14. 眉间
15. 犬齿窝
16. 颞窝
体面转折线：
17. 颞线
18. 下颌斜线
19. 下颌底

图6.5　头部骨骼上的主要骨点分布情况

要了解头部骨骼的主要骨点，需要主要以下几点。

（1）颞线：位于两侧顶结节的连线长度，位于头部的最宽处。

（2）额结节：眼眶上缘的隆起部分，俗称眉弓，男性的眉弓比女性的眉弓突出。

（3）颧骨：位于额骨颧突下方，左右各一块；本身呈菱形，又在其上面、外面和内面各伸出1个骨突，分别与额骨、颞骨和上颌骨相连接。颧骨的外形对头部的造型影响非常大，在建模中要特别注意。

提示：颧骨颊面是指颧骨的外侧面，是构成颊部的基础。颧骨颊面是构成人面外部特征的主要部位。头部左、右颧骨颊面的连线长度为脸的最宽处。颧骨颊面下缘的最低位置大致位于耳垂至鼻底连线的中点位置。

（4）颏结节和颏隆突：颏结节指下颌骨的最前端的2个突起转折点；颏隆突指2个颏结节之间的三角状隆起部位。

视频播放：关于具体介绍，请观看配套视频"任务四：了解人体头部的骨骼结构.wmv"。

任务五：了解人体头部的肌肉结构

人体头部的肌肉结构和分布对人面部形状的变化影响非常大。人体头部肌肉结构和分布如图6.6所示。

人体的头部骨骼位置是相对固定的，也就是说人的基本形态相对固定。而依附在头部骨骼上的肌肉会收缩。通过这些肌肉的收缩，人脸产生丰富的表情。

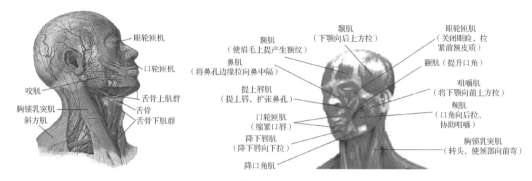

图 6.6　人体头部肌肉结构和分布

1. 面部肌肉的分类

面部肌肉主要分以下两大类。

（1）运动肌：运动肌主要用来控制下颌骨的活动，如咬肌、唇三角肌、下颌骨肌、颞肌等。

（2）表情肌：表情肌主要用来控制面部的表情，如额肌、皱眉肌、眼轮匝肌、上唇方肌、口轮匝肌、下唇方肌等。

提示：头部肌肉与颈部肌肉紧密相连，特别是胸锁乳突肌对颈部的造型影响明显。理解各块肌肉分布、连接关系和作用，有利于人体头部的建模。

2. 头部主要肌肉简介

（1）帽状腱膜：直接披覆在颅顶的腱膜，不影响头颅的外形。

（2）额肌：始于上颌骨的额突、鼻骨及眉弓的外皮，止于帽状腱膜，收缩时眉毛抬高，使额部外皮产生皱纹。

（3）降眉间肌：始于鼻骨，向上止于眉间皮肤，收缩时眉头向下，使鼻根产生横纹。

（4）颞肌：始于顶骨上颞线，止于下颌骨的喙突及下颌前缘，作用是提起下颌骨，使之作咀嚼运动。

（5）眼轮匝肌：环生于眼眶的周围，包括眼睑肌和眼眶肌。眼睑肌在内围，收缩时使眼皮轻闭；眼眶肌在外围，收缩时使眼皮紧闭、眉毛向下。

（6）皱眉肌：在眼轮匝肌和额肌的深层，收缩时，眉头向中间靠拢，在眉间挤出竖向皱纹。

（7）鼻肌：分横部肌和翼部肌。横部肌右称为鼻压肌，纤维横跨并下压鼻梁；翼部肌又称为鼻扩大肌，位于鼻翼侧缘，收缩时可使鼻翼扩张。

（8）口轮匝肌：始于上、下颌骨的门齿窝，在口角之外侧相互闭合，包括内围肌和外围肌。内围肌就是唇部，收缩时口裂轻闭，内、外围肌同时收缩时则口裂紧闭。

（9）上唇方肌：位于上唇的上方，起点分三头：一为内眦头，始于眼睑内侧的上颌骨；二为睑下头，始于眶下缘；三为颧头，始于颧骨。三头集中向下，直达上唇口轮匝肌及鼻唇沟附件的皮肤内。上唇方肌收缩时，能将上唇及鼻翼向上牵引。

（10）颧肌：始于颧骨，止于口角皮肤及口轮匝肌。颧肌收缩时使口角向外牵引，产生笑容。

（11）颏肌（颌肌）：始于下颌骨齿槽，止于颏部皮肤。颏肌收缩时，使下唇前送。

（12）下唇方肌：始于下颌骨底部，止于下唇部的口轮匝肌及下唇外皮。下唇方肌收缩时，可使两侧下唇向下方牵引。

（13）三角肌：始于下颌骨底部，止于口角皮肤。三角肌收缩时，可牵引口角向下。

（14）咬肌：始于颧弓，止于下颌角咬肌粗隆。咬肌收缩时，可使下颌角上提，起闭嘴咬食的作用。

（15）颊肌：始于下颌骨喙突及上、下颌骨齿槽，止于口角。颊肌收缩时，使口裂向两侧扩大，将口角拉向外侧。

（16）笑肌：始于耳孔下方的咬肌筋膜，止于口角外皮。笑肌收缩时，可横拉口角颊部皮肤，有时会产生小窝，俗称酒窝。

（17）颈阔肌：始于胸大肌和三角肌筋膜，止于口角皮肤。颈阔肌收缩时，可拉动口角向下，使颈部出现横向皱纹。

视频播放：关于具体介绍，请观看配套视频"任务五：了解人体头部的肌肉结构.wmv"

任务六：了解人体头部的块面关系

人体头部由4组块面构成。

（1）前额：方形，顶部进入头盖骨。

（2）颧骨部位：扁平的方形。

（3）形成嘴和鼻的直立圆柱形状。

（4）下颌：三角形。

头部块面之间的关系如图6.7所示，头部块面之间的结构如图6.8所示。

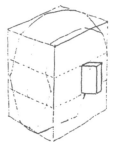

图6.7 头部块面之间的关系　　图6.8 头部块面之间的结构

从前额到下颌，人体面部不是扁平的，也不是完全凸出或凹陷的，面部线条也不是只向外或向内弯曲，而是不断变化的。

在塑造头部各块面的形态时，先考虑头部各个块面，再考虑平面。所谓平面是指每个块面的前面、顶面和侧面。

在建模中，只要完整地塑造出各个平面和形状，就能够使面部富有质感和结构对称，因为人的头部之间的区别主要在于各个平面之间的比例和前后倾斜、凸出凹陷的尺度。

提示：在建模中，不能将头部模型塑造得太圆或太方。不同人的头部形状没有明显的差异。特别注意，不能只依靠参考图简单对位来建模，要仔细观察和思考头部的结构特征，通过自己的理解来建模。

视频播放：关于具体介绍，请观看配套视频"任务六：了解人体头部的块面关系.wmv"。

七、拓展训练

根据所学知识，利用业余时间收集一些有关艺用人体结构方面的书籍进行学习，用 2 周左右的时间绘制一张人体骨骼结构和一张肌肉分布素描图。

<h1 style="text-align:center">案例 2　制作影视动画写实人物的头部模型</h1>

一、案例内容简介

通过本案例，介绍影视动画写实人物的头部模型的制作原理、方法和技巧。

二、案例效果欣赏

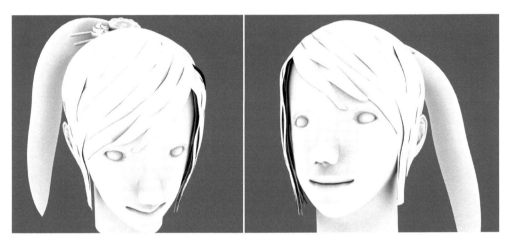

三、案例制作流程（步骤）

任务十：制作头发和发夹模型　　任务一：参考图的导入和对位
任务九：制作眼球模型　　任务二：搭建头部模型大形
任务八：调整面部特征　　任务三：细化眼睛模型
任务七：缝合耳朵模型与头部模型　　任务四：细化鼻子模型
任务六：制作耳朵模型　　任务五：细化嘴巴模型

案例2 制作影视动画写实人物的头部模型

四、制作目的

（1）掌握头部模型的结构。

（2）掌握头部模型大形的制作原理、方法和技巧。

（3）掌握五官模型的制作原理、方法和技巧。

（4）掌握头部模型的布线规则、方法和技巧。

（5）掌握参考图的导入和对位方法。

五、制作过程中需要解决的问题

（1）头部结构、骨点的名称和作用。

（2）五官模型的布线规则、方法和技巧。

（3）五官的比例关系。

六、详细操作步骤

本案例人物头部模型的制作步骤主要包括搭建头部模型大形、刻画五官细节、调整面部特征，以及制作头发和发夹模型等。头部模型的效果图和布线图参考"案例效果欣赏"。

任务一：参考图的导入和对位

步骤 01：启动 Maya 2023，创建 1 个名为"dhjs"的项目。

步骤 02：切换到前视图，在前视图菜单栏中单击【视图】→【图像平面】→【导入图像…】命令，弹出【打开】对话框。在该对话框选择需要导入的参考图，如图 6.9 所示。

步骤 03：单击【打开】按钮，把选择的参考图导入前视图中，调节参考图的位置，如图 6.10 所示。

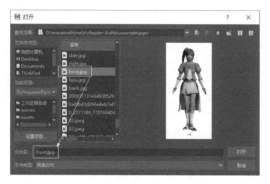

图 6.9　选择的参考图

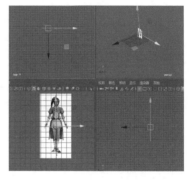

图 6.10　参考图的位置

步骤 04：选择导入的参考图，按键盘上的"Ctrl+A"组合键，弹出【imagePlaneShape1】参数设置面板，具体参数设置如图 6.11 所示。设置参数之后参考图只在前视图中显示，效果如图 6.12 所示。

步骤 05：选择导入的参考图，在【通道】列表中选择参考图的所有属性，如图 6.13 所示，将光标移到任意选择的属性上，单击鼠标右键，弹出快捷菜单。在弹出的快捷菜单中单击【锁定选定项】命令，把参考图锁定，防止误操作。

提示：如果需要解除锁定的参考图，可在视图中选择对象。在【通道】列表中选择需要解除锁定的属性，将光标移到选定属性的任意选项上单击鼠标右键，弹出快捷菜单，在弹出的快捷菜单中单击【解除锁定选定项】命令。

步骤 05：方法同上，把选定的参考图导入侧视图中，效果如图 6.14 所示。

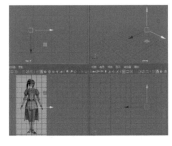

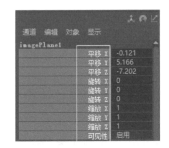

图 6.11　面板参数设置　　　图 6.12　参考图的显示效果　　　图 6.13　选择参考图的所有属性

步骤 06：创建 1 个立方体，对导入的参考图进行对位，对位之后的效果如图 6.15 所示。

步骤 07：对位后，删除创建的立方体，把所有参考图的属性参数锁定，防止误操作。

步骤 08：在【大纲视图】列表中选择导入的所有参考图，在【显示】面板中单击"创建新层并指定选定对象"图标，创建 1 个新图层并把选定的对象添加到新图层中。

步骤 09：对创建的新图层进行重命名和锁定，【显示】面板参数设置如图 6.16 所示。

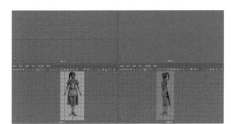

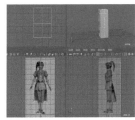

图 6.14　导入的参考图效果　　　图 6.15　对位之后的效果　　　图 6.16　【显示】面板
参数设置

视频播放：关于具体介绍，请观看配套视频"任务一：参考图的导入和对位.wmv"。

任务二：搭建头部模型大形

在本任务中，主要确定头部的模型大形，也就是确定五官的位置及其在头部所占的比例。

1. 搭建头部模型大形时需要注意的事项

（1）三庭五眼的比例关系。

（2）鼻子的宽度和长度、嘴巴的宽度。标准的比例为鼻宽等于眼宽，嘴巴的宽度等于两眼瞳孔之间的距离。

（3）头部的侧面是轮廓变化比较多的地方，面部的转折结构变化比较多，需要注意额头的倾斜度、鼻子的倾斜度、鼻底至下颏的倾斜度。

（4）头部模型的布线需要根据五官结构来布置，标准的头部模型布线如图 6.17 所示。

五官之间的比例和倾斜关系如图 6.18 所示。

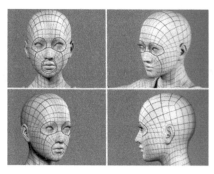

图 6.17　标准的头部模型布线

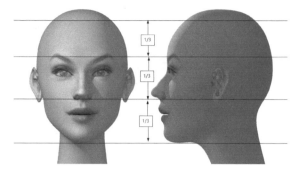

图 6.18　五官之间的比例和倾斜关系

2. 搭建头部模型大形的具体步骤

搭建头部模型大形的方法如下：创建 1 个立方体，对创建的立方体进行平滑处理，再对平滑之后的立方体进行位置调节和挤出来完成。

1）镜像复制对象

步骤 01：创建 1 个立方体，该立方体的具体参数设置如图 6.19 所示。

步骤 02：选择创建的立方体，在菜单栏中单击【网格】→【平滑】命令，把平滑的分段数设为 2，平滑之后的效果如图 6.20 所示。

步骤 03：切换到对象的面编辑模式，删除模型的一半，效果如图 6.21 所示。

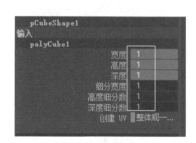

图 6.19　立方体的具体
参数设置

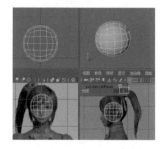

图 6.20　平滑之后的效果

图 6.21　删除一半模型
之后的效果

步骤 04：选中剩余的模型，在菜单栏中单击【编辑】→【特殊复制】→■图标（或按键盘上的 "Ctrl+Shift+D" 组合键），弹出【特殊复制选项】对话框。设置该对话框参数，具体参数设置如图 6.22 所示。

步骤 05：参数设置完毕，单击【特殊复制】按钮，进行镜像复制，效果如图 6.23 所示。

步骤 06：切换到对象的顶点编辑模式，调节顶点的位置。调节顶点位置之后的效果如图 6.24 所示。

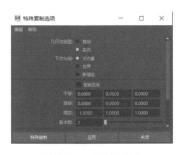

图6.22　对话框具体
参数设置

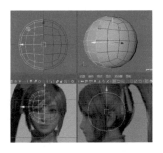

图6.23　镜像复制的效果

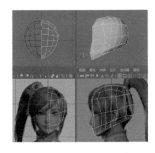

图6.24　调节顶点位置
之后的效果

步骤07：选择如图 6.25 所示的面，使用【挤出】命令对选择的面进行挤出。挤出之后删除中间重叠的面和挤出顶面，效果如图 6.26 所示。

2）搭建头部的五官模型大形

头部的五官模型大的制作通过使用【插入循环边】和【多切割】命令，根据五官特征对五官进行布线；使用【挤出】命令，挤出眼睛和嘴巴的模型大形。

使用【插入循环边】和【多切割】命令，根据参考图添加分割线并对顶点位置进行调节，添加分割线和调节顶点位置之后的效果如图 6.27 所示。

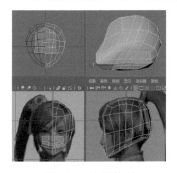

图6.25　选择的面

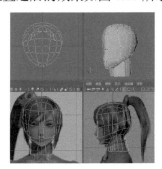

图6.26　删除中间重叠的
面和挤出顶面之后的效果

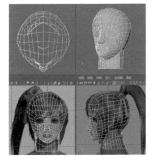

图6.27　添加分割线和调节
顶点位置之后的效果

视频播放：关于具体介绍，请观看配套视频"任务二：搭建头部模型大形.wmv"。

任务三：细化眼睛模型

1. 细化眼睛模型时的注意事项

眼睛模型的结构细节比较多，在细化眼睛模型时需要注意的事项如下。

（1）从正面看且眼睛视线为平视时，外眼角比内眼角高；从侧面看，外眼角比内眼角深，如图 6.28 所示。

（2）眼睛有单眼皮和双眼皮之分。

（3）眼角处的穿插细节。

（4）上眼睑压住下眼睑（上眼皮盖住下眼皮）的细节如图 6.29 所示。

（5）从侧面看，眼睛的上眼睑比下眼睑靠前，如图 6.30 所示。

图 6.28　从侧面看，外眼角比
内眼角深

图 6.29　上眼睑压住下
眼睑的细节

图 6.30　从侧面前，眼睛的
上眼睑比下眼睑靠前

2. 细化眼睛模型的具体步骤

步骤 01：删除眼睛模型部分的面，删除面之后的效果如图 6.31 所示。

步骤 02：创建 2 个球体，把它们放在眼部，效果如图 6.32 所示。

步骤 03：选择眼部的边界边，使用【挤出】命令对选择的边进行挤出和位置调节，效果如图 6.33 所示。

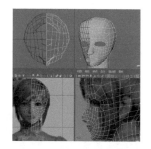

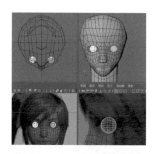

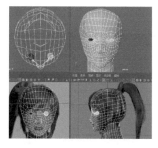

图 6.31　删除面之后的效果

图 6.32　创建的 2 个球体
放在眼部的效果

图 6.33　挤出和位置调节
之后的效果

视频播放：关于具体介绍，请观看配套视频"任务三：细化眼睛模型.wmv"。

任务四：细化鼻子模型

1. 细化鼻子模型时的注意事项

在细化鼻子模型时需要注意的事项如下。

（1）鼻子模型的细节在于鼻翼和鼻底的结构，鼻翼沟的线可以从鼻翼上端绕到鼻孔内，鼻翼沟的绕线示意如图 6.34 所示。

（2）从侧面看，鼻子有非常明显的轮廓转折结构，是体现面部主要特征的部位。制作鼻子模型时，要注意鼻子的倾斜度，以及鼻底与其上面的体积结构。鼻底的分界以及鼻子的倾斜角度如图 6.35 所示。

2. 细化鼻子模型的具体步骤

细化鼻子模型的方法如下：选择面，对选择的面进行挤出，以制作鼻孔和鼻翼的模型；根据参考图，使用【插入循环边】和【多切割】命令划分出鼻子的结构，然后进行顶点位置调节。

步骤 01：选择如图 6.36 所示的面，使用【挤出】命令挤出鼻孔。挤出之后的效果如图 6.37 所示。

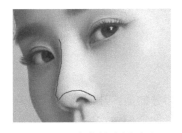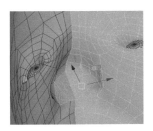

图 6.34　鼻翼沟的绕线示意　　　　图 6.35　鼻底的分界以及　　　　图 6.36　选择的面
　　　　　　　　　　　　　　　　　　　　　　鼻子的倾斜角度

步骤 02：使用【插入循环边】和【多切割】命令，对挤出之后的鼻子重新布线，重新布线之后的效果如图 6.38 所示。

步骤 03：切换到模型的顶点编辑模式，根据参考图对顶点位置进行适当调节。调节顶点位置之后的效果如图 6.39 所示。

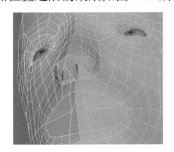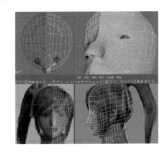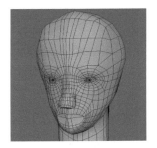

图 6.37　挤出之后的效果　　　　图 6.38　重新布线之后的效果　　　　图 6.39　调节顶点位置
　　　　　　　　　　　　　　　　　　　　　　　　　　　　　　　　　　　　之后的效果

视频播放：关于具体介绍，请观看配套视频"任务四：细化鼻子模型.wmv"。

任务五：细化嘴巴模型

1. 细化嘴巴模型时的注意事项

在细化嘴巴模型时需要注意的事项如下。

（1）嘴巴模型结构的细节比较多。例如，上嘴唇的轮廓呈燕子状，下嘴唇的嘴角要穿插进口角内。上下嘴唇的形状和结构如图 6.40 所示。

（2）嘴唇的轮廓边缘有软硬的变化：上嘴唇的轮廓比较硬，下嘴唇的轮廓中间比较硬

而两端比较软。嘴唇的软硬情况如图 6.41 所示。

（3）从侧面看，嘴唇的体积有细微的起伏变化。同时，也要注意上、下嘴唇的前后关系。一般情况下，上嘴唇比下嘴唇靠前。从侧面看的嘴唇效果如图 6.42 所示。

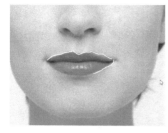
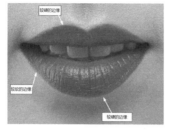
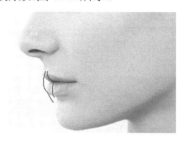

图 6.40　上下嘴唇的形状和结构　　图 6.41　嘴唇的软硬情况　　图 6.42　从侧面看的嘴唇效果

2. 细化嘴巴模型的具体步骤

细化嘴巴模型的方法如下，根据嘴巴结构，使用【插入循环边】、【多切割】和【挤出】命令，添加分割线，挤出面再进行位置调节。

步骤 01：删除嘴巴位置的面，再选择嘴巴位置的边界边。选择的边界边如图 6.43 所示。

步骤 02：使用【挤出】命令，对选择的边界边进行挤出和位置调节，效果如图 6.44 所示。

步骤 03：使用【插入循环边】命令，给嘴巴位置插入循环边并调节嘴巴的结构，效果如图 6.45 所示。

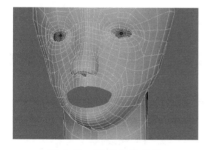
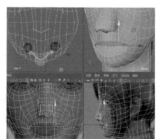
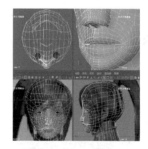

图 6.43　选择的边界边　　图 6.44　挤出和位置　　图 6.45　插入循环边和
　　　　　　　　　　　　　　调节之后的效果　　　　调节嘴巴结构之后的效果

视频播放：关于具体介绍，请观看配套视频"任务五：细化嘴巴模型.wmv"。

任务六：制作耳朵模型

1. 制作耳朵模型时的注意事项

在制作耳朵模型时需要注意的事项如下。

（1）耳朵的结构比较复杂，在制作耳朵模型时，可以将它简化为 1 个数字"9"和字母"Y"的形状，以便建模。耳朵的结构如图 6.46 所示。

（2）从正面看，耳朵的结构由圆柱状的耳壳结构穿插进耳轮；从背面看，耳朵的结构如图 6.47 所示。

（3）了解耳朵各个结构的名称，耳朵结构的名称如图 6.48 所示。

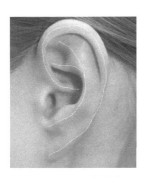

图 6.46　耳朵的结构

图 6.47　从背面看，
耳朵的结构

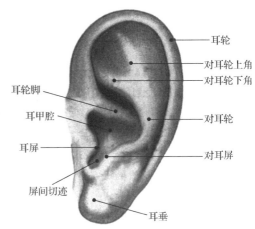

图 6.48　耳朵结构的名称

2. 制作耳朵模型的具体步骤

耳朵模型的制作方法如下：创建平面，选择该平面的 1 条边，根据耳朵结构，使用【挤出】命令，对选择的边进行挤出和顶点位置调节；使用【结合】、【合并】和【桥接】命令把挤出的结构模型进行结合、合并和桥接处理，再根据耳朵结构进行顶点位置调节。

步骤 01：创建第 1 个平面，选择该平面的边，使用【挤出】命令进行挤出和顶点位置调节，效果如图 6.49 所示。

步骤 02：创建第 2 个平面，选择该平面的边，使用【挤出】命令进行挤出和顶点位置调节，效果如图 6.50 所示。

步骤 03：选择 2 个模型，在菜单栏中单击【网格】→【结合】命令，把选择的 2 个模型结合为 1 个模型。对结合之后的模型进行移动和旋转，效果如图 6.51 所示。

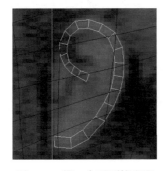

图 6.49　第 1 个平面挤出和
顶点位置调节之后的效果

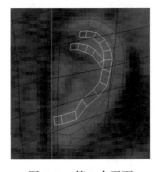

图 6.50　第 2 个平面
挤出和调节之后的效果

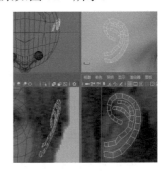

图 6.51　结合、移动和旋转
之后的效果

步骤 04：选择需要桥接的边，使用【桥接】命令进行桥接处理。桥接之后的效果如图 6.52 所示。

步骤 05：选择需要挤出的边，先使用【挤出】命令对选择的边进行挤出，再使用【合并】命令合并顶点。挤出和合并顶点之后的效果如图 6.53 所示。

步骤 06：使用【插入循环边】命令，给模型插入循环边，根据耳朵的结构调节模型的顶点位置和边。调节之后的效果如图 6.54 所示。

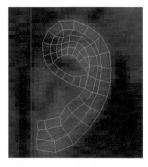
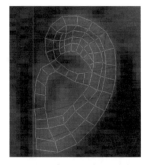
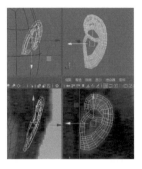

图 6.52　桥接之后的效果　　　图 6.53　挤出和合并顶点　　　图 6.54　调节之后的效果
　　　　　　　　　　　　　　　　　之后的效果

步骤 07：选择需要挤出的边，使用【挤出】命令，对选择的边进行挤出和位置调节，效果如图 6.55 所示。

视频播放：关于具体介绍，请观看配套视频"任务六：制作耳朵模型.wmv"。

任务七：缝合耳朵模型与头部模型

1. 缝合耳朵模型与头部模型时的注意事项

缝合耳朵模型与头部模型时需要注意耳朵与头部的比例位置关系。

（1）从正面看，耳朵顶端与眉弓齐平，耳朵底端与鼻底齐平，如图 6.56 所示。

（2）从侧面看，外眼角到耳屏的垂直距离等于外眼角到嘴角的垂直距离，如图 6.57 所示。

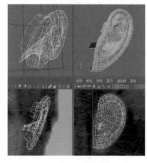

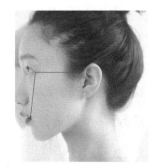

图 6.55　挤出和位置调节　　　　图 6.56　正面效果　　　　图 6.57　侧面效果
　　　　　之后的效果

2. 缝合耳朵模型与头部模型的具体步骤

耳朵模型与头部模型的缝合方法如下：使用【结合】命令，把耳朵模型和头部模型结合为 1 个模型；使用【目标焊接】工具，把耳朵模型与头部模型的顶点缝合；根据参考图，进行位置调节。

步骤 01：先删除头部模型一半的面，再删除需要进行耳朵模型缝合位置的面，效果如图 6.58 所示。

步骤 02：选择头部模型的一半和耳朵模型，使用【结合】命令把选择的 2 个模型结合为 1 个模型，效果如图 6.59 所示。

步骤 03：使用【目标焊接】工具，把需要焊接的顶点进行合并，效果如图 6.60 所示。

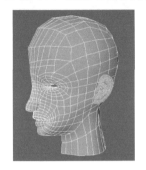 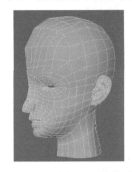 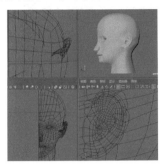

图 6.58　2 次删除面之后的效果　　图 6.59　结合之后的效果　　图 6.60　合并之后的效果

步骤 04：把合并之后的模型以实例的方式沿 X 轴镜像复制 1 份，效果如图 6.61 所示。

步骤 05：镜像复制之后的头部模型布线效果如图 6.62 所示。

 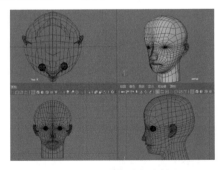

图 6.61　镜像复制之后的效果　　　　图 6.62　头部模型布线效果

视频播放：关于具体介绍，请观看配套视频"任务七：缝合耳朵模型与头部模型.wmv"。

任务八：调整面部特征

在头部五官模型的制作完成之后，接下来需要做的工作是对五官和面部做最终的调整。这一步非常重要，它是对模型的 1 个整体调节和美化，对写实人物造型的最终确定。人类的头部结构特征基本相同，但不同的人有不同的面相，而且 1 个人在不同年龄阶段面相也不相同。不同人的面相如图 6.63 所示。

图 6.63　不同人的面相

　　面部特征调整的方法如下：先使用 Maya 2023 中提供的雕刻工具，根据原画设计要求，对头部模型进行雕刻、平滑和松弛等处理，再对顶点位置进行调节。

　　步骤 01：选择需要雕刻的头部模型，在菜单栏中单击【网格工具】→【雕刻工具】，弹出二级子菜单，如图 6.64 所示。

　　步骤 02：在弹出的二级子菜单中单击【雕刻工具】→■命令属性图标，弹出【雕刻工具】设置面板。设置该面板参数，具体参数设置如图 6.65 所示。

　　步骤 03：参数设置完毕，对头部模型进行雕刻，雕刻之后的效果如图 6.66 所示。

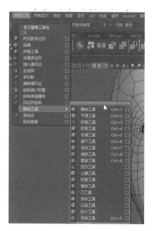

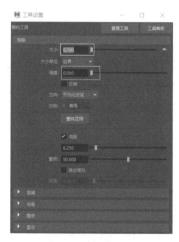

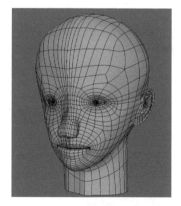

图 6.64　雕刻工具的　　　图 6.65　设置【雕刻工具】　　图 6.66　雕刻之后的效果
二级子菜单　　　　　　面板参数

　　步骤 04：使用【松弛工具】对头部模型的布线进行调整，调整布线之后的效果如图 6.67 所示。

　　步骤 05：调整布线之后，光滑效果如图 6.68 所示。

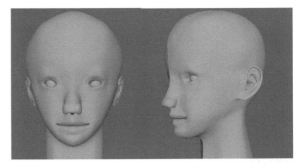

图 6.67　调整布线之后的效果　　　　　图 6.68　光滑效果

提示：关于面部特征的调整，读者还可以继续根据参考图和自己的理解，使用雕刻工具进行调整，调到自己满意为此。

视频播放：关于具体介绍，请观看配套视频"任务八：调整面部特征.wmv"。

任务九：制作眼球模型

1. 制作眼球模型时的注意事项

在制作眼球模型时需要注意如下事项。

（1）从侧面看，眼球并不是 1 个表面光滑的球体。

（2）虹膜和瞳孔有微微凸起且呈扁形半球体。眼睛的结构如图 6.69 所示。

2. 制作眼球模型的具体步骤

步骤 01：选择本案例任务八中创建的球体，按键盘上的"Ctrl+D"组合键，把该球体复制 1 份，选中复制的球体，按键盘上的"Ctrl+H"组合键，把复制的球体隐藏，作为备份。

步骤 02：再次选择本案例任务八中创建的球体，使用【插入循环边】命令，插入 1 条循环边，如图 6.70 所示。

步骤 03：选择如图 6.71 所示的面，使用【挤出】命令，对选择的面进行挤出和缩放，效果如图 6.72 所示。

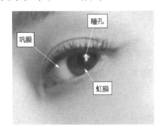

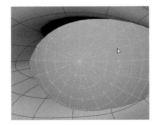

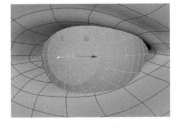

图 6.69　眼睛的结构　　　　图 6.70　插入的循环边　　　　图 6.71　选择的面

步骤 04：选择前面复制的球体，使用【插入循环边】命令在瞳孔位置插入第 1 条循环边。选择瞳孔位置的面，把它向外移动一点点，效果如图 6.73 所示。

步骤 05：使用【插入循环边】命令，给模型插入第 2 条循环边，以固定移动之后的结构，插入的第 2 条循环边如图 6.74 所示。

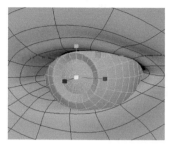
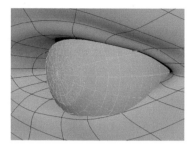
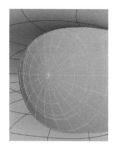

图 6.72　挤出和缩放之后的效果　　图 6.73　插入第 1 条循环边和移动面之后的效果　　图 6.74　插入的第 2 条循环边

步骤 06：创建 1 个立方体，对创建的立方体进行平滑处理，把平滑的分段数设为 2。调节平滑处理之后的立方体并把它放置内眼角部位。平滑处理和位置调节之后的立方体如图 6.75 所示。

步骤 07：把编辑之后的立方体镜像复制 1 份，放置另一侧的内眼角部位，效果如图 6.76 所示。

步骤 08：制作好的头部模型效果如图 6.77 所示。

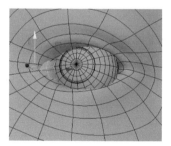
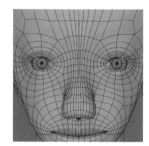
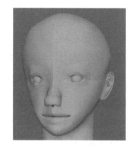

图 6.75　平滑处理位置调节之后的立方体　　图 6.76　复制之后的效果　　图 6.77　制作好的头部模型效果

视频播放：关于具体介绍，请观看配套视频"任务九：制作眼球模型.wmv"。

任务十：制作头发和发夹模型

1. 制作头发模型时的注意事项

发型是仪容仪表的重要组成部分，恰当的发型使人容光焕发，充满朝气。在制作影视动画写实人物的头发模型时，需要注意如下事项。

（1）需要根据角色的造型、身材和气质来确定其头发模型。

（2）女性发型一般分为直发、卷发、束发和短发 4 大类。4 种不同的女性发型效果如图 6.78 所示。

图 6.78　4 种不同的女性发型效果

2. 使用 Maya 2023 制作头发模型的方法

使用 Maya 2023 制作头发模型的方法主要有如下 4 种。

（1）使用 Maya 2023 自带的毛发系统制作头发模型。

（2）使用曲面建模技术制作头发模型。

（3）使用 Painteffect 中自带的头发模型效果。

（4）使用多边形面片建模。

3. 制作头发模型的具体步骤

在本案例中，主要使用多边形基本体来制作人物的头发模型。

步骤 01：在菜单栏中单击【创建】→【多边形基本体】→【球体】命令，在顶视图中创建 1 个球体，根据参考图调节该球体的位置和大小，效果如图 6.79 所示。

步骤 02：选择需要挤出的面，根据参考图，使用【挤出】命令对选择的面进行挤出和位置调节，效果如图 6.80 所示。

步骤 03：创建平面，根据参考图，对创建的平面进行位置调节。制好的头发模型效果如图 6.81 所示。

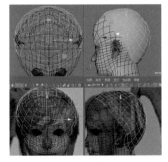 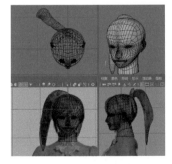 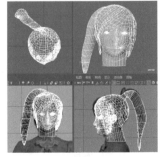

图 6.79　球体位置和大小　　　图 6.80　挤出和位置调节　　　图 6.81　制好的头发
调节之后的效果　　　　　　　之后的效果　　　　　　　　模型效果

4. 制作发夹模型

发夹模型的制作通过使用多边形建模命令，同时根据参考图，对几何基本体进行编辑

来完成。

步骤 01：对原画中的参考图进行分析。原画中的发夹效果如图 6.82 所示。

步骤 02：创建 1 个球体，开启移动和缩放工具中的软件选择功能，根据参考图对创建的球体顶点和边进行缩放和移动，效果如图 6.83 所示。

步骤 03：选择模型的 2 个面，使用【挤出】命令对选择的面进行挤出和位置调节，效果如图 6.84 所示。

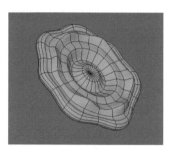

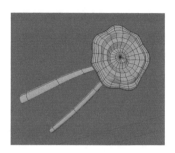

图 6.82　原画中的　　　图 6.83　缩放和移动之后的　　　图 6.84　挤出和位置
　　　　　发夹效果　　　　　　　　　球体效果　　　　　　　　　　之后的效果

步骤 04：根据参考图，使用【创建多边形】命令，在前视图中创建如图 6.85 所示的多边形模型。

步骤 05：使用【多切割】命令，对创建的多边形的面进行分割，分割之后的效果如图 6.86 所示。

步骤 06：先使用【挤出】命令，对分割之后的进行挤出，再使用【倒角】命令，对挤出的模型进行倒角处理。挤出和倒角之后的效果如图 6.87 所示。

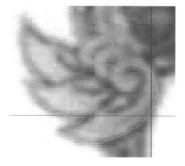

图 6.85　创建的多边形模型　　　图 6.86　分割之后的效果　　　图 6.87　挤出和倒角之后的效果

步骤 07：把制作好的发夹模型位置调节好，如图 6.89 所示。

步骤 08：选择如图 6.90 所示的面，在菜单栏中单击【编辑网格】→【复制】命令，把选择的面复制 1 份。

步骤 09：使用【挤出】命令，对复制的面进行挤出，挤出之后的效果如图 6.91 所示。

视频播放：关于具体介绍，请观看配套视频"任务十：制作头发和发夹模型.wmv"。

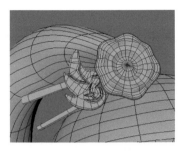

图 6.89　发夹模型的位置

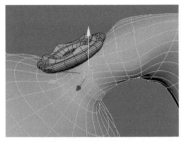

图 6.90　选择的面

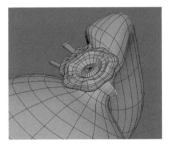

图 6.91　挤出之后的效果

七、拓展训练

根据所学知识和提供的参考图，完成以下影视动画人物头部模型的制作。

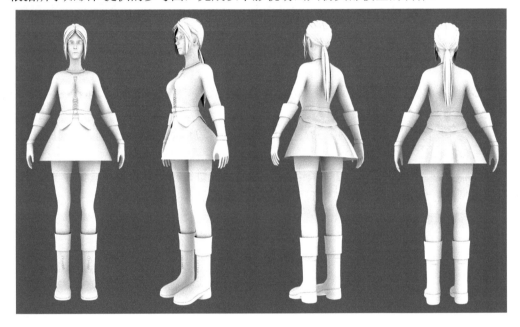

案例 3 制作影视动画写实人物的身体模型

一、案例内容简介

通过本案例，介绍影视动画写实人物躯干模型的制作原理、方法和技巧。

二、案例效果欣赏

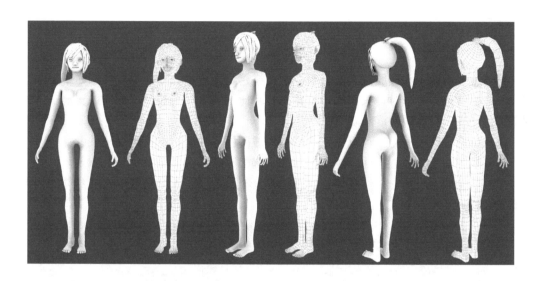

三、案例制作流程（步骤）

四、制作目的

（1）熟悉人体结构。

（2）掌握影视动画写实人物的身体模型大形的搭建、方法和技巧。

（3）掌握影视动画写实人物的五官模型的制作原理、方法和技巧。

（4）掌握影视动画写实人物的身体模型的布线规则、方法和技巧。

五、制作过程中需要解决的问题

（1）人体结构、骨点的名称和作用。

（2）人体的比例关系。

六、详细操作步骤

影视动画写实人物的身体模型主要包括身体模型大形、躯干和四肢的模型结构细化以及手脚模型的制作。

任务一：搭建身体模型大形

1. 搭建身体模型大形时需要注意的事项

身体主要由躯干和四肢两大部分组成，在搭建身体模型大形前需要注意如下事项。

（1）搭建模型大形时，只需确定整体形状和比例关系。一般情况下，以头的长度作为测量单位，确定身体的长度和宽度。

（2）制作四肢模型时，可以先把它们制作成圆柱体，再调节其粗细及长度。

（3）从正面看身体，要注意躯干的肩部、胸部和胯部的宽窄变化。

（4）从侧面看身体，要注意调整女性的 S 形曲线结构。4 个角度的女性身体比例关系如图 6.92 所示。

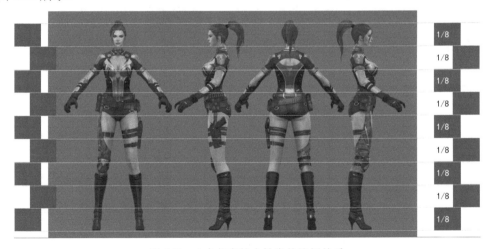

图 6.92　4 个角度的女性身体比例关系

2. 具体步骤

身体模型大形的搭建的方法如下：创建立方体，对创建的立方体进行平滑处理；复制平滑处理后的立方体，对创建的立方体和复制的立方体进行桥接和编辑。

步骤 01：创建 1 个立方体，选择创建的立方体，在菜单栏中单击【网格】→【平滑】

命令，给创建的立方体进行平滑处理（把平滑的分段数设为 1）。把平滑处理之后的立方体放在胸部并调节其形状。平滑处理和形状调节之后的立方体效果如图 6.93 所示。

步骤 02：把编辑之后的立方体复制 1 份，把它放在胯部所在位置并根据参考图调节其形状。复制和形状调节之后的立方体效果如图 6.94 所示。

步骤 03：选择创建的立方体和复制的立方体，在菜单栏中单击【网格】→【结合】命令，把它们结合为 1 个立方体。

步骤 04：选择需要桥接的面，如图 6.95 所示。

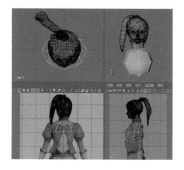
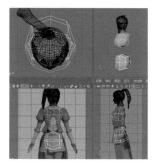
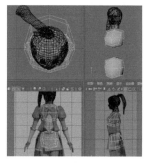

图 6.93　平滑处理和形状调节之后　　图 6.94　复制和形状调节之后　　图 6.95　选择需要桥接的面
　　　　　的立方体效果　　　　　　　　　　的立方体效果

步骤 05：在菜单栏中单击【编辑网格】→【桥接】命令，把桥接的分段数设为 2。桥接之后的效果如图 6.96 所示。

步骤 06：在前视图中删除模型的一半，以实例对称方式复制 1 份。镜像复制的效果如图 6.97 所示。

步骤 07：选择胸腔上的循环边，使用【倒角】命令对其进行倒角处理；调节倒角之后的循环边的顶点位置，以确定挤出上臂的形状，效果如图 6.98 所示。

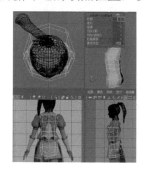
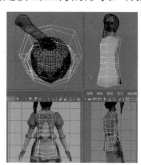
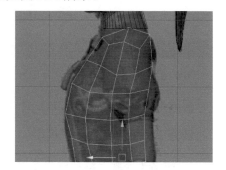

图 6.96　桥接之后的效果　　图 6.97　镜像复制的效果　　图 6.98　倒角和调节顶点位置
　　　　　　　　　　　　　　　　　　　　　　　　　　　　　　　之后的效果

步骤 08：选择侧面中的 4 个面，使用【挤出】命令，挤出手臂的形状和长度，如图 6.99 所示。

步骤 09：选择胯部所在位置的底侧面，使用【挤出】命令，把选择的面挤出腿的长度。在前视图和侧视图中，根据参考图调节腿部的结构。挤出和调节腿部结构之后的效

果如图 6.100 所示。

步骤 10：使用【多切割】命令，在顶视图中切割出颈部位置的结构线，删除多余的面，效果如图 6.101 所示。

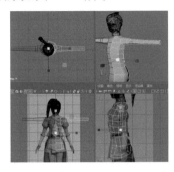
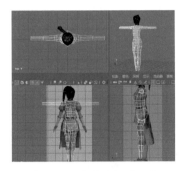

图 6.99　挤出的手臂形状和长度　　图 6.100　挤出和调节腿部　　图 6.101　步骤 10 的效果
　　　　　　　　　　　　　　　　　　　　　结构之后的效果

步骤 11：使用【插入循环边】命令，插入 1 条循环边，如图 6.102 所示。

步骤 12：使用【多切割】命令，连接颈部空缺的线段。选择颈部位置的边界边，使用【挤出】命令，对其进行挤出。挤出之后的效果如图 6.103 所示。

步骤 13：使用【插入循环边】命令，在腿部位置插入 2 条循环边并调节它们顶点的位置，效果如图 6.104 所示。

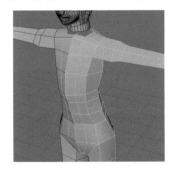
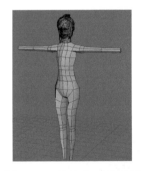
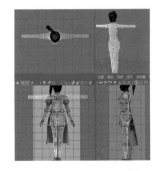

图 6.102　插入的循环边　　　　图 6.103　挤出之后的效果　　　图 6.104　步骤 13 的效果

视频播放：关于具体介绍，请观看配套视频"任务一：搭建身体模型大形.wmv"。

任务二：细化女性躯干模型

1. 细化女性躯干模型时需要注意的事项

一般情况下，女性的身体肌肉结构并不明显，只需把几处关键的肌肉结构勾勒出来即可。细化女性躯干模型时需要注意的事项如下。

（1）从正面看，胸部和三角肌的结构是主要结构。制作该部位模型时，通常把胸部底端的布线流向三角肌至背后。

（2）锁骨和肋骨的形状也比较明显，制作时要注意其形状走势。

（3）可以把女性的腹部肌肉看成 1 个整体，制作该部位模型时，需要适当强调其表面的起伏变化。

（4）从背面看，需要注意强调肩胛骨和骶骨三角板以及臀部下缘等结构。

女性躯干模型需要细化的结构如图 6.105 所示。

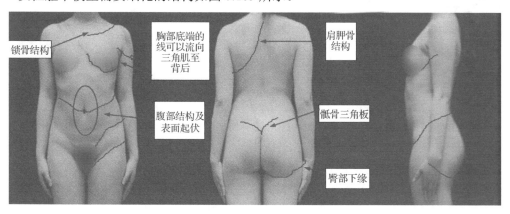

图 6.105　女性躯干模型需要细化的结构

2. 细化女性躯干模型的具体步骤

细化女性躯干模型通过使用【多切割】命令，根据躯干划分出关键的结构形状，对顶点位置进行调节来完成。

步骤 01：使用【插入循环边】命令，插入循环边并对其进行调节，以满足躯干的细化要求，效果如图 6.106 所示。

步骤 02：选择需要挤出锁骨结构的面，使用【挤出】命令，对选择的面进行挤出和调节，调节出锁骨的结构，效果如图 6.107 所示。

步骤 03：选择需要挤出胸部的面，如图 6.108 所示。

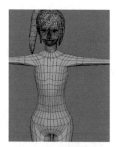
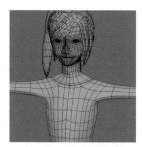
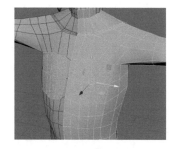

图 6.106　插入循环边和　　　图 6.107　挤出和调节　　　图 6.108　选择需要挤出
　　调节之后的效果　　　　　之后的锁骨效果　　　　　　胸部的面

步骤 04：使用【挤出】命令，对选择的面进行挤出和调节，调节出胸部的结构，效果如图 6.109 所示。

步骤 05：选择腹部位置的面，如图 6.110 所示。

步骤 06：使用【挤出】命令，对选择的面进行挤出和调节。使用【插入循环边】和【多切割】命令，先后对腹部位置的布线情况进行适当修改，调节出腹部的结构，效果如图 6.111 所示。

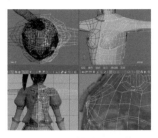
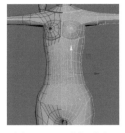
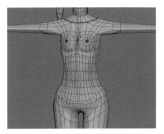

图 6.109　挤出和调节　　　　图 6.110　选择腹部　　　　图 6.111　步骤 06 的效果
　　之后的胸部效果　　　　　　　位置的面

步骤 07：选择肩部三角肌位置的面，如图 6.112 所示。

步骤 08：使用【挤出】命令，对选择的面进行挤出。使用【插入循环边】和【多切割】命令，先后对布线进行适当的修改，调节出三角肌的结构，效果如图 6.113 所示。

步骤 09：选择肩胛骨位置的面，如图 6.114 所示。

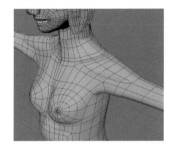
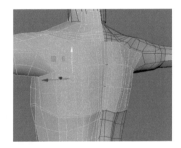

图 6.112　选择肩部　　　　图 6.113　步骤 08 的效果　　　　图 6.114　选择肩胛骨
　　三角肌位置的面　　　　　　　　　　　　　　　　　　　　　　位置的面

步骤 10：使用【挤出】命令，对选择的面进行挤出。使用【插入循环边】和【多切割】命令，先后对布线进行适当的修改，调节出肩胛骨的结构，效果如图 6.115 所示。

步骤 11：使用【雕刻工具】、【平滑工具】和【松弛工具】命令，对臀部和腹部进行雕刻、平滑和松弛处理，适当调节顶点位置。最终的臀部效果如图 6.116 所示，最终的腹部效果如图 6.117 所示。

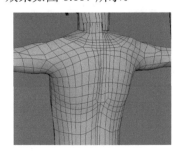
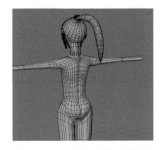
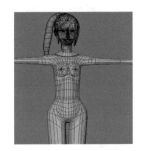

图 6.115　步骤 10 的效果　　　　图 6.116　最终的臀部效果　　　　图 6.117　最终的腹部效果

视频播放：关于具体介绍，请观看配套视频"任务二：细化女性躯干模型.wmv"。

任务三：细化女性四肢模型

1. 细化女性四肢模型时需要注意的事项

在细化女性四肢模型时需要注意的事项如下：

（1）女性的上肢和下肢的肌肉结构虽然不太明显，但是，在给女性四肢模型布线时，需要根据肌肉的走向布线。

（2）细化上肢模型时，需要注意肱二头肌、肱三头肌和肘关节的起伏变化，以及前臂的肌肉走向。

（3）细化下肢模型时，需要注意腓肠肌结构、膝关节的起伏变化，以及胫骨肌肉的走向。

人体四肢肌肉走向和关节的起伏变化如图 6.118 所示。

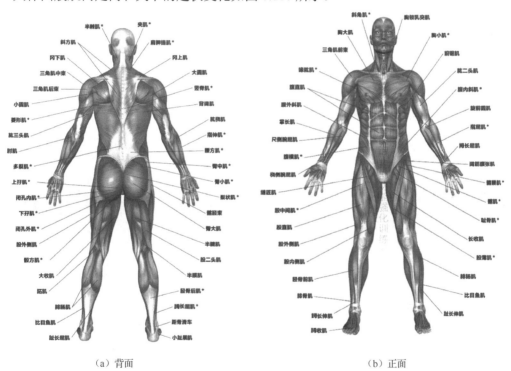

（a）背面 （b）正面

图 6.118 人体四肢肌肉走向和关节的起伏变化

提示：若看不清上图中的肌肉结构的名称，可以观看本节配套素材中提供的大图效果。

2. 细化上肢模型的具体步骤

细化上肢模型的方法如下：首先，使用【插入循环边】命令给上肢模型添加细节；其次，使用【挤出】命令挤出肌肉的大型；最后，使用【多切割】命令分割出肌肉的走向。

步骤01：使用【插入循环边】命令，给上肢模型插入循环边，以便表现上肢肌肉结构。

插入循环边之后的上肢模型效果如图 6.119 所示。

步骤 02：选择上肢末端的循环边，打开【软选择】属性面板，在侧视图中把选择的边旋转 90°。旋转之后的效果如图 6.120 所示。

步骤 03：选择需要挤出肱二头肌的面，如图 6.121 所示。

 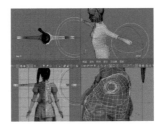 

图 6.119　插入循环边
之后的上肢模型效果　　　　　图 6.120　旋转之后的效果　　　　　图 6.121　选择需要挤出
肱二头肌的面

步骤 04：使用【挤出】命令对选择的面进行挤出和调节，挤出和调节之后的效果如图 6.122 所示。

步骤 05：选择需要挤出肱三头肌的面，如图 6.123 所示。

步骤 06：使用【挤出】命令，对选择的面进行挤出；使用【多切割】命令，根据肌肉走向进行布线。挤出和布线之后的效果如图 6.124 所示。

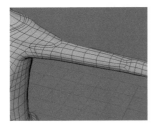 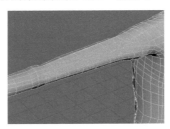 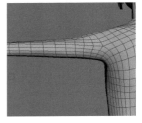

图 6.122　挤出和调节
之后的效果　　　　　图 6.123　选择需要挤出肱
三头肌的面　　　　　图 6.124　步骤 06 挤出和
布线之后的效果

步骤 08：选择需要挤出前臂肌肉走向的面，如图 6.125 所示。

步骤 09：使用【挤出】命令，对选择的面进行挤出；使用【多切割】命令，根据肌肉走向进行布线，挤出和布线之后的效果如图 6.126 所示。

3. 细化下肢模型的具体步骤

细化下肢模型的方法如下：首先，使用【插入循环边】命令给下肢模型添加细节；其次，使用【挤出】命令挤出肌肉的模型大形；最后，使用【多切割】命令分割出肌肉的走向。

步骤 01：使用【插入循环边】命令给下肢模型插入循环边，以表现下肢肌肉结构。插入的循环边之后的下肢模型效果如图 6.127 所示。

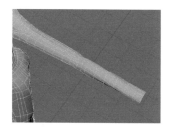

图 6.125　选择需要挤出前臂肌肉走向的面

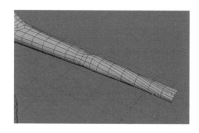

图 6.126　步骤 09 挤出和布线之后的效果

图 6.127　插入的循环边之后的下肢模型效果

步骤 02：选择需要挤出膝盖的面，如图 6.128 所示。

步骤 03：使用【挤出】命令，对选择的面进行挤出；使用【多切割】命令，根据肌肉走向重新布线。挤出和重新布线之后的效果如图 6.129 所示。

步骤 04：选择如图 6.130 所示的面，在此位置挤出膝后区的菱形凹陷（腘窝）效果。

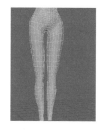

图 6.128　选择需要挤出膝盖骨的面

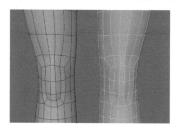

图 6.129　步骤 03 挤出和重新布线之后的效果

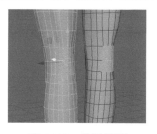

图 6.130　选择的面

步骤 05：使用【挤出】命令，对选择的面进行挤出；使用【多切割】命令，对挤出的面重新布线。挤出和重新布线之后的效果如图 6.131 所示。

使用【雕刻工具】命令组中的相关命令，对四肢模型进行平滑和松弛处理。最终的四肢模型效果如图 6.132 所示。

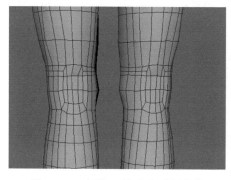

图 6.131　步骤 05 挤出和重新布线之后的效果

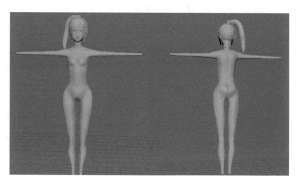

图 6.132　最终的四肢模型效果

视频播放：关于具体介绍，请观看配套视频"任务三：细化女性四肢模型.wmv"。

任务四：制作手部模型

1. 制作手部模型时需要注意的事项

手部结构比较复杂，在制作手部模型时需要注意如下事项。

（1）掌心的大鱼际和小鱼际的结构。

（2）手背的肌腱和指关节的结构。

（3）手掌顶端的弧度结构。

（4）手指的起端并不在1条水平线上。

手掌和手背结构如图6.133所示。

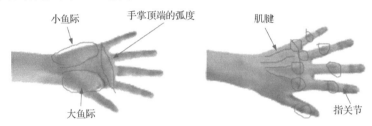

图6.133　手掌和手背结构

2. 制作手部模型的具体步骤

手部模型的制作方法如下：创建立方体，使用多边形建模命令，根据参考图对创建的立方体进行编辑。

步骤01：新建1个场景文件，将该场景文件命名为"shouzhang"。

步骤02：在顶视图中导入参考图，如图6.134所示。

步骤03：在顶视图中创建第1个立方体，使用【插入循环边】命令和【多切割】命令，对创建的立方体进行分割和调节。分割和调节之后的效果如图6.135所示。

步骤04：选择需要倒角的循环边，使用【倒角】命令对选择的循环边进行倒角，删除多余的面并进行适当的调节。倒角和调节之后的效果如图6.136所示。

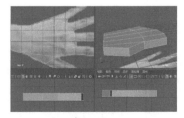
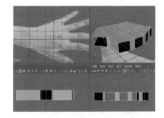

图6.134　导入的参考图　　　图6.135　分割和调节之后的效果　　　图6.136　倒角和调节之后的效果

步骤05：使用【平滑】命令，对手部模型进行平滑处理，把平滑的分段数设为1，开启移动工具的"软选择"功能，通过调节模型的顶点调节出手掌的轮廓和造型。平滑和调节之后的效果如图6.137所示。

步骤 06：创建第 2 个立方体，删除该立方体的底面，使用【插入循环边】命令给创建的立方体插入循环边。然后，对创建的立方体进行缩放和位置调节，效果如图 6.138 所示。

步骤 07：选择需要挤出的面，使用【挤出】命令对选择的面进行挤出和调节，效果如图 3.139 所示。

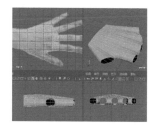
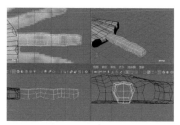
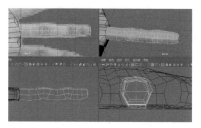

图 6.137　平滑和调节　　　　图 6.138　缩放和位置　　　　图 6.139　挤出和调节
　　　之后的效果　　　　　　　　调节之后的效果　　　　　　　之后的效果

步骤 08：选择指甲所在的面，使用【挤出】命令挤出指甲的效果，如图 6.140 所示。

步骤 09：将制作好的手指复制 4 份并调节它们的位置，如图 6.141 所示。

步骤 10：选择手掌模型和 5 根手指模型，在菜单栏中单击【网格】→【结合】命令，把选择的所有模型结合为 1 个模型。

步骤 11：使用【目标焊接】工具对顶点进行焊接。对顶点焊接之后的模型进行适当调节，顶点焊接和调节之后的效果如图 6.142 所示。

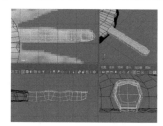
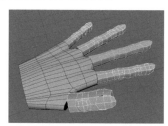
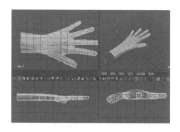

图 6.140　指甲效果　　　　图 6.141　复制和位置调节　　　　图 6.142　顶点焊接和调节
　　　　　　　　　　　　　　　之后的手指　　　　　　　　　　　之后的效果

步骤 12：使用【插入循环边】命令和【挤出】命令分别给手掌插入循环边，挤出手指与手掌之间的关节结构。挤出之后的效果如图 6.143 所示。

步骤 13：使用【多切割】命令，对手背重新布线，重新布线之后的手背效果如图 6.144 所示。

步骤 14：使用【多切割】命令，对手掌重新布线，重新布线之后的手掌效果如图 6.145 所示。

步骤 15：使用【雕刻工具】命令组中的相关命令，对整个手部模型进行细化，效果如图 6.146 所示。

提示：初学者在制作手部模型时，建议打开本书配套的 "shouzhang_ok.mb" 场景文件，先了解手部模型的布线方式，再开始手部模型的制作。

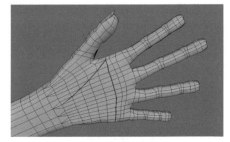

图 6.143　挤出之后的效果　　图 6.144　重新布线　　图 6.145　重新布线之后的手掌效果
　　　　　　　　　　　　　之后的手背效果

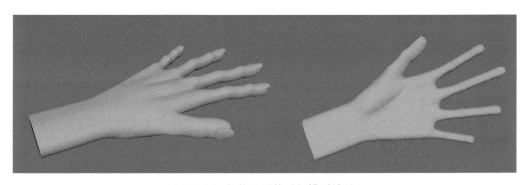

图 6.146　细化之后的手部模型效果

视频播放：关于具体介绍，请观看配套视频"任务四：制作手部模型.wmv"。

任务五：制作脚部模型

1. 制作脚部模型时需要注意的事项

1）脚部的骨骼结构

脚部的骨骼主要由脚踝和足骨组成。脚踝分内脚踝和外脚踝。胫骨下端向内的骨突称为内脚踝，腓骨向胫骨下延伸形成的骨突称为外脚踝。脚部参考图如图 6.147 所示。

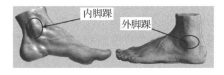

图 6.147　脚部参考图

跗骨、距骨和趾骨统称足骨，脚部骨骼参考图如图 6.148 所示。跗骨由 7 块骨头组成，形成脚踝和脚后跟；距骨由 5 块骨头组成，形成脚掌；趾骨由 14 块骨头组成，形成脚趾，如图 6.149 所示。

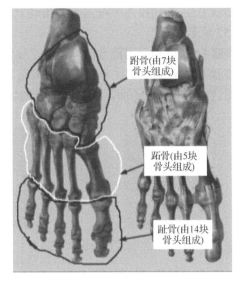

图 6.149　脚部骨骼参考图 2

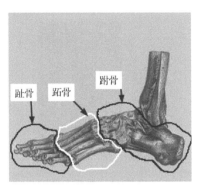

图 6.148　脚部骨骼参考图 1

制作脚部模型时，需要以骨骼的位置确定脚部的比例和形状。

2）了解脚部的特点

了解脚部的特点是制作脚部模型的前提条件，脚部的主要特点有如下。

（1）脚掌宽，脚后跟窄。

（2）脚趾呈扇形。通常，大脚趾最长，小脚趾最短。

（3）脚面内侧厚，外侧薄，呈现一定的坡度。

（4）脚心内侧往里面收且向脚面凹进，形成足弓，与地面有一定的空隙。

脚部的各种形态参考图如图 6.150 所示。

2. 制作脚步模型的具体步骤

1）制作脚部的模型大形

脚部模型以圆柱体为基础模型，通过挤出、调节和加线来制作。

步骤 01：启动 Maya 2023，根据前面所学知识，导入如图 6.151 所示的参考图。

图 6.150　脚部的各种形态参考图

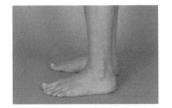

图 6.151　导入的参考图

步骤 02：在菜单栏中单击【创建】→【多边形基本几何体】→【圆柱体】命令。在顶视图中创建 1 个圆柱体。

步骤 03：在顶视图中根据参考图调节创建的圆柱体形状，调节之后的圆柱体形状如图 6.152 所示。

步骤 04：选择脚部前方的 4 个面，如图 6.153 所示。

步骤 05：在菜单栏中单击【编辑网格】→【挤出】命令，对选择的面进行挤出，根据参考图适当调节挤出的面，效果如图 6.154 所示。

 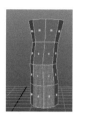 

图 6.152　调节之后的圆柱体形状　　图 6.153　选择的 4 个面　　图 6.154　挤出和调节之后的效果

步骤 06：使用【插入循环边】命令，插入 3 条循环边并适当调节，效果如图 6.155 所示。

步骤 07：使用【分离多边形】命令，给插入的循环边划分出 5 根脚趾的位置，如图 6.156 所示。

步骤 08：使用【插入循环边】命令，插入 1 条循环边，给挤出的脚趾添加细节，如图 6.157 所示。

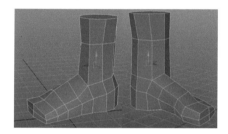  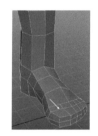

图 6.155　插入循环边并调节　　　图 6.156　划分出 5 根　　　图 6.157　插入的
　　　之后的效果　　　　　　　　　脚趾的位置　　　　　　　循环边

步骤 09：使用【多切割】命令添加边，划分出拇展肌的位置，如图 6.158 所示。

步骤 10：使用【多切割】命令，添加如图 6.159 所示的边。

步骤 11：使用【删除边/顶点】命令，删除多余的边并进行适当调节，效果如图 6.160 所示。

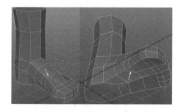 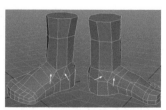 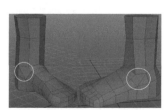

图 6.158　步骤 09 添加的边　　　图 6.159　步骤 10 添加的边　　　图 6.160　删除多余的边并进行
　　　　　　　　　　　　　　　　　　　　　　　　　　　　　　　　　　适当调节之后的效果

步骤 12：使用【插入循环边】命令和【多项剪切】命令，划分出 5 根脚趾的分界线，如图 6.161 所示。

步骤 13：使用【多切割】命令，对脚掌进行布线，如图 6.162 所示。

2）制作脚趾模型

步骤 01：选择需要挤出大脚趾的面进行挤出并适当调节，效果如图 6.163 所示。

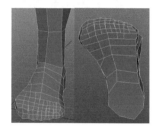

图 6.161　划分出 5 根　　　图 6.162　脚掌的布线　　　图 6.163　挤出和调节
　　　　脚趾的分界线　　　　　　　　　　　　　　　　　　　　　之后的大脚趾效果

步骤 02：使用【插入循环边】命令，按需要插入循环边。每插入 1 条循环边都需要对其进行调节。调节之后的大脚趾效果如图 6.164 所示。

步骤 03：选择如图 6.165 所示面进行挤出。

步骤 04：对挤出的面进行调节，效果如图 6.166 所示。

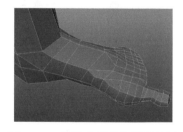

图 6.164　调节之后的大脚趾效果　　　图 6.165　选择的面　　　图 6.166　挤出和调节之后的效果

步骤 05：使用【插入循环边】命令，插入循环边并适当调节，效果如图 6.167 所示。

步骤 06：方法同上，制作出其余 4 根脚趾，效果如图 6.168 所示。

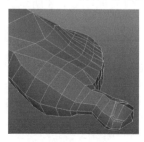

图 6.167　插入循环边并调节之后的效果　　　图 6.168　其余 4 根脚趾的效果

3）脚部其他结构的布线

步骤 01：使用【多切割】和【删除边/顶点】命令，通过添加边和删除边修改内、外脚踝的布线情况。修改布线之后内、外脚踝的效果如图 6.169 所示。

步骤 02：插入 1 条循环边，对其位置调节。选择如图 6.170 所示的面挤出外脚踝的效果。

步骤 03：对选择的面进行挤出和调节，效果如图 6.171 所示。

图 6.169　修改布线之后内、外脚踝的效果　　图 6.170　选择的面　　图 6.171　调节之后的效果

步骤 04：选择需要挤出内脚踝的面，如图 6.172 所示。

步骤 05：对选择的面进行挤出和调节，效果如图 6.173 所示。

步骤 06：使用【多切割】命令添加 2 条边，如图 6.174 所示。

步骤 07：使用【多切割】命令和【删除边/顶点】命令，给脚后跟添加边或删除边，效果如图 6.175 所示。

提示：内脚踝的凸起高度和外脚踝的凸起高度不同，内脚踝的凸起高度大于外脚踝的凸起高度。

图 6.172　选择需要　　　　图 6.173　挤出和调节　　　　图 6.174　添加的　　图 6.175　脚后
挤出内脚踝的面　　　　　　之后的效果　　　　　　　2 条边　　　　　跟效果

步骤 08：根据参考图调节出脚胫的形态。如图 6.176 所示。

步骤 09：选择如图 6.177 所示的面，将其删除，效果如图 6.178 所示。

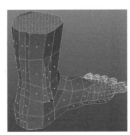
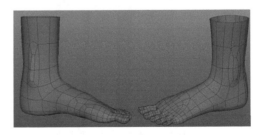

图 6.176　脚胫的形态　　　图 6.177　选择的面　　　　图 6.178　删除面之后的效果

视频播放：关于具体介绍，请观看配套视频"任务五：制作脚部模型.wmv"。

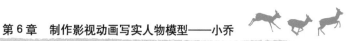

任务六：整体缝合与调节

在整体缝合与调节过程中用到的主要命令有【结合】、【平滑】、【多切割】、【插入循环边】、【合并】和【删除边/顶点】等命令。

步骤 01：打开场景文件，调节好手部模型和脚部模型的大小和位置，删除身体模的一半。调节和删除一半之后的效果如图 6.179 所示。

步骤 02：选择剩余的头部、剩余的身体、手部模型和脚部模型，在菜单栏中单击【网格】→【结合】命令，把选择的多个模型结合为 1 个模型。

步骤 03：使用【目标焊接】命令，把头部与身体连接处的顶点进行焊接，把手臂与手部模型连接处的顶点进行焊接，把腿与脚部模型连接处的顶点进行焊接。焊接之后的效果如图 6.180 所示。

步骤 04：把焊接之后的模型沿 X 轴镜像复制 1 份，选择焊接之后的模型和镜像复制的模型，先使用【结合】命令把它们结合为 1 个模型，再使用【合并】命令合并顶点。根据参考图对编辑之后的模型进行适当调节，最终的身体模型如图 6.181 所示.

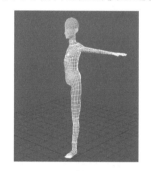
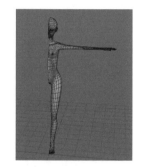
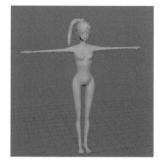

图 6.179　调节和删除一半之后的效果　　图 6.180　焊接之后的效果　　图 6.181　最终的身体模型

步骤 05：打开【移动工具】、【旋转工具】和【缩放工具】中的软选择功能，根据参考图调节结合和合并之后的身体模型，使其与参考图匹配。调节之后，不同角度的身体模型效果如图 6.182 所示。

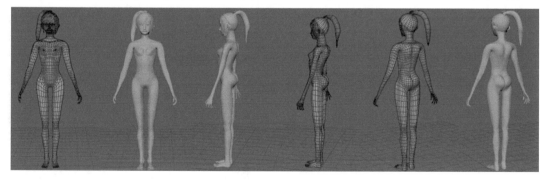

图 6.182　不同角度的身体模型效果

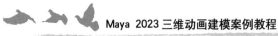

步骤 06： 创建 1 个平面，以制作睫毛。配上睫毛之后的模型效果如图 6.183 所示。

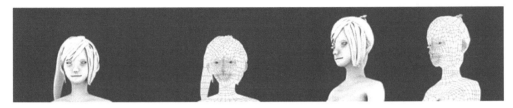

图 6.183　配上睫毛之后的模型效果

视频播放： 关于具体介绍，请观看配套视频"**任务六：整体缝合与调节.wmv**"。

任务七：男性身体与女性身体的差异

1. 男女形体差异

正常情况下，男女形体的差异如图 6.184，具体部位的差异见表 6-1 所示。

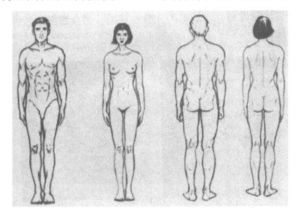

图 6.184　男女形体的差异

表 6-1　具体部位差异

部位	男性	女性
头骨	呈方形，显得比较大	呈圆形，显得比较小
脖子	比较粗，显得比较短	比较细，显得比较长
肩膀	高、平、方、宽，两肩的宽度为 2 个头长	低、斜、圆、窄，两肩的宽度约为 5/3 头长
胸廓	比较大，2 个乳头之间的距离为 1 个头长	比较小，2 个乳头之间的距离不足 1 个头长
腰	比较粗，腰线位置低，接近肚脐	腰细，腰线位置高，高出肚脐很多
盆骨	窄而高，臀部较窄小，只占 1.5 个头长或更窄	阔而低，臀部比较宽大，基本上与肩膀一样宽，为 1.5～2 个头长或更宽
上肢	较粗壮	较修长
下肢	长而健壮（大腿肌肉起伏明显，轮廓清晰，小腿肚大，脚趾比较粗短）	修长而优美（大腿肌肉圆润丰满，轮廓平滑，小腿肚小，脚趾比较细长）

2. 男女骨骼结构区别

男女骨骼结构区别如图 6.185 所示。男女骨骼结构主要有如下 3 点区别。

（1）男女骨骼数目相同，但男性骨骼一般比女性骨骼粗，上肢骨和下肢骨都比女性长。

（2）女性骨骼较窄小，整体上具有上下窄、中间宽的特点。随着发育的日益成熟，女性盆骨明显大，肩则相对较窄。

（3）通常情况下，男性颅骨粗大，骨面粗糙，骨质较重；颅腔容量大，前额骨倾斜度较大；眉间、眉弓突出显著；眼眶较大较深，眶上缘较钝较厚；鼻骨宽大，梨状孔高；颞骨乳突显著，后缘较长，围径较大；颧骨高大，颧弓粗大；下颌骨较高、较厚、较大，颅底大而粗糙。女性的头部接近于椭圆形，颧骨等头骨的突出并不明显。

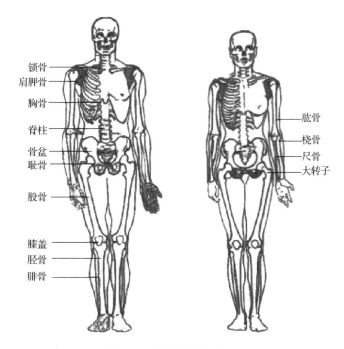

图 6.185　男女骨骼结构区别

3. 男女肌肉与脂肪分布区别

男女肌肉与脂肪分布区别如图 6.186 所示。

男性肌肉比女性发达，肌纤维较粗，男女肌肉总量的比例为 5 : 3。

女性脂肪比较丰富，占体重的比例较大。尤其在青春期，女性脂肪增加得比较多，使其看起来更加丰满。男性在青春期脂肪通常不仅不增加，反而逐渐减少。女性的脂肪主要分布在腰部、臀部、大腿以及乳房等位置。

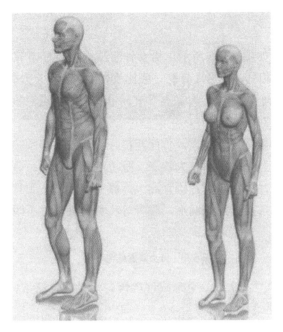

图 6.186　男女肌肉与脂肪分布区别

4. 男女身体模型布线差别

在人体建模中，布线是为了方便造型。如果造型发生了变化，布线也要跟着变化。人物身体模型的基本布线规律基本一样，但在具体建模过程中，因模型的自身特点而在细节上布线有所差别。

男女人物模型的布线规律基本差不多，只是在肌肉和形体表现方面，明显程度有所区别。男女身体模型布线的具体差别见表 6-2。

表 6-2　男女身体模型布线的具体差别

部位	说明	男性布线图	女性布线图
胸部	女性的胸部比男性大而圆，在布线时不能采用男性胸部的布线方法，而应采用圆形的环形线		
腹部	女性腹部肌肉不很明显，形状偏圆，布线更为光滑、规则		

续表

部位	说明	男性布线图	女性布线图
手臂	女性手臂肌肉不明显，布线时可以将肌肉形状弱化，做出大致的肌肉结构即可。男性手臂模型则需要表现出肌肉结构，必须根据肌肉形状及走向布线		
腿部	女性腿部肌肉不明显，布线时可以将肌肉形状弱化，做出大致的肌肉结构即可。男性腿部模型则需要表现出肌肉结构，必须根据肌肉形状及走向布线		
在调节人体布线时，需要把女性身体曲线优美的特征表现出来，也要把男性身体的阳刚之气的特征表现出来			

视频播放：关于具体介绍，请观看配套视频"任务七：男性身体与女性身体的差异.wmv"。

七、拓展训练

根据所学知识和提供的参考图，完成以下影视角色身体模型的制作。

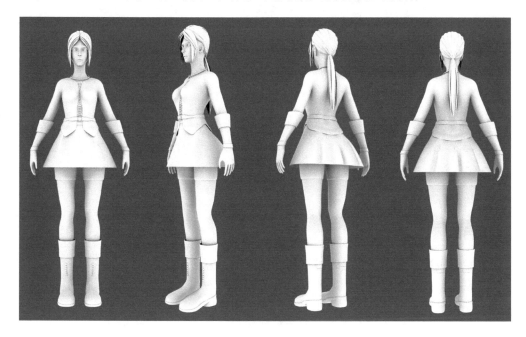

案例 4　制作影视动画写实人物的服饰模型

一、案例内容简介

通过本案例，介绍影视动画写实人物的服饰模型的制作原理、方法和技巧。

二、案例效果欣赏

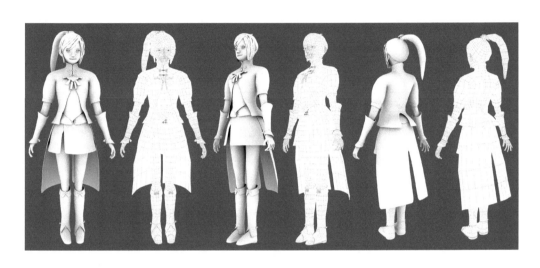

三、案例制作流程（步骤）

任务六：制作靴子模型　　任务一：制作短裤模型

任务五：制作腕部防护具模型　　任务二：制作裹身裙模型

任务四：制作上衣外套及其附件模型　　任务三：制作腰带模型

案例4
制作影视动画
写实人物的
服装模型

四、制作目的

（1）掌握短裤、**裹身裙**、腰带模型的制作原理、方法和技巧。

（2）掌握上衣外套模型的制作原理、方法和技巧。

（3）掌握腕部防护具模型的制作原理、方法和技巧。

（4）掌握靴子模型的制作原理、方法和技巧。

（5）掌握其他装饰品模型的制作原理、方法和技巧。

五、制作过程中需要解决的问题

（1）了解布料的基本属性。

（2）了解皮革的基本属性。

（3）了解金属的基本属性。

六、详细操作步骤

在本案例中，主要通过 6 个任务介绍短裤、裹身裙、腰带、上衣外套、腕部防护具、靴子和其他装饰品模型的制作。

任务一：制作短裤模型

根据参考图，使用【四边形绘制】命令制作短裤模型。

步骤 01：收集相关参考图。短裤参考图如图 6.187 所示。

步骤 02：选择人物的身体模型，在工具栏中单击"激活选定对象" 图标。此时，选定的对象被激活，如图 6.188 所示。

步骤 03：在菜单栏中单击【网格工具】→【四边形绘制】命令，在身体模型上绘制如图 6.189 所示的四边面。

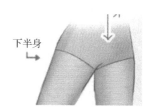

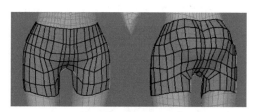

图 6.187 短裤参考图 　　　图 6.188 激活　　　　　图 6.189 绘制的四边面
　　　　　　　　　　　　　　　　选定对象

步骤 04：按键盘上的"Enter"键，结束四边形的绘制。单击工具栏中的"激活选定对象" 图标，结束选定对象的激活。

步骤 05：选择绘制的四边形模型，使用【挤出】命令对绘制的模型进行挤出，然后删除模型内部的面，效果如图 6.190 所示。

视频播放：关于具体介绍，请观看配套视频"任务一：制作短裤模型.wmv"。

任务二：制作裹身裙模型

制作裹身裙模型的方法如下：使用【四边形绘制】命令绘制四边面；使用【挤出】命令对绘制的四边面进行挤出。

步骤 01：收集相关参考图。裹身裙参考图如图 6.191 所示。

步骤 02：选择人物身体模型，在工具栏中单击"激活选定对象" 图标，激活选定的身体模型。

步骤 03：使用【四边形绘制】命令绘制如图 6.192 所示的模型。

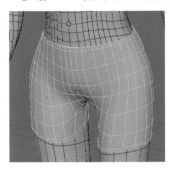

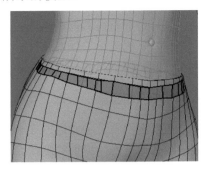

图 6.190　挤出和删除模型　　图 6.191　裹身裙参考图　　图 6.192　绘制的四边面
内部的面之后的效果

步骤 04：结束四边形绘制和取消对象激活，使用【挤出】命令对绘制的四边面进行挤出和调节。挤出和调节之后的效果如图 6.193 所示。

视频播放：关于具体介绍，请观看配套视频"任务二：制作裹身裙模型.wmv"。

任务三：制作腰带模型

腰带模型的制作通过使用【四边形绘制】命令和【挤出】命令来完成。

步骤 01：收集相关参考图。腰带的参考图如图 6.194 所示。

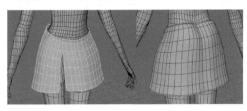
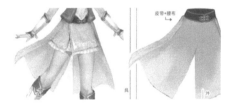

图 6.193　挤出和调节之后的短裤效果　　　　　　图 6.194　腰带参考图

步骤 02：选择人物身体模型，在工具栏中单击"激活选定对象"图标，激活选定的身体模型，开启"对象 X"对称功能。

步骤 03：使用【四边形绘制】命令，绘制四边面，如图 6.195 所示。

步骤 04：取消激活选定对象和"对象 X"对称功能。

步骤 05：使用【挤出】命令，对绘制的四边面的进行挤出和调节，效果如图 6.196 所示。

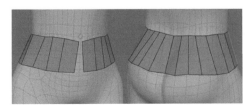
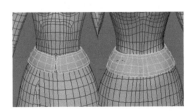

图 6.195　绘制的四边面　　　　　　图 6.196　挤出和调节之后的腰带效果

步骤 06：选择腰带下方的面，使用【挤出】命令对选择的面进行挤出和调节，效果如图 6.197 所示。

步骤 07：创建圆环和球体并对它们进行缩放和顶点调节，效果如图 6.198 所示。

步骤 08：把图 6.198 中的装饰品模型复制 3 份，调节好它们的大小和位置，最终效果如图 6.199 所示。

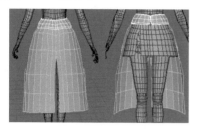

图 6.197　挤出和调节之后的效果

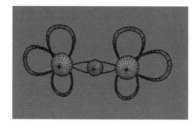

图 6.198　圆环和球体在缩放和顶点调节之后的效果

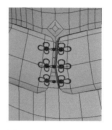

图 6.199　最终效果

视频播放：关于具体介绍，请观看配套视频"任务三：制作腰带模型.wmv"。

任务四：制作上衣外套及其附件模型

1. 制作上衣外套模型

步骤 01：收集相关参考图。上衣外套的参考图如图 6.200 所示。

步骤 02：选择人物身体模型，在工具栏中单击"激活选定对象" 图标，激活选定的身体模型，开启"对象 X"对称功能。

步骤 03：使用【四边形绘制】命令，绘制四边面，如图 6.201 所示。

步骤 04：取消激活选定对象和"对象 X"对称功能。

步骤 05：调节四边面的顶点位置，调节之后的效果如图 6.202 所示。

图 6.200　上衣外套的参考图

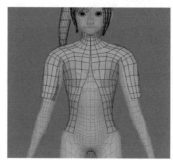

图 6.201　绘制的四边面

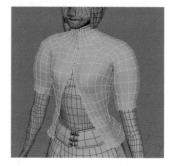

图 6.202　调节之后的效果

步骤 06：选择需要挤出的面，使用【挤出】命令对选择的面进行挤出，效果如图 6.203 所示。

步骤 07：方法同上，使用【四边形绘制】命令绘制如图 6.204 所示的四边面效果。

2. 制作纽扣模型

步骤 01：观察图 6.200 中的参考图，根据该参考图制作纽扣模型。纽扣参考图如图 6.205 所示。

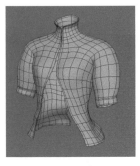
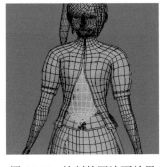
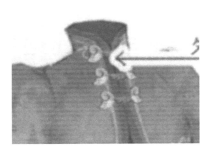

图 6.203　挤出之后的效果　　　图 6.204　绘制的四边面效果　　　图 6.205　纽扣参考图

步骤 02：创建 1 个平面，选择该平面的 1 条边，使用【挤出】命令进行挤出和调节，效果如图 6.206 所示。

步骤 03：把制作好的模型镜像复制 1 份，再创建 1 个球体，效果如图 6.207 所示。

步骤 04：绘制 1 条曲线和创建 1 个圆柱体，如图 6.208 所示。

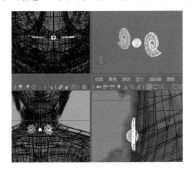
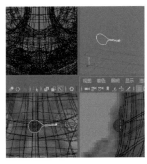

图 6.206　挤出和调节　　　　图 6.207　复制和创建的　　　　图 6.208　绘制的曲线和
　　　之后的效果　　　　　　　　　球体效果　　　　　　　　　创建的圆柱体

步骤 05：先选择圆柱体的顶面，再选择曲线，使用【挤出】命令对选择的曲面和曲线进行挤出，挤出之后的效果如图 6.209 所示。

步骤 06：把挤出的曲线镜像复制 1 份，调节好其位置。把所有纽扣模型各复制 2 份并调节好它们的位置，复制和调节之后的效果如图 6.210 所示。

3. 制作胸饰模型

胸饰模型的制作方法如下：根据参考图，使用【创建多边形】命令，创建多边面；使用【多切割】命令，进行分割；使用【挤出】命令，对分割之后的模型进行挤出和调节。

步骤 01：观察胸饰参考图，根据该参考图制作模型。胸饰参考图如图 6.211 所示。

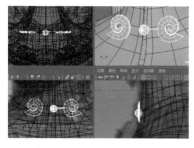

图 6.209　挤出之后的效果

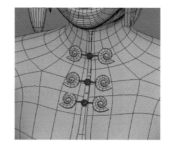

图 6.210　复制和调节之后的效果

图 6.211　胸饰参考图

步骤 02： 根据胸饰参考图，先使用【创建多边形】命令创建多边面，再使用【多切割】命令对创建的面进行分割，效果如图 6.212 所示。

步骤 03： 使用【挤出】命令，对分割之后的面进行挤出和调节，效果如图 6.213 所示。

步骤 04： 创建平面，对创建的平面进行挤出和调节，得到如图 6.214 所示的模型。

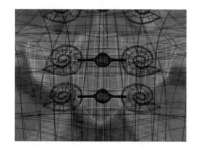

图 6.212　分割之后的效果

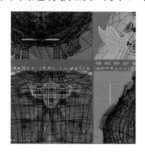

图 6.213　挤出和调节
之后的效果

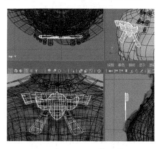

图 6.214　挤出和调节
之后的模型

步骤 05： 创建圆柱体，对创建的圆柱体进行挤出和调节，以制作胸饰的吊饰。制作好的吊饰模型如图 6.215 所示。

步骤 06： 旋转制作好的胸饰模型，调节好其位置，最终的胸饰模型如图 6.216 所示。

视频播放： 关于具体介绍，请观看配套视频"任务四：上衣外套及其附近模型的制作.wmv"。

任务五：制作腕部防护具模型

腕部防护具模型的制作通过创建圆柱体，根据参考图对创建的圆柱体进行缩放和挤出来完成。

步骤 01： 观察腕部防护具参考图，根据该参考图制作模型。腕部防护具参考图如图 6.217 所示。

步骤 02： 创建 1 个圆柱体，对创建的圆柱体进行挤出和旋转，效果如图 6.218 所示。

步骤 03： 使用【多切割】命令，对挤出之后的圆柱体进行分割，删除多余的面，效果如图 6.219 所示。

步骤 04： 对分割之后的模型进行挤出，效果如图 6.220 所示。

图 6.215　制作好的吊饰模型

图 6.216　最终的胸饰模型

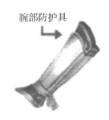

图 6.217　腕部防护具参考图

图 6.218　挤出和旋转
之后的效果

图 6.219　分割和删除多余的面
之后的效果

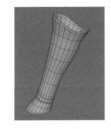

图 6.220　挤出之后的效果

步骤 05：创建 2 个平面和 1 个圆环，对创建的平面和圆环的顶点位置进行调节和挤出，效果如图 6.221 所示。

步骤 06：把制作好的腕部防护具复制 1 份并调节好其位置，复制和调节之后的腕部防护具模型如图 6.222 所示。

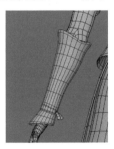

图 6.221　调节和挤出之后的效果

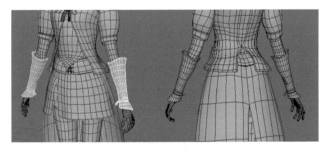

图 6.222　复制和调节之后的腕部防护具模型

视频播放：关于具体介绍，请观看配套视频"任务五：制作腕部防护具模型.wmv"。

任务六：制作靴子模型

靴子模型的制作方法如下：创建圆柱体，对创建的圆柱体进行挤出和调节；选择圆柱体的面进行复制，对复制的面进行挤出和调节。

步骤 01：观察靴子参考图，根据该参考图制作模型。靴子参考图如图 6.223 所示。

步骤 02：创建 1 个圆柱体，根据靴子参考图，对创建的圆柱体进行挤出和调节，效果如图 6.224 所示。

步骤 03：使用【多切割】命令，对靴子模型进行分割，删除多余的面，效果如图 6.225 所示。

图 6.223 靴子参考图

图 6.224 挤出和调节之后的效果

图 6.225 分割和删除多余的面之后的效果

步骤 04：选择需要复制的循环面，复制 1 份，对复制的面进行调节，效果如图 6.226 所示。

步骤 05：选择模型的边界边，先使用【挤出】命令对选择的边界边进行挤出，再使用【分割】命令对挤出之后的模型进行分割删除多余的面，效果如图 6.227 所示。

步骤 06：继续使用【挤出】命令对复制的模型进行挤出，效果如图 6.228 所示。

步骤 07：制作靴子的装饰模型，制作方法与上衣外套纽扣的装饰花纹制作方法相同。最终的靴子模型如图 6.229 所示。

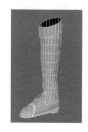

图 6.226 复制和调节之后的效果

图 6.227 挤出、分割和删除多余的面之后的效果

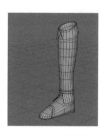

图 6.228 继续挤出之后的效果

图 6.229 最终的靴子模型

步骤 08：把制作好的靴子镜像复制 1 份并调节好其位置，效果如图 6.230 所示。

步骤 09：对整个人物模型进行整理和调节，最终的小乔模型如图 6.231 所示。

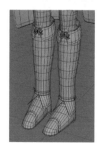

图 6.230 复制和调节之后的效果

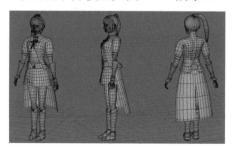

图 6.231 最终的小乔模型

视频播放：关于具体介绍，请观看配套视频"任务六：制作靴子模型.wmv"。

七、拓展训练

根据所学知识和提供的参考图，完成以下角色的服饰模型的制作。

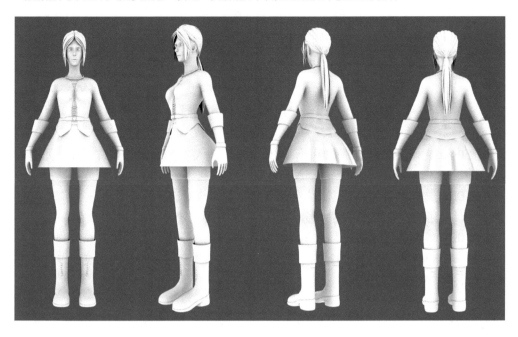

第 7 章　制作机器人模型——卡尔

说明：

　　本章主要通过 2 个案例，介绍如何使用 Maya 2023 中的 Polygon（多边形）建模技术制作机器人模型。

教学建议课时数：

　　一般情况下需要 20 课时，其中理论学习占 8 课时，实际操作占 12 课时（特殊情况下可做相应调整）。

本章主要以机器人卡尔为例，介绍机器人模型的制作原理、方法和技巧。建议读者在学习之前，了解一些有关机械设计原理和机械运动规律的相关知识。通过本章的学习，能够举一反三地制作各种影视动画机械模型。

案例 1　制作机器人的头部和身体模型

一、案例内容简介

通过本案例，介绍机器人头部和身体模型的制作原理、方法和技巧。

二、案例效果欣赏

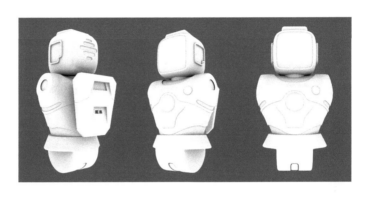

三、案例制作流程（步骤）

任务六：制作机器人的能源供应装置模型

任务五：制作机器人的臀部转动装置模型

任务四：制作机器人的胸部和腹部模型

案例1 制作机器人的头部和身体模型

任务一：制作机器人头部模型的主体部分

任务二：制作机器人头部模型两侧的发光部分

任务三：制作机器人头顶的信号发射装置模型

四、制作目的

（1）了解机器人模型的制作流程。

（2）了解机械模型的基本结构和比例关系。

（3）了解机械模型的布线原理和规律。

五、制作过程中需要解决的问题

（1）机器人模型的制作原理、方法和基本流程。

（2）参考图的收集方法和途径。

（3）参考图的分析和有效元素的提取。

（4）机器人模型各个部件的造型。

六、详细操作步骤

任务一：制作机器人头部模型的主体部分

步骤 01：收集机器人卡尔的参考图，如图 7.1 所示。

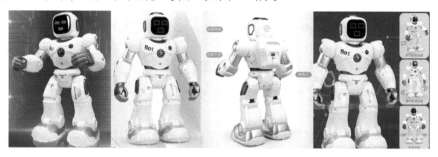

图 7.1　机器人卡尔的参考图

步骤 02：启动 Maya 2023，新建 1 个名为"jiqiren"的项目文件。

步骤 03：在前视图中导入参考图，如图 7.2 所示。

提示：此参考图不是百分之百正视图，存在一定的偏差，在制作时以一侧为准即可。

步骤 04：创建 1 个立方体，该立方体的具体参数设置如图 7.3 所示。

步骤 05：选择创建的立方体，在菜单栏中单击【网格】→【平滑】命令，把平滑的分段数设为 2。平滑处理之后的效果如图 7.4 所示。

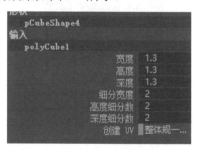
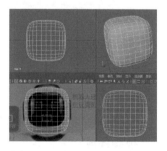

图 7.2　导入的参考图　　　图 7.3　立方体的具体参数设置　　　图 7.4　平滑处理之后的效果

步骤 06：选择需要挤出的面，如图 7.5 所示。

步骤 07：先使用【挤出】命令，对选择的面进行挤出，再使用【提取】命令，把挤出之后的面提取出来，效果如图 7.6 所示。

步骤 08：创建 1 个圆柱体，以此制作机械人的颈部模型。创建的圆柱体大小和位置如图 7.7 所示。

视频播放：关于具体介绍，请观看配套视频"任务一：制作机器人头部模型的主体部分.wmv"。

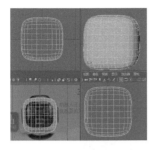

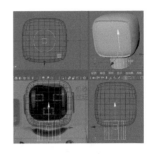

图 7.5　选择需要挤出的面　　图 7.6　挤出和提取之后的效果　　图 7.7　创建的圆柱体大小和位置

任务二：制作机器人头部模型两侧的发光部分

机器人头部模型两侧的发光部分的制作通过创建立方体，对创建的立方体进行倒角、挤出和调节来完成。

步骤 01：创建 1 个立方体，把该立方体左右两侧的面删除，效果如图 7.8 所示。

步骤 02：选择需要倒角的边，使用【倒角】命令对选择的边进行倒角和调节，效果如图 7.9 所示。

步骤 03：对倒角和调节之后的模型进行挤出和再次倒角，效果如图 7.10 所示。

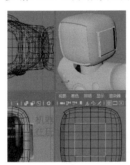

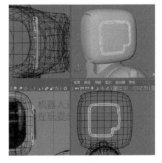

图 7.8　删除左右两侧的　　图 7.9　倒角和调节　　图 7.10　挤出和再次倒角
　　　　面之后的效果　　　　　之后的效果　　　　　　　之后的效果

步骤 04：把制作好的发光部分镜像复制 1 份并调节好其位置，效果如图 7.11 所示。

视频播放：关于具体介绍，请观看配套视频"任务二：制作机器人头部模型两侧的发光部分.wmv"。

任务三：制作机器人头顶的信号发射装置模型

机器人头顶的信号发射装置模型的制作通过创建立方体，对创建的立方体进行挤出、插入循环边和倒角来完成。

步骤 01：收集机器人头顶的信号发射装置参考图，如图 7.12 所示。

步骤 02：创建 1 个立方体，调节该立方体顶点位置，效果如图 7.13 所示。

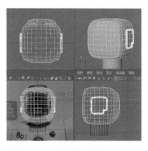

图 7.11 复制和位置调节
之后的效果

图 7.12 信号发射装置参考图

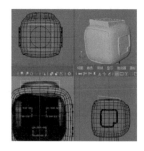

图 7.13 顶点位置调节
之后的效果

步骤 03：使用【插入循环边】命令，给创建的立方体插入循环边并调节顶点的位置。插入的循环边如图 7.14 所示。

步骤 04：选择需要挤出的面，使用【挤出】命令对选择的面进行挤出和调节，效果如图 7.15 所示。

步骤 05：使用【插入循环边】命令，对模型进行卡边。插入的循环边如图 7.16 所示。

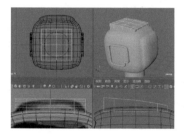

图 7.14 步骤 03 插入的循环边

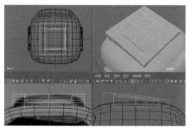

图 7.15 步骤 04 挤出和
调节之后的效果

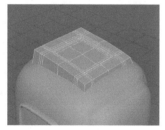

图 7.16 步骤 05 插入的
循环边

步骤 06：使用【平滑】命令，对已插入循环边的模型进行平滑处理，把平滑的分段数设为 1，效果如图 7.17 所示。

步骤 07：制作机器人头部后面的凹槽效果。选择需要挤出的面，使用【挤出】命令对选择的面进行挤出和调节，效果如图 7.18 所示。

步骤 08：使用【插入循环边】命令，在挤出之后的位置插入循环边，效果如图 7.19 所示。

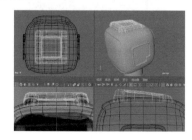

图 7.17 平滑处理之后的效果

图 7.18 步骤 07 挤出和调节
之后的效果

图 7.19 插入循环边
之后的效果

视频播放：关于具体介绍，请观看配套视频"任务三：制作机器人头顶的信号发射装置模型.wmv"。

任务四：制作机器人的胸部和腹部模型

机器人的胸部和腹部模型的制作方法如下：创建立方体，根据参考图调节出立方体的大形，使用【四边形绘制】命令，对模型进行布线、挤出和调节。

步骤 01：创建 1 个立方体，根据参考图调节该立方体的顶点位置，调节之后的效果如图 7.20 所示。

步骤 02：删除模型的一半，将剩余的一半模型，沿 X 轴镜像复制 1 份。镜像复制的效果如图 7.21 所示。

步骤 03：使用【插入循环边】命令，给模型插入循环边，根据参考图调节顶点的位置，效果如图 7.22 所示。

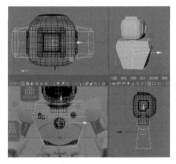 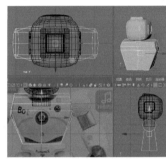 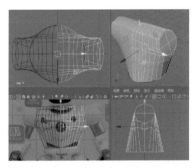

图 7.20　调节之后的效果　　　图 7.21　镜像复制的效果　　　图 7.22　插入循环边和调节
顶点位置之后的效果

步骤 04：再次使用【插入循环边】命令，给模型插入循环边，效果如图 7.23 所示。

步骤 05：选择原模型以及镜像复制的模型，先执行【结合】命令，再执行【合并】命令，把 2 个模型合并为 1 个模型。结合和合并之后的效果如图 7.24 所示。

步骤 06：使用【四边形绘制】命令，对机器人的身体模型重新布线，效果如图 7.25 所示。

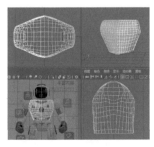 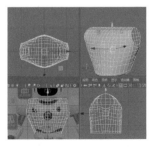 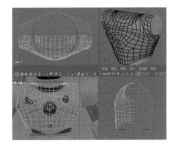

图 7.23　插入循环边　　　　图 7.24　步骤 05 结合和　　　图 7.25　重新布线
之后的效果　　　　　　　　合并之后的效果　　　　　　　之后的效果

步骤 07：结束四边形绘制和取消"激活选定对象"功能，重新绘制的模型如图 7.26 所示。

步骤 08：把重新绘制的模型在 Z 轴方向镜像复制 1 份。选择重新绘制的模型和镜像复制的模型，先执行【结合】命令，再执行【合并】命令，把选择的 2 个模型合并成 1 个模型，结合和合并之后的模型效果如图 7.27 所示。

步骤 09：选择需要挤出的面，使用【挤出】命令对选择的面进行挤出，效果如图 7.28 所示。

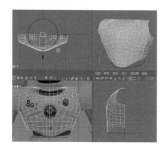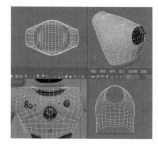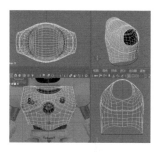

图 7.26　重新绘制的　　　　　图 7.27　步骤 08 结合和　　　　　图 7.28　挤出之后的效果
　　　　　模型效果　　　　　　　　　　合并之后的模型效果

步骤 10：删除多余的面，使用【挤出】命令对选择的边进行挤出和调节，效果如图 7.29 所示。

步骤 11：选择需要挤出的面，如图 7.30 所示。

步骤 12：把选择的面复制 1 份，使用【挤出】命令对复制的面进行挤出，使用【倒角】命令对挤出之后的面进行倒角处理。挤出和倒角之后的效果如图 7.31 所示。

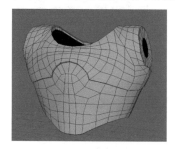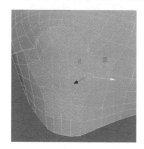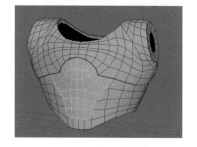

图 7.29　挤出和调节　　　　　图 7.30　选择需要　　　　　图 7.31　挤出和倒角
　　　　　之后的效果　　　　　　　　　挤出的面　　　　　　　　　之后的效果

步骤 13：根据参考图结构，使用【插入循环边】命令插入 1 条循环边。然后，选择如图 7.32 所示的面。

步骤 14：使用【挤出】命令，对选择的面进行挤出，挤出之后的效果如图 7.33 所示。

步骤 15：创建 2 个球体，它们的大小和位置如图 7.34 所示。

视频播放：关于具体介绍，请观看配套视频"任务四：制作机器人的胸部和腹部模型.wmv"。

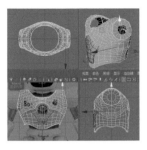

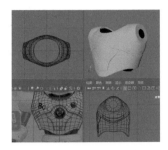

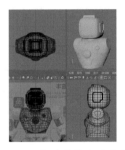

图 7.32　选择的面　　　　　　图 7.33　挤出之后的效果　　　　图 7.34　2 个球体的大小和位置

任务五：制作机器人的臀部转动装置模型

机器人的臀部转动装置模型的制作方法如下：创建圆柱体，使用【多切割】命令，对创建的圆柱体进行分割；使用【桥接】命令，对选择的边进行桥接和调节；使用【填充洞】命令和【多切割】命令，进行填充和分割；最后，进行倒角处理。

步骤 01：创建 1 个圆柱体，对创建的圆柱体进行调节，删除多余的面，效果如图 7.35 所示。

步骤 02：选择需要桥接的边，使用【桥接】命令对选择的边进行桥接。然后，使用【多切割】命令进行分割和调节，分割和调节之后的效果如图 7.36 所示。

步骤 03：使用【桥接】命令，继续对选择的边进行桥接处理。然后，使用【填充洞】命令，进行填充洞操作，效果如图 7.37 所示。

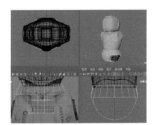

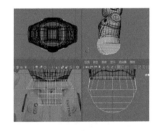

图 7.35　调节和删除多余的　　　图 7.36　分割和调节之后的效果　　　图 7.37　桥接和填充洞
　　　　　　面之后的效果　　　　　　　　　　　　　　　　　　　　　　　　　　之后的效果

步骤 04：使用【多切割】命令，对选择的面进行分割，效果如图 7.38 所示。

步骤 05：使用【倒角】命令，对选择的面进行倒角处理，效果如图 7.39 所示。

步骤 06：使用【挤出】命令，对选择的面和边进行挤出，效果如图 7.40 所示。

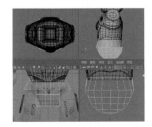

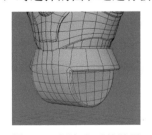

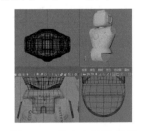

图 7.38　分割之后的效果　　　　图 7.39　倒角之后的效果　　　　图 7.40　挤出之后的效果

视频播放：关于具体介绍，请观看配套视频"任务五：制作机器人的臀部转动装置模型.wmv"。

任务六：制作机器人的能源供应装置模型

机器人的能源供应装置模型的制作通过创建立方体，对创建的立方体进行倒角和挤出来完成。

步骤 01：创建 1 个立方体，该立方体的大小和位置如图 7.41 所示。

步骤 02：选择创建的立方体，使用【倒角】命令对该立方体进行倒角处理，效果如图 7.42 所示。

步骤 03：选择边，继续使用【倒角】命令对选择的边进行倒角处理，效果如图 7.43 所示。

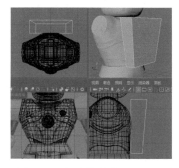

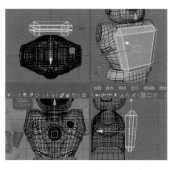

图 7.41　立方体的大小和位置　　　图 7.42　倒角之后的效果　　　图 7.43　继续倒角之后的效果

步骤 04：使用【插入循环边】命令，插入循环边并调节其顶点的位置，效果如图 7.44 所示。

步骤 05：选择需要挤出的面，先使用【挤出】命令对选择的面进行挤出，再使用【目标焊接】命令对顶点进行焊接，效果如图 7.45 所示。

步骤 06：选择循环边，对其进行倒角处理。选择需要挤出的面，使用【挤出】命令对选择的面进行挤出，效果如图 7.46 所示。

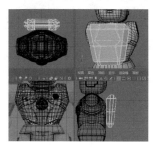
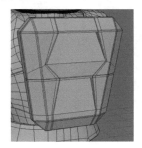
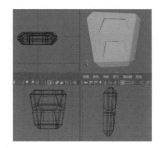

图 7.44　插入循环边和调节　　　图 7.45　挤出和焊接　　　图 7.46　倒角和挤出
　　　顶点位置之后的效果　　　　　顶点之后的效果　　　　　　之后的效果

步骤 07：选择挤出之后的模型，使用【平滑】命令对选择的模型进行平滑处理，把平滑的分段数设为 1。平滑处理之后的效果如图 7.47 所示。

步骤 08：根据参考图，选择需要挤出的面，使用【挤出】命令对选择的面进行挤出，效果如图 7.48 所示。

步骤 09：使用【插入循环边】命令和【多切割】命令对挤出之后的模型进行卡边，以固定模型的造型。卡边之后的效果如图 7.49 所示。

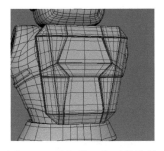 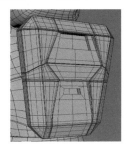 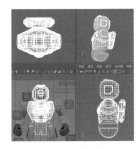

图 7.47　平滑处理之后的效果　　　图 7.48　挤出之后的效果　　　图 7.49　卡边之后的效果

视频播放：关于具体介绍，请观看配套视频"任务六：制作机器人的能源供应装置模型.wmv"。

七、拓展训练

根据所学知识和提供的参考图，制作以下机器人的身体模型。

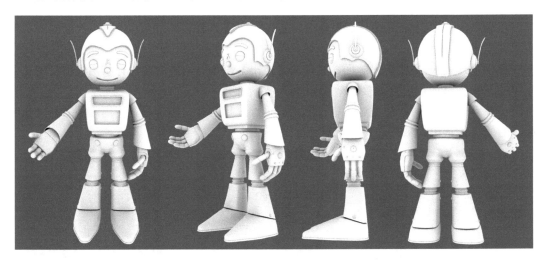

案例 2　制作机器人的四肢模型

一、案例内容简介

通过本案例，介绍机器人四肢模型的制作原理、方法和技巧。

二、案例效果欣赏

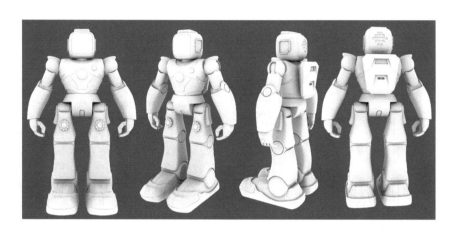

三、案例制作流程（步骤）

任务五：制作机器人的鞋子模型

任务四：制作机器人的腿部模型

案例2 制作机器人的四肢模型

任务一：制作机器人的手臂关节模型

任务二：制作机器人的手臂模型

任务三：制作机器人的手掌和手指模型

四、制作目的

（1）了解机械模型的布线原理和规律。

（2）掌握机器人四肢模型的制作原理、方法和技巧。

五、制作过程中需要解决的问题

（1）参考图的收集方法和途径。

（2）参考图的分析和有效元素的提取。

（3）机器人四肢各部件的作用及制作原理、方法和技巧。

六、详细操作步骤

任务一：制作机器人的手臂关节模型

机器人的手臂关节模型的制作通过创建立方体，对创建的立方体进行平滑处理、切割和挤出来完成。

步骤 01：收集有关机器人卡尔的参考图，机器人卡尔的手臂关节参考图如图 7.50 所示。

步骤 02：创建 1 个立方体，使用【平滑】命令对创建的立方体进行平滑处理，把平滑的分段数设为 2。对平滑处理之后的立方体进行旋转和位置移动，编辑之后的立方体如图 7.51 所示。

步骤 03：把编辑之后的立方体复制 1 份，适当缩小作为备用。复制和缩放之后的立方体如图 7.52 所示。

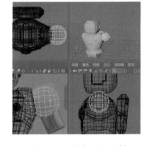
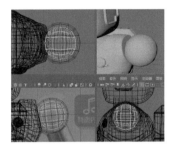

图 7.50　机器人卡尔的　　　图 7.51　编辑之后的　　　图 7.52　复制和缩放
　　　　手臂关节参考图　　　　　　　立方体　　　　　　　　之后的立方体

步骤 04：使用【多切割】命令，根据参考图对编辑之后的立方体进行分割，删除多余的面，效果如图 7.53 所示。

步骤 05：选择边界边，使用【挤出】命令对选择的边界边进行挤出和缩放，效果如图 7.54 所示。

步骤 06：根据参考图选择面，使用【挤出】命令对选择的面进行挤出和调节，效果如图 7.55 所示。

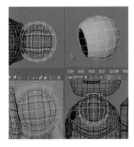

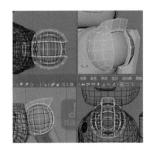

图 7.53　分割和删除多余的　　　图 7.54　挤出和缩放　　　图 7.55　挤出和调节
　　　　面之后的效果　　　　　　　之后的效果　　　　　　　之后的效果

视频播放：关于具体介绍，请观看配套视频"任务一：制作机器人的手臂关节模型.wmv"。

任务二：制作机器人的手臂模型

机器人的手臂模型的制作通过创建圆柱体，对创建的圆柱体进行挤出和调节米完成。

步骤 01：创建 1 个圆柱体，调节好该圆柱体的位置和大小，如图 7.56 所示。

步骤 02：使用【挤出】命令对创建的圆柱体进行挤出和调节，效果如图 7.57 所示。

步骤 03：创建第 1 个立方体，使用【插入循环边】命令给创建的立方体插入循环边，效果如图 7.58 所示。

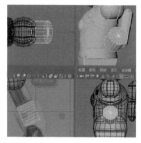 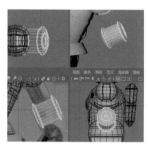 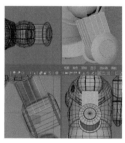

图 7.56　创建的圆柱体　　　　图 7.57　步骤 02 挤出和　　　　图 7.58　第 1 个立方体
　　位置和大小　　　　　　　　　调节之后的效果　　　　　　　插入循环边之后的效果

步骤 04：使用【挤出】命令对已插入循环边的模型进行挤出和调节，效果如图 7.59 所示。

步骤 05：创建第 2 个立方体，调节该立方体的大小和位置，效果如图 7.60 所示。

步骤 06：使用【插入循环边】命令给模型插入循环边，对模型的顶点和边进行调节，调节之后的效果如图 7.61 所示。

 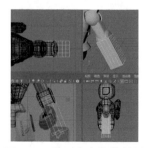 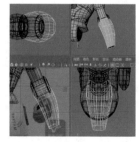

图 7.59　步骤 04 挤出和　　　　图 7.60　第 2 个立方体效果　　　　图 7.61　调节之后的效果
　　调节之后的效果

步骤 07：使用【多切割】命令对调节之后的模型进行分割，删除多余的面，效果如图 7.62 所示。

步骤 08：选择需要挤出的边，使用【挤出】命令对选择的边进行挤出，效果如图 7.63 所示。

步骤 09：使用【插入循环边】命令，给挤出之后的模型插入循环边，效果如图 7.64 所示。

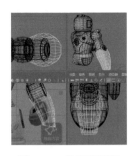

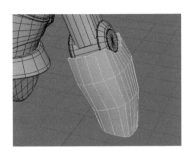

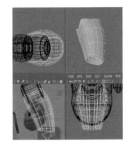

图 7.62　分割和删除
多余的面之后的效果

图 7.63　挤出之后的效果

图 7.64　第 2 个立方体插入
循环边之后的效果

视频播放：关于具体介绍，请观看配套视频"任务二：制作机器人的手臂模型.wmv"。

任务三：制作机器人的手掌和手指模型

机器人的手掌和手指模型的制作通过创建立方体，给创建的立方体插入循环边，再对其进行挤出、倒角和调节来完成。

1．制作机器人的手掌模型

步骤 01：创建 1 个立方体，调节该立方体的顶点位置，效果如图 7.65 所示。

步骤 02：选择需要挤出的面，使用【挤出】命令对选择的面进行挤出和调节，效果如图 7.66 所示。

步骤 03：使用【插入循环边】命令、【多切割】命令和【倒角】命令，对挤出之后的模型重新布线，效果如图 7.67 所示。

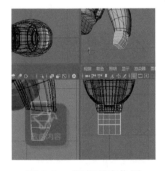

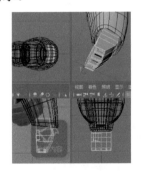

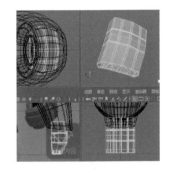

图 7.65　调节顶点位置
之后的效果

图 7.66　挤出和调节
之后的效果

图 7.67　重新布线
之后的效果

步骤 04：选择需要挤出的面，使用【挤出】命令对选择的面进行挤出和调节，效果如图 7.68 所示。

步骤 05：使用【插入循环边】命令插入循环边，以保护挤出的结构造型，效果如图 7.69 所示。

2. 制作机器人的手指模型

步骤 01：创建 1 个立方体，根据参考图的结构，调节该立方体的顶点位置，效果如图 7.70 所示。

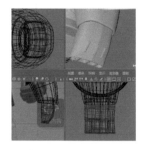
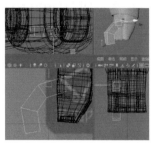

图 7.68　挤出和调节　　　　图 7.69　插入循环边　　　　图 7.70　调节顶点位置
　　之后的效果　　　　　　　之后的手掌效果　　　　　　　之后的效果

步骤 02：选择需要倒角的边，使用【倒角】命令，对选择的边进行倒角，效果如图 7.71 所示。

步骤 03：使用【插入循环边】命令，给挤出之后的模型插入循环边，以保护模型的结构，效果如图 7.72 所示。

步骤 04：方法同上，制作其余 4 根手指，5 根手指效果如图 7.73 所示。

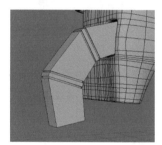
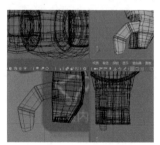
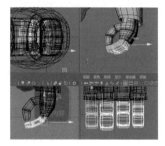

图 7.71　倒角之后的效果　　　图 7.72　插入循环边　　　　图 7.73　5 根手指效果
　　　　　　　　　　　　　　之后的手指效果

步骤 05：选择组成手臂的所有模型，使用【结合】命令，把选择的所有模型结合为 1 个模型。把结合之后的模型镜像复制 1 份，效果如图 7.74 所示。

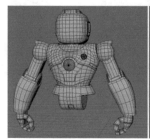

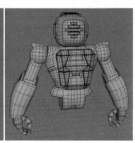

图 7.74　结合和镜像复制之后的手臂模型效果

视频播放：关于具体介绍，请观看配套视频"任务三：制作机器人的手掌和手指模型.wmv"。

任务四：制作机器人的腿部模型

机器人的腿部模型的制作通过创建圆柱体和立方体，根据参考图使用多边形编辑工具进行挤出、插入循环边和倒角来完成。

1. 制作机器人腿部上半部的模型

步骤 01：创建第 1 个圆柱体，对创建的圆柱体进行挤出和调节，效果如图 7.75 所示。

步骤 02：创建第 1 个立方体，调节其位置和大小，效果如图 7.76 所示。

步骤 03：使用【插入循环边】命令插入循环边，根据参考图调节其顶点的位置，效果如图 7.77 所示。

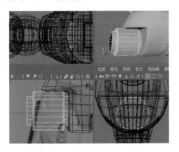 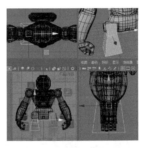 

图 7.75　第 1 个圆柱体　　　　图 7.76　调节位置和大小　　　　图 7.77　调节之后的效果
挤出和调节之后的效果　　　　之后的立方体效果

步骤 04：创建第 2 个圆柱体，对创建的圆柱体进行挤出和调节，效果如图 7.78 所示。

步骤 05：使用【插入循环边】命令，再给步骤 02 创建的立方体插入 2 条循环边，调节好它们的位置，效果如图 7.79 所示。

步骤 06：删除多余的面，使用【挤出】命令对剩余的面进行挤出，挤出之后的效果如图 7.80 所示。

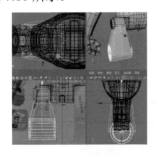 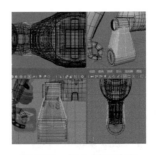 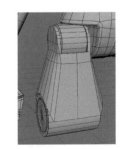

图 7.78　第 2 个圆柱体挤出和　　　图 7.79　插入循环边和　　　　图 7.80　挤出之后的效果
调节之后的效果　　　　调节位置之后的立方体效果

步骤 07：选择需要倒角的边，使用【倒角】命令对选择的边进行倒角，效果如图 7.81 所示。

步骤 08：创建第 2 个立方体，对创建的立方体进行倒角和调节，效果如图 7.82 所示。

步骤 09：创建第 3 个圆柱体，对创建的圆柱进行挤出和插入循环边，效果如图 7.83 所示。

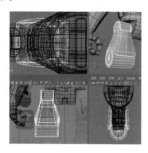

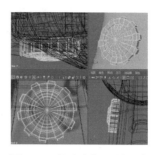

图 7.81　倒角之后的第 2 个　　　图 7.82　倒角和调节之后的　　　图 7.83　挤出和插入循环边
　　　　立方体效果　　　　　　　　　　第 2 个立方体效果　　　　　　　　之后的第 3 个圆柱体效果

2. 制作机器人腿部下半部的模型

步骤 01：创建 1 个圆柱体，对创建的圆柱体进行挤出和倒角，效果如图 7.84 所示。

步骤 02：创建 1 个立方体，对创建的立方体的顶点位置进行调节，效果如图 7.85 所示。

步骤 03：删除与圆柱体顶面和底面接触的面，使用【挤出】命令对剩余的面进行挤出，对挤出的边进行倒角，挤出和倒角之后的效果如图 7.86 所示。

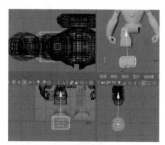
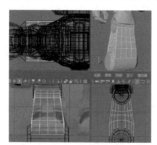
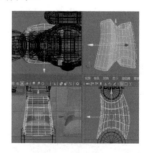

图 7.84　挤出和倒角之后的　　　图 7.85　调节顶点位置　　　图 7.86　挤出和倒角
　　　　圆柱体效果　　　　　　　　　之后的立方体效果　　　　　　　　之后的效果

视频播放：关于具体介绍，请观看配套视频"任务四：制作机器人的腿部模型.wmv"。

任务五：制作机器人的鞋子模型

机器人鞋子模型的制作方法如下：创建立方体，根据参考图使用多边形编辑工具，对创建的立方体插入循环边并进行调节，再进行挤出和添加保护边。

步骤 01：创建 1 个立方体，对创建的立方体进行调节，调节之后的立方体效果如图 7.87 所示。

步骤 02：使用【插入循环边】命令给创建的立方体插入循环边，效果如图 7.88 所示。

步骤 03：选择需要挤出的面，使用【挤出】命令对选择的面进行挤出，效果如图 7.89 所示。

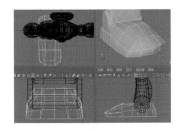
图 7.87　调节之后的立方体效果

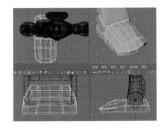
图 7.88　插入循环边之后的效果

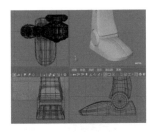
图 7.89　挤出之后的效果

步骤 04：选择制作好的鞋子模型，在工具栏中单击"激活选定对象" 图标，激活选定对象。

步骤 05：使用【四边形绘制】命令，绘制如图 7.90 所示的多边面。

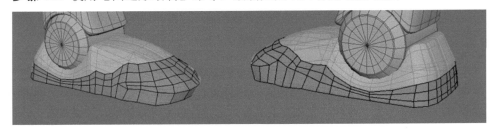
图 7.90　绘制的多边面

步骤 06：选择模型底面的边界边，先使用【填充洞】命令进行填充，再使用【多切割】命令对填充之后的面进行分割。分割之后的效果如图 7.91 所示。

步骤 07：使用【挤出】命令对分割之后的模型进行挤出，效果如图 7.92 所示。

步骤 08：删除挤出之后的鞋子模型内部的面，效果如图 7.93 所示。

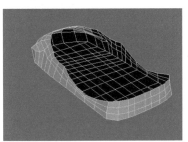
图 7.91　分割之后的效果

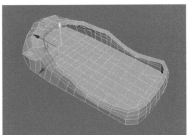
图 7.92　挤出之后的效果

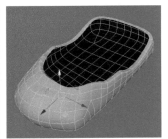
图 7.93　删除鞋子模型
内部的面之后的效果

步骤 09：使用【插入循环边】命令和【多切割】命令在鞋子模型的结构位置添加边，把它作为鞋子模型的结构保护线。添加结构保护线之后的效果如图 7.94 所示。

步骤 10：选择需要挤出的面，使用【挤出】命令对选择的面进行挤出，效果如图 7.95 所示。

步骤 11：把制作好的机器人腿部模型镜像复制 1 份，调节好其位置，效果如图 7.96 所示。

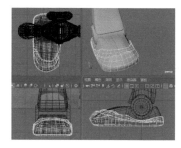

图 7.94　添加结构保护线
之后的效果

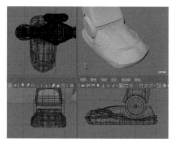

图 7.95　挤出之后的效果

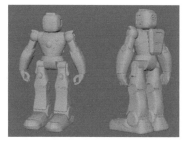

图 7.96　复制和位置调节
之后的效果

视频播放：关于具体介绍，请观看配套视频"任务五：制作机器人的鞋子模型.wmv"。

七、拓展训练

根据所学知识和提供的参考图，制作以下机器人的四肢模型。

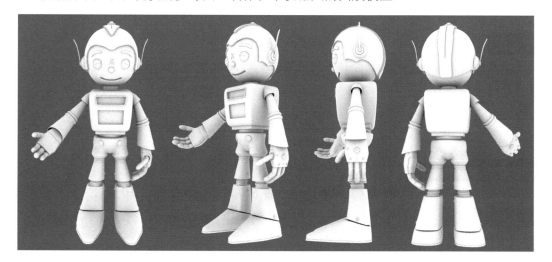

第8章　制作游戏角色模型——香草·戴亚·欧尔巴

知识点：

案例 1　制作游戏角色的头部模型
案例 2　制作游戏角色的身体模型
案例 3　制作游戏角色的服饰模型

说明：

本章主要通过 3 个案例，介绍如何使用 Maya 2023 中的 Polygon（多边形）建模技术制作游戏角色模型。

教学建议课时数：

一般情况下需要 16 课时，其中理论学习占 6 课时，实际操作占 10 课时（特殊情况下可做相应调整）。

本章主要以《最终幻想 13》游戏中的主要女性角色香草·戴亚·欧尔巴（Vanille Dia Oerba）为例，介绍游戏角色的头部模型、身体模型和服饰模型的制作流程、方法和技巧。建议读者在学习本章之前了解该款游戏的概况，了解该角色的背景、性格和主要职业等，这样有助于角色造型。

案例 1　制作游戏角色的头部模型

一、案例内容简介

本案例主要介绍《最终幻想 13》游戏中的主要女性角色香草·戴亚·欧尔巴头部模型的制作原理、方法和技巧。

二、案例效果欣赏

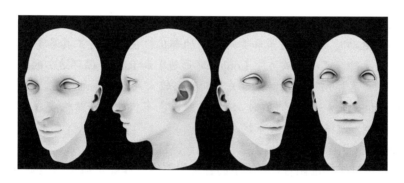

三、案例制作流程（步骤）

任务四：拓扑游戏角色头部模型

任务三：导入参考图和游戏角色头部高模

案例1 制作游戏角色的头部模型

任务一：制作游戏角色模型的基本流程

任务二：次世代游戏角色模型的制作流程

四、制作目的

（1）了解游戏角色模型的制作流程。

（2）提高对低模、中模和高模的应用能力。

五、制作过程中需要解决的问题

（1）游戏角色模型的制作原理、方法和基本流程。

（2）参考图的收集方法和途径。

（3）参考图的分析和有效元素的提取。

（4）游戏角色模型的布线原理和规律。

六、详细操作步骤

任务一：制作游戏角色模型的基本流程

基本流程包括低模、中模、高模的制作，分布 UV（材质）和贴图。

1. 制作中模

在中模的制作过程中要注意以下事项。

（1）需要随时注意游戏角色的形体比例、解剖学关系、风格，以及对原画的整体还原程度。

（2）尽量使布线均匀，清楚哪些部位要重点刻画，对需要重点刻画的部位布线更多一些，以表现细节。

提示： 在布线过程中要遵循"静则结构，动则平均"这个规律。所谓"静则结构"是指在角色作预期运动时，对非关节和变形微弱的部位，使用相关工具尽量制作出比较丰富的外形细节。必要时，可以突破边缘 Loop（环形边）和 Ring（循环边）的限制。所谓"动则平均"是指在角色作预期运动时，对关节和变形较大的部位（如膝盖、髋关节、肩关节、肘关节、踝关节和手腕等部位）布线时，需要按照角色布线的拓扑结构要求，尽量使用 Loop（环形边）和 Ring（循环边）进行布线。

在中模制作过程中需要达到如下 2 个目的。

（1）对含有机械结构的附件、服饰中的各种拼接结构和非机械结构但质地坚硬的附件，要尽最大努力制作出足够逼真的细节。

（2）调节好基本形体，使其符合设定的风格。

2. 制作高模

目前，在次世代游戏角色模型制作流程中，一般先制作用于烘焙法线贴图的高模，再用高模生成法线贴图和环境贴图。高模是衡量制作人员艺术水平的重要标准，因为高模的质量在很大程度上决定了游戏角色的质量。

在制作高模的时候，需要不断地分析和观察参考图，才能制作出较副真的游戏角色模型。

提示： 在制作高模时，不能完全凭想象，要多找一些符合角色风格的参考图进行细致观察。

在高模制作时需要注意以下事项。

（1）在模型上尽可能有区别地表现不同材质的特点，对截然不同的材质，一定要正确区分开来。

（2）在中模的基础上使用雕刻软件（Modbox、ZBrush）继续雕刻时，要把握好模

型大形。

提示：要熟练掌握雕刻软件的使用方法和手感。如果对雕刻软件不熟练，即使个人想象再丰富，也表现不出细节。建议读者多加练习，直到可以随心所欲地表达自己的所想为止（熟能生巧）。

3. 制作低模

制作好高模后，开始制作低模。低模需要与高模匹配，只有低模与高模匹配时才能正确地烘焙出法线贴图。

制作低模的一般流程如下。

（1）在 ZBrush 软件中，把高模的面数减少（简称减面）。

（2）将减面之后的模型导入 Maya。

（3）在 Maya 2023 软件中，调节低模使其与高模匹配或使用【四边形绘制】命令进行拓扑。

提示：在制作低模过程中，要认真研究线条的拓扑结构，以便在有限的面数情况下，充分表现角色的形体变化和特征轮廓。

在制作低模时，需要注意以下事项。

（1）关节运动区域的布线要流畅紧凑，需要有足够的布线来支持变形。

（2）调节低模的形体使之与高模匹配，准确生成法线贴图和环境光贴图，使低模的形体特征更加符合设定要求。

提示：在建模过程中，角色外形要严格按照设计稿的前视图、侧视图和背视图的造型设计，还要遵循艺用人体体块解剖的合理性。

4. 分布 UV

制作好低模后，对低模分布 UV。

分布 UV 时，需要注意以下事项。

（1）分布 UV 时要注意工整，贴图利用率要高，裤子和衣服等可以做成直边以便修接缝。

（2）在 1 张贴图中，通常给头部比较大的空间来分布 UV，甚至给头部 1 张单独的贴图，以提高头部模型的精度。其他区域的 UV 分布相对均匀。

（3）对一些射击类游戏角色的右肩区域，需要给予相对多的空间，以提高此区域的贴图精度。

（4）分布的 UV 线需要保持流畅，特别是在能体现面部表情的区域。

5. 烘焙法线贴图

烘焙法线贴图（Normal Map）是指将高模的顶点（Vertex）法线信息映射到低模的顶点法线上。

提示：低模和高模的匹配非常重要，特别是它们的外轮廓一定要匹配。否则，烘焙出的法线（Normal）在局部没有倒角，没有体积感，甚至错位。

6. 绘制漫反射贴图

在绘制漫反射贴图时，需要收集大量的参考图，使贴图符合角色特征，更好地表现出角色的灵性。

在绘制漫反射贴图时，对非手绘项目，应尽量避免出现手绘的痕迹；对手绘项目，需要处理得自然一些。

提示：效果好的漫反射贴图可以正确地表现出设计图的颜色、材质、角色的身份和所处环境。

漫反射贴图还可以用来表现角色身上脏迹的多少和类型。

视频播放：关于具体介绍，请观看配套视频"任务一：制作游戏角色模型的基本流程.wmv"。

任务二：次世代游戏角色模型的制作流程

随着软件技术的不断更新，游戏角色模型的制作流程也发生变化，在技术上变得越来越简单，但在艺术上要求越来越高。现在流行次世代游戏，建议读者掌握次世代游戏角色模型的制作流程。

步骤 01：项目策划，根据项目要求设计游戏角色。

步骤 02：使用三维软件（3ds Max 或 Maya）制作游戏角色模型大形。

步骤 03：把制作好的模型大形导出为"*.obj"或"*.FBX"文件。

步骤 04：把导出的"*.obj"或"*.FBX"文件导入 ZBrush 软件中并雕刻出高模。

步骤 05：把制作好的高模导出为"*.obj"或"*.FBX"文件的高模。

步骤 06：根据高模使用拓扑软件拓扑出低模（可以使用 3ds Max、Maya 或 ZBrush 进行拓扑），把拓扑出的低模导出为"*.obj"或"*.FBX"文件的低模。

步骤 07：使用布料模拟软件，制作游戏角色的衣服和其他柔软的材质模型。

步骤 08：使用材质制作软件（如 Substance Painter）对高、低模进行烘焙，制作材质。

步骤 09：先把制作好的低模和材质贴图导入游戏引擎中，对游戏角色进行测试。

视频播放：关于具体介绍，请观看配套视频"任务二：次世代游戏角色模型的制作流程.wmv"。

任务三：导入参考图和游戏角色头部高模

导入 Maya 2023 自带的角色头部模型或收集到的头部模型，使用软选择（Soft Selection）工具和雕刻工具对导入的头部模型进行编辑，使其与参考图匹配。然后，使用【四边形绘制】命令拓扑出高模。

步骤 01：收集相关游戏角色的参考图，如图 8.1 所示。

图 8.1　收集的游戏角色参考图

提示：更多的"香草·戴亚·欧尔巴"的参考资料，请读者参考本书配套的素材资源。

步骤 02：根据前面所学知识，在前视图和侧视图中导入参考图，效果如图 8.2 所示。

步骤 03：导入素材提供的头部高模。在菜单栏中单击【文件】→【导入…】命令，弹出【导入】对话框，选择需要导入的文件，如图 8.3 所示。

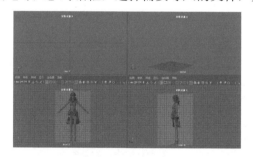

图 8.2　导入的参考图效果

图 8.3　选择需要导入的文件

步骤 04：单击【导入】按钮，把选择的文件导入场景中。对导入的模型进行适当的缩放和位置调节，使其与参考图大致匹配。调节之后的头部模型如图 8.4 所示。

步骤 05：双击工具栏中的"移动工具" 图标，打开【移动工具】面板。在该面板中勾选"软选择"选项并设置"衰减半径"的参数，如图 8.5 所示。

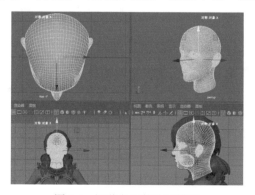

图 8.4　调节之后的头部模型

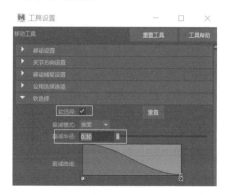

图 8.5　设置【移动工具】面板参数

步骤 06：先选择头部模型，切换到顶点编辑模型，再选择需要调节的顶点位置，如图 8.6 所示。

步骤 07：对选择的顶点位置进行调节，调节之后的局部效果如图 8.7 所示。

步骤 08：根据参考图，继续选择需要调节的顶点，调节之后的整体效果如图 8.8 所示。

 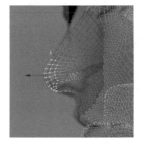 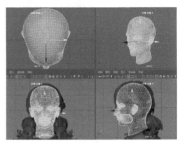

图 8.6　选择的顶点　　　图 8.7　调节之后的局部效果　　　图 8.8　调节之后的整体效果

提示：在调节过程中，根据需要不断改变"衰减半径"的值，该参数的大小决定了选定顶点受力范围的大小。黄色点受力最大，其次是由黄色向粉红色渐变的点，黑色点受力最小，粉红色点不受力。

步骤 09：使用雕刻工具命令组中的【雕刻工具】、【平滑工具】和【松弛工具】对模型进行雕刻、平滑和松弛处理，使其符合角色的要求。雕刻之后的头部模型效果如图 8.9 所示。

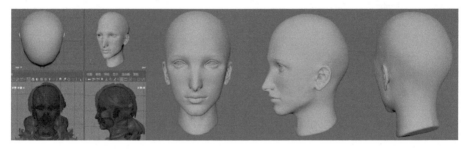

图 8.9　雕刻之后的头部模型效果

视频播放：关于具体介绍，请观看配套视频"任务三：导入参考图和游戏角色头部高模.wmv"。

任务四：拓扑游戏角色头部模型

根据头部的肌肉走向，使用【多边形绘制】命令完成头部模型的拓扑。

步骤 01：选择编辑之后的游戏角色头部模型，在工具栏中单击"激活选定对象" 图标，开启"对象 X"的对称功能，如图 8.10 所示。

步骤 02：使用【多边形绘制】命令给口轮匝肌所在的位置布线，布线之后的口轮匝肌效果如图 8.11 所示。

步骤 03：使用【多边形绘制】命令给眼轮匝肌所在的位置布线，布线之后的眼轮匝肌效果如图 8.12 所示。

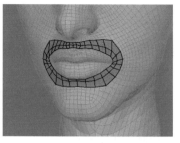

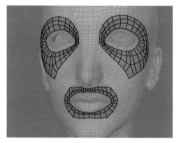

图 8.10　开启"对象 X"的　　　图 8.11　布线之后的口轮　　　图 8.12　布线之后的眼轮
　　　　　对称功能　　　　　　　　　　　匝肌效果　　　　　　　　　　匝肌效果

步骤 04：使用【多边形绘制】命令，给鼻子部位布线，把鼻子、眼轮匝肌和口轮匝肌位置所分布的线连接好，效果如图 8.13 所示。

步骤 05：使用【多边形绘制】命令，给脸部侧面布线，效果如图 8.14 所示。

步骤 06：使用【多边形绘制】命令，给整个头部布线，效果如图 8.15 所示。

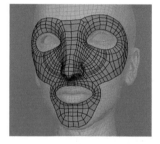

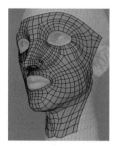

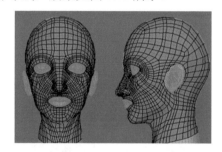

图 8.13　步骤 04 的布线效果　　　图 8.14　脸部侧面的　　　　图 8.15　头部布线效果
　　　　　　　　　　　　　　　　　　　　　　布线效果

步骤 07：使用【多边形绘制】命令，给耳朵部位布线，效果如图 8.16 所示。

步骤 08：使用【多边形绘制】命令，给眼睛部位布线，效果如图 8.17 所示。

步骤 09：使用【多边形绘制】命令，给嘴巴部位布线，效果如图 8.18 所示。

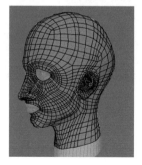

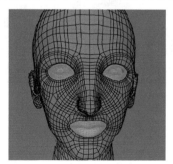

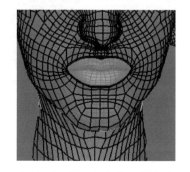

图 8.16　耳朵部位的布线效果　　　图 8.17　眼睛部位的布线效果　　　图 8.18　嘴巴部位的布线效果

步骤 10：选择眼睛部位的边界边，使用【挤出】命令对选择的边进行挤出和调节，效果如图 8.19 所示。

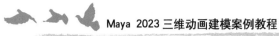

步骤 11：选择嘴巴部位的边界边，使用【挤出】命令对选择的边进行挤出和调节，效果如图 8.20 所示。

步骤 12：游戏角色的眼睛和泪腺的制作方法，请读者参考第 6 章中眼睛的制作方法。制作好眼睛和泪腺之后的头部效果如图 8.21 所示。

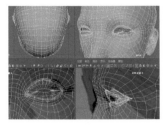
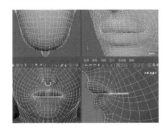

图 8.19　挤出和调节 之后的眼睛部位效果　　图 8.20　挤出和调节之后 的嘴巴部位效果　　图 8.21　制作好眼睛和泪腺 之后的头部效果

视频播放：关于具体介绍，请观看配套视频"任务四：拓扑游戏角色头部模型.wmv"。

七、拓展训练

根据所学知识制作以下游戏角色的头部模型。

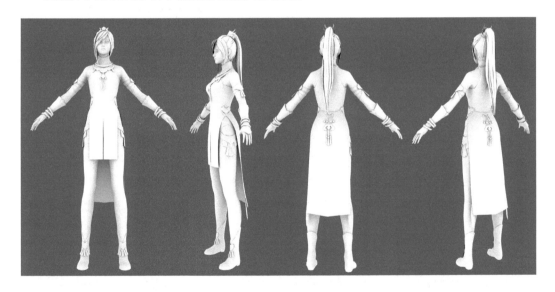

案例 2 制作游戏角色的身体模型

一、案例内容简介

通过本案例，介绍游戏角色身体模型的布线规律及模型的制作原理、方法和技巧。

二、案例效果欣赏

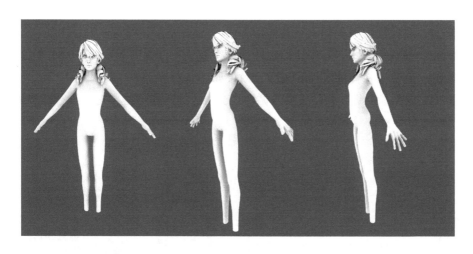

三、案例制作流程（步骤）

任务六：制作游戏角色的头发和眉毛模型

任务五：制作游戏角色的手部模型

任务四：制作游戏角色的上肢模型

案例2 制作游戏角色的身体模型

任务一：制作游戏角色的身体模型大形

任务二：细化游戏角色的身体模型

任务三：制作游戏角色的下肢模型

四、制作目的

（1）掌握游戏角色身体模型的制作原理、方法和技巧。

（2）掌握游戏角色身体、四肢的布线规律。

五、制作过程中需要解决的问题

（1）参考图的收集方法和途径。

（2）参考图的分析和有效元素的提取。

（3）游戏角色身体模型的布线原理和规律。

六、详细操作步骤

游戏角色身体模型的制作比写实角色模型的制作要求低，在结构和布线方面的要求没有写实角色那样严格。

任务一：制作游戏角色的身体模型大形

游戏角色的身体模型大形的制作方法很多，可以通过创建立方体并以之为基本体制作身体模型大形，也可以通过创建圆柱体并以之为基本体制作身体模型大形。下面以圆柱体为基本体制作游戏角色的身体模型大形。

步骤 01：在顶视图中创建 1 个圆柱体。

步骤 02：根据参考图，对创建的圆柱体进行缩放和位置调节，效果如图 8.22 所示。

步骤 03：删除圆柱体的底面和顶面，效果如图 8.23 所示。

步骤 04：根据参考图，使用【插入循环边】命令插入循环边并对其进行适当缩放和位置调节，效果如图 8.24 所示。

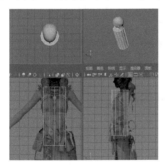 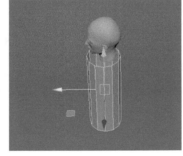 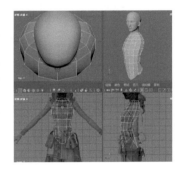

图 8.22　缩放和调节之后的圆柱体效果　　图 8.23　删除底面和顶面之后的效果　　图 8.24　插入循环边和位置调节之后的效果

提示：本案例任务一所用的参考图包括服饰和装备，被它们遮挡的身体部位如何对位，需要读者根据经验判断。初学者可以打开本书配套的源文件，使用裸模为参考图对位。

视频播放：关于具体介绍，请观看配套视频"任务一：制作游戏角色的身体模型大形.wmv"。

任务二：细化游戏角色的身体模型

步骤 01：切换到身体模型的面编辑模式，选择一半的面并将其删除。然后，切换到模型的对象编辑模式。删除一半面之后的效果如图 8.25 所示。

步骤 02：选择剩下的模型，在菜单栏中单击【编辑】→【特殊复制】→■图标，弹出【特殊复制选项】对话框，该对话框的具体参数设置如图 8.26 所示。

步骤 03：参数设置完毕，单击【特殊复制】按钮，镜像复制经过编辑后的一半模型，效果如图 8.27 所示。

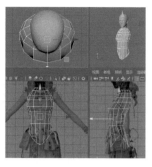

图 8.25　删除一半面
之后的效果

图 8.26　【特殊复制选项】
对话框参数设置

图 8.27　镜像复制的
模型效果

步骤 04：进入模型的边编辑模式，选择需要桥接的边，如图 8.28 所示。

步骤 05：在菜单栏中单击【编辑网格】→【桥接】→▣图标，弹出【桥接选项】对话框，具体参数设置如图 8.29 所示。

步骤 06：参数设置完毕，单击【桥接】按钮，进行桥接并对桥接之后的边进行适当调节。桥接和调节之后的效果如图 8.30 所示。

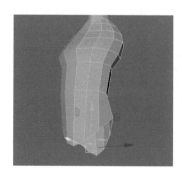

图 8.28　选择需要桥接的边

图 8.29　【桥接选项】对话框
参数设置

图 8.30　桥接和调节
之后的效果

步骤 07：使用【插入循环边】命令，给身体模型插入循环边。根据参考图对插入循环边之后的模型进行调节。插入循环边和调节之后的身体模型效果如图 8.31 所示。

视频播放：关于具体介绍，请观看配套视频"任务二：细化游戏角色的身体模型.wmv"。

任务三：制作游戏角色的下肢模型

游戏角色的下肢模型主要通过对其身体模型的边进行挤出来制作。

步骤 01：进入模型的边编辑模式，选择需要挤出的边，如图 8.32 所示。

步骤 02：使用【挤出】命令对选择的边进行挤出，对挤出的边进行移动、缩放，效果如图 8.33 所示。

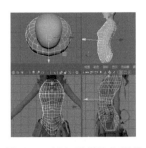

图 8.31　插入循环边和调节
之后的身体模型效果

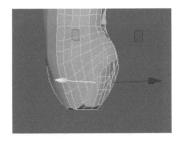

图 8.32　选择需要挤出的边

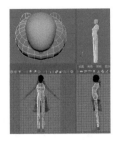

图 8.33　挤出、移动和
缩放之后的效果

步骤 03：使用【插入循环边】命令，在下肢模型中插入循环边，对插入的循环边进行缩放和位置调节，效果如图 8.34 所示。

步骤 04：选择需要挤出的面，如图 8.35 所示。

步骤 05：使用【挤出】命令，对选择的面进行挤出和调节。然后，使用【多切割】命令对挤出的面重新布线。挤出和重新布线之后的效果如图 8.36 所示。

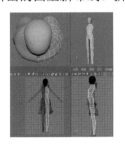

图 8.34　插入循环边和调节
之后的下肢模型效果

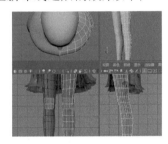

图 8.35　选择需要挤出的面

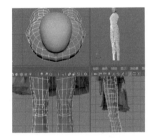

图 8.36　挤出和重新
布线之后的效果

视频播放：关于具体介绍，请观看配套视频“任务三：制作游戏角色的下肢模型.wmv”。

任务四：制作游戏角色的上肢模型

游戏角色上肢模型的制作主要通过对其身体模型的面进行挤出和调节来完成。

步骤 01：在需要挤出上肢的位置，插入 2 条循环边并调节其顶点的位置，效果如图 8.37 所示。

步骤 02：选择需要挤出的面，如图 8.38 所示。

步骤 03：使用【挤出】命令，根据参考图，对选择的面进行挤出和调节，效果如图 8.39 所示。

步骤 04：使用【插入循环边】命令，给上肢模型插入循环边并调节其位置，效果如图 8.40 所示。

提示：在调节时，如果边和顶点比较多，可以使用雕刻工具命令组中的【雕刻工具】命令和【松弛工具】命令来调节。

在制作游戏角色模型时，对被衣服遮挡的部位无须精细雕刻，因为最后游戏角色模型中看不到的内部面被删除了。

图 8.37　插入循环边和顶点
位置调节之后的效果

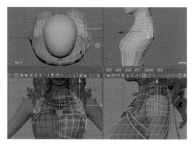

图 8.38　选择需要挤出的面

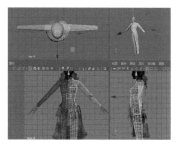

图 8.39　挤出和调节之后的效果

视频播放：关于具体介绍，请观看配套视频"任务四：制作游戏角色的上肢模型.wmv"。

任务五：制作游戏角色的手部模型

游戏角色手部模型的制作方法与写实角色的手部模型的制作方法相同，读者可参考第 6 章中的手部模型制作方法。下面仅介绍如何把制作好的手部模型导入场景中，进行结合和合并。

步骤 01：在菜单栏中单击【文件】→【导入…】命令，弹出【导入】对话框。在该对话框中选择需要导入的手部模型，如图 8.41 所示。

步骤 02：单击【导入】按钮，导入的手部模型如图 8.42 所示。

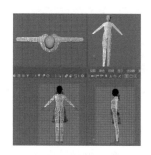

图 8.40　插入循环边和位置
调节之后的效果

图 8.41　【导入】对话框

图 8.42　导入的手部模型

步骤 03：对导入的手部模型进行缩放和位置调节，使其与身体模型匹配。调节之后的手部模型如图 8.43 所示。

步骤 04：选择手部模型和身体模型的各一半，使用【结合】命令把选择的 2 个模型结合为 1 个模型。

步骤 05：使用目标焊接功能，把手部模型与身体模型连接处的顶点焊接，焊接之后的效果如图 8.44 所示。

步骤 06：把焊接之后的模型镜像复制 1 份，先对复制的模型与原模型执行【结合】和【合并】命令，再对身体模型和头部模型执行【结合】和【合并】命令，结合和合并之后的整个模型效果如图 8.45 所示。

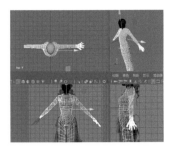

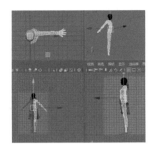

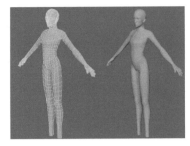

图 8.43　调节之后的手部模型　　　　图 8.44　焊接之后的效果　　　　图 8.45　结合和合并之后的
　　　整个模型效果

视频播放：关于具体介绍，请观看配套视频"任务五：制作游戏角色的手部模型.wmv"。

任务六：制作游戏角色的头发和眉毛模型

步骤 01：在菜单栏中单击【创建】→【多边形基本体】→【平面】命令，在前视图中创建 1 个平面。根据参考图调节该平面的顶点位置，调节顶点位置之后的效果如图 8.46 所示。

步骤 02：方法同上，根据参考图制作头发模型，最终的头发模型效果如图 8.47 所示。

步骤 03：眉毛模型的制作方法与头发模型的制作方法完全相同，在此不再详细介绍。制作好的眉毛模型效果如图 8.48 所示。

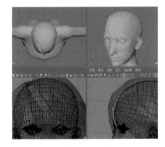

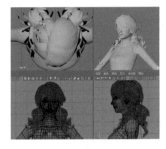

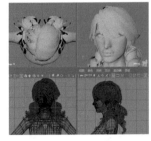

图 8.46　调节顶点位置　　　　　图 8.47　最终的头发　　　　　图 8.48　制作好的眉毛
　　　　　之后的效果　　　　　　　　　　模型效果　　　　　　　　　　模型效果

制作好的游戏角色身体模型在各个角度的效果如图 8.49 所示。

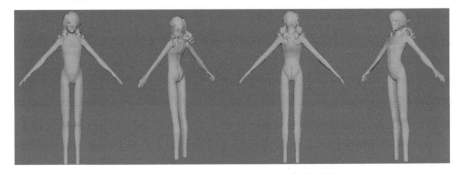

图 8.49　游戏角色身体模型在各个角度的效果

视频播放：关于具体介绍，请观看配套视频"任务六：制作游戏角色的头发和眉毛模型.wmv"。

七、拓展训练

根据所学知识制作以下游戏角色的身体模型。

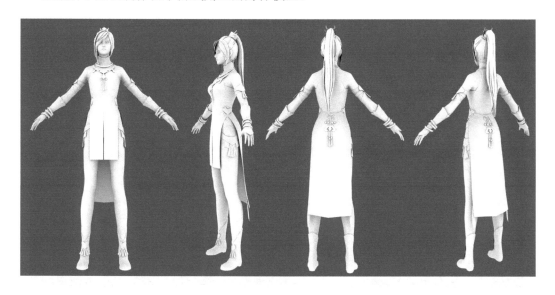

提示：可以先打开本书配套素材中的源文件，了解整个身体的结构，有利于制作身体模型。

案例 3 制作游戏角色的服饰模型

一、案例内容简介

通过本案例，介绍游戏角色的服饰模型的制作原理、方法和技巧。

二、案例效果欣赏

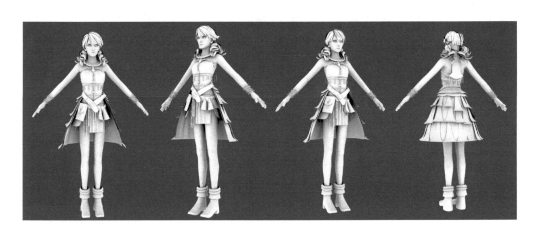

三、案例制作流程（步骤）

任务五：微调游戏角色的服饰模型

任务四：制作游戏角色的挎包（含装饰品）和腰带模型

案例3 制作游戏角色的服饰模型

任务一：制作游戏角色的鞋子模型

任务二：制作游戏角色的上衣及其装饰品模型

任务三：制作游戏角色的裙子模型

四、制作目的

掌握游戏角色服饰模型的制作原理、方法和技巧。

五、制作过程中需要解决的问题

（1）参考图的收集方法和途径。

（2）参考图的分析和有效元素的提取。

（3）游戏角色服饰模型的布线原理和规律。

六、详细操作步骤

在制作过程中，需要注意各个对象的空间关系。

任务一：制作游戏角色的鞋子模型

游戏角色鞋子模型的制作通过创建圆柱体并对其进行挤出、插入循环边和位置调节来完成。

步骤 01：创建 1 个圆柱体，把它的"轴向细分数"值设为 8、"端面细分数"值设为 0。

步骤 02：根据参考图，对创建的圆柱体进行缩放和位置调节，使之与参考图匹配。缩放和位置调节之后的圆柱体如图 8.50 所示。

步骤 03：删除圆柱体的顶面，使用【多切割】命令对圆柱体的底面重新布线，重新布线之后的圆柱体如图 8.51 所示。

步骤 04：选择需要挤出的面，根据参考图，使用【挤出】命令对选择的面进行挤出和调节，效果如图 8.52 所示。

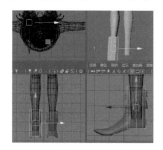
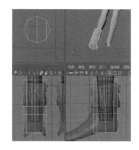
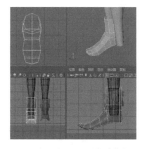

图 8.50　缩放和位置调节　　　　图 8.51　重新布线之后的圆柱体　　　　图 8.52　挤出和调节
　　　　之后的圆柱体　　　　　　　　　　　　　　　　　　　　　　　　　　　之后的效果

步骤 05：选择鞋底，使用【挤出】命令挤出鞋底的厚度，效果如图 8.53 所示。

步骤 06：使用【插入循环边】命令，给鞋子模型插入循环边并调节其顶点位置，效果如图 8.54 所示。

步骤 07：选择需要复制的面，在菜单栏中单击【编辑网格】→【复制】命令，把选择的面复制 1 份，如图 8.55 所示。

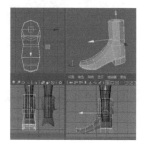
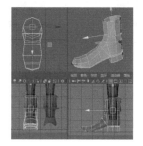

图 8.53　挤出之后的　　　　图 8.54　插入循环边和调节　　　　图 8.55　复制的面
　　　鞋底效果　　　　　　　　　　顶点位置之后的效果

步骤 08：选择复制的面，使用【挤出】命令对复制的面进行挤出和调节，效果如图 8.56 所示。

步骤 09：把上一步骤挤出和调节之后的模型复制 2 份，调节好它们的顶点位置，效果如图 8.57 所示。

步骤 10：把制作好的鞋子镜像复制 1 份，调节好其位置，效果如图 8.58 所示。

 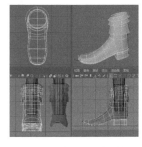 

图 8.56　挤出和调节
　　　　之后的效果　　　　　　图 8.57　步骤 09 的效果　　　　　图 8.58　步骤 10 的效果

视频播放：关于具体介绍，请观看配套视频"任务一：制作游戏角色的鞋子模型.wmv"。

任务二：制作游戏角色的上衣及其装饰品模型

1. 制作游戏角色的上衣模型

步骤 01：选择游戏角色的身体模型，在工具栏中单击"激活选定对象" 图标，开启激活选定对象功能，再开启"对象 X"的对称功能。

步骤 02：使用【四边形绘制】命令绘制上衣模型，效果如图 8.59 所示。

步骤 03：选择上衣模型，使用【挤出】命令对它进行挤出，效果如图 8.60 所示。

步骤 04：创建 1 个立方体，调节其顶点位置，调节之后的效果如图 8.61 所示。

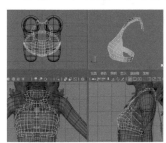  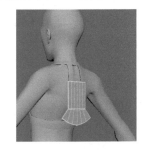

图 8.59　上衣模型效果　　　　　图 8.60　挤出之后的效果　　　　图 8.61　调节之后的效果

步骤 05：创建 1 个圆柱体，根据参考图，对创建的圆柱体进行挤出和调节，效果如图 8.62 所示。

2. 制作上衣的装饰品模型

步骤 01：创建 3 个圆环，根据参考图，调节这些圆环的顶点位置，调节之后的圆环效

果如图 8.63 所示。

　　步骤 02：创建 1 个圆柱体，根据参考图，对该圆柱体的边进行缩放和倒角处理，然后调节顶点的位置，效果如图 8.64 所示。

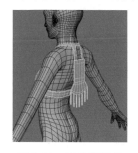
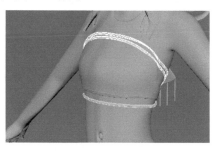
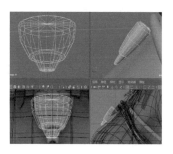

图 8.62　挤出和调节　　　　图 8.63　调节之后的圆环效果　　　图 8.64　调节之后的圆柱体效果
之后的效果

　　步骤 03：创建 1 个立方体，对其进行倒角、旋转和移动，编辑之后的立方体效果如图 8.65 所示。

　　步骤 04：创建 1 个圆柱体，根据参考图，对创建的圆柱体进行挤出和调节，把调节好的圆柱体复制 2 份，对复制的圆柱体进行微调，效果如图 8.66 所示。

　　步骤 05：再创建 2 个立方体，对它们进行倒角处理，把它们制作成装饰品的固定装置。倒角之后的 2 个立方体效果如图 8.67 所示。

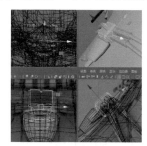
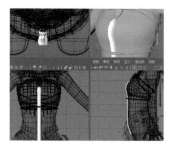

图 8.65　编辑之后的　　　　图 8.66　微调之后的　　　　图 8.67　倒角之后的
立方体效果　　　　　　　　圆柱体效果　　　　　　　　2 个立方体效果

　　步骤 06：创建 1 个圆柱体，把它的"轴向细分数"值设为 6、"高度细分数"值设为 3。使用【合并到中心】命令，把圆柱体底面的顶点合并成 1 个顶点，适当调节顶点位置，效果如图 8.68 所示。

　　步骤 07：创建 1 个球体和 1 个圆环，调节好它们的位置，把它们与上一步骤创建的圆柱体结合为 1 个对象，作为牙齿的吊坠模型。结合之后的效果如图 8.69 所示。

　　步骤 08：把制作好的牙齿吊坠复制 3 份并调节好它们的位置，效果如图 8.70 所示。

　　步骤 09：创建 4 个圆环，调节它们的大小和位置，如图 8.71 所示。

　　步骤 10：方法同上，创建圆柱体，对创建的圆柱体进行挤出和调节，以制作腰带上的吊坠。最终的吊坠效果如图 8.72 所示。

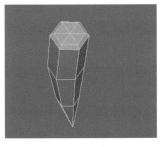

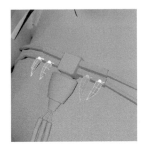

图 8.68　调节之后圆柱体的效果　　图 8.69　结合之后的效果　　图 8.70　复制和位置调节
之后的牙齿吊坠效果

步骤 11：方法同上，继续创建圆环，把它制作为手腕的装饰模型。手腕装饰效果如图 8.73 所示。

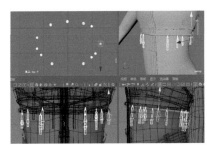

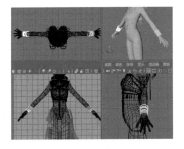

图 8.71　4 个圆环的
大小和位置　　　　　　图 8.72　最终的吊坠效果　　　　图 8.73　手腕装饰效果

视频播放：关于具体介绍，请观看配套视频"任务二：制作游戏角色的上衣及其装饰品模型.wmv"。

任务三：制作游戏角色的裙子模型

游戏角色裙子模型的制作通过创建基本几何体，根据参考图，对创建的基本几何体进行挤出和调节来完成。

1. 制作游戏角色正面的裙子和扎带模型

步骤 01：创建平面，调节该平面的顶点位置。然后根据参考图，使用【挤出】命令对调节之后的平面进行挤出。调节和挤出之后的效果如图 8.74 所示。

步骤 02：方法同上，继续创建平面，根据参考图，调节该平面的边的位置，效果如图 8.75 所示。

步骤 03：继续创建平面，对创建的平面进行调节，调节之后的效果如图 8.76 所示。

步骤 04：创建圆柱体，对其进行挤出和调节，效果如图 8.77 所示。

步骤 05：继续创建圆柱体，对其进行挤出和调节，效果如图 8.78 所示。

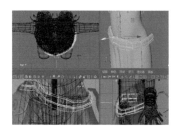

图 8.74　调节顶点位置和　　　图 8.75　调节边位置之后的　　　图 8.76　调节之后的
　　　　挤出之后的平面效果　　　　　　　　　平面效果　　　　　　　　　　　平面效果

2. 制作游戏角色背面的裙子模型

游戏角色背面的裙子模型的制作通过创建平面，对创建的平面进行调节和挤出来完成。

步骤 01：创建平面，调节该平面的边和顶点，使用【挤出】命令对调节之后的平面进行挤出，效果如图 8.79 所示。

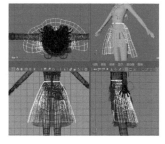

图 8.77　步骤 04 创建的　　　图 8.78　步骤 05 创建的　　　图 8.79　调节和挤出
　　　　圆柱体效果　　　　　　　　　　圆柱体效果　　　　　　　　　之后的效果

步骤 02：继续创建平面，先对其进行调节，再进行挤出和复制，效果如图 8.80 所示。

步骤 03：继续创建平面，对其进行调节和挤出，效果如图 8.81 所示。

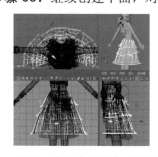

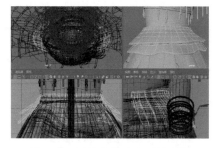

图 8.80　调节、挤出和复制之后的平面效果　　　　图 8.81　调节和挤出之后的效果

视频播放：关于具体介绍，请观看配套视频“任务三：制作游戏角色的裙子模型.wmv”。

任务四：制作游戏角色的挎包（含装饰品）和腰带模型

游戏角色挎包和腰带模型的制作通过创建基本几何体，根据参考图对创建的基本几何

体进行挤出和调节来完成。

1. 制作挎包模型

步骤 01：创建 1 个立方体，根据参考图，对选择的平面进行挤出和调节，效果如图 8.82 所示。

步骤 02：使用【插入循环边】命令，给模型插入循环边，调节其顶点的位置，效果如图 8.83 所示。

步骤 03：选择需要挤出的面，使用【挤出】命令对选择的面进行挤出和调节，效果如图 8.84 所示。

步骤 04：创建 1 个圆环，删除多余的部分，再调节剩余圆环的顶点位置，效果如图 8.85 所示。

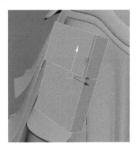 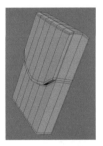  

图 8.82 挤出和调节 之后的立方体效果 　 图 8.83 插入循环 边和顶点位置 调节之后的效果 　 图 8.84 挤出的 面效果 　 图 8.85 顶点位置调节 之后的圆环效果

2. 制作腰带模型

步骤 01：创建 1 个圆柱体，删除该圆柱体的底面和顶面。然后根据参考图调节其顶点位置。调节之后的圆柱体效果如图 8.86 所示。

步骤 02：选择调节好的模型，使用【挤出】命令对模型进行挤出，效果如图 8.87 所示。

 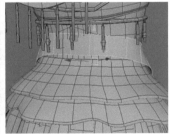 

图 8.86 调节之后的圆柱体效果 　 图 8.87 挤出之后的效果

步骤 03：使用【插入循环边】命令，给模型插入循环边，调节其顶点的位置，效果如图 8.88 所示。

步骤 04：根据参考图选择需要挤出的面，使用【挤出】命令对选择的面进行挤出和调

节，效果如图 8.89 所示。

步骤 05：使用【插入循环边】命令，给腰带插入循环边，调节其顶点位置，效果如图 8.90 所示。

图 8.88　插入循环边和顶点位置 　　图 8.89　挤出和调节 　　图 8.90　插入循环边和顶点
　　　调节之后的效果 　　　　　　之后的效果 　　　位置调节之后的腰带效果

步骤 06：创建圆柱体，根据参考图选择需要挤出的面进行挤出，以此制作装饰吊坠模型，效果如图 8.91 所示。

步骤 07：创建 1 个立方体，对其进行挤出和调节，调节出腰带上的纽扣模型，效果如图 8.92 所示。

3. 制作挎包上的装饰品模型

步骤 01：创建 1 个立方体，对其顶点进行调节，调节之后的立方体效果如图 8.93 所示。

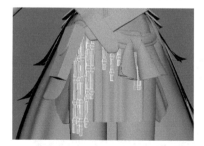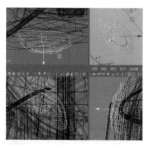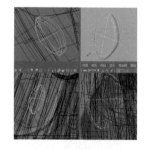

图 8.91　吊坠模型效果 　　　图 8.92　腰带上的纽扣 　　　图 8.93　调节之后的
　　　　　　　　　　　　　　　　模型效果 　　　　　　　立方体效果

步骤 02：创建 1 个圆环，删除其中多余的面，调节其位置。圆环效果如图 8.94 所示。

步骤 03：创建 1 个圆柱体，根据参考图对该圆柱体进行挤出和调节，效果如图 8.95 所示。

步骤 04：把挤出和调节之后的圆柱体复制 1 份，再把复制的圆柱体与上一步骤编辑之后的圆柱体结合为 1 个对象。选择需要桥接的边，使用【桥接】命令对结合之后的对象进行桥接和调节，效果如图 8.96 所示。

步骤 05：选择需要倒角的边，使用【倒角】命令对选择的边进行倒角处理，效果如图 8.97 所示。

图 8.94　圆环效果

图 8.95　挤出和调节之后的圆柱体效果

图 8.96　桥接和调节之后的效果

图 8.97　倒角处理之后的效果

视频播放：关于具体介绍，请观看配套视频"任务四：制作游戏角色的挎包（含装饰品）和腰带模型.wmv"。

任务五：微调游戏角色的服饰模型

根据参考图，对初步制作好的游戏角色模型进行微调。具体如下：进入模型的顶点编辑模式，调节模型顶点的位置，使用雕刻工具命令组中的相关雕刻命令进行平滑、松弛处理。微调之后的效果如图 8.98 所示。

图 8.98　微调之后的效果

视频播放：关于具体介绍，请观看配套视频"任务五：微调游戏角色的服饰模型.wmv"。

七、拓展训练

根据所学知识制作以下游戏角色的服饰模型。

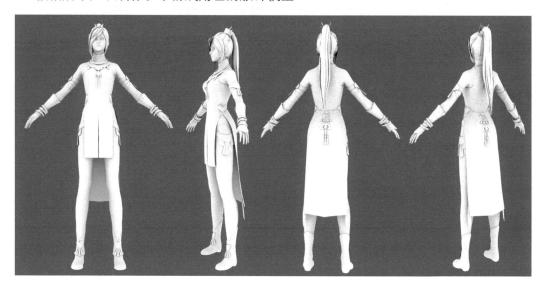

第 9 章　制作卡通角色模型——莱德

案例 1　制作卡通角色的头部模型
案例 2　制作卡通角色的身体和服饰模型

　　本章主要通过 2 个案例，介绍如何使用 Maya 2023 中的 Polygon（多边形）建模技术制作卡通角色模型。

　　一般情况下需要 12 课时，其中理论学习占 4 课时，实际操作占 8 课时（特殊情况下可做相应调整）。

本章主要以动画片《汪汪队立大功》中的男主角莱德为例，介绍卡通角色模型的制作流程、方法、技巧和注意事项。建议读者在学习本章之前了解该动画片的基本概况，了解该角色的背景、性格和主要职业等，这样有助于角色造型。

案例 1 制作卡通角色的头部模型

一、案例内容简介

本案例主要介绍《汪汪队立大功》动画中的男主角莱德头部模型的制作原理、方法和技巧。

二、案例效果欣赏

三、案例制作流程（步骤）

任务六：制作莱德的头发模型

任务五：制作莱德的五官模型

任务四：制作莱德的头部模型

案例1
制作卡通角色
的头部模型

任务一：《汪汪队立大功》动画片简介

任务二：制作卡通角色模型前的准备工作

任务三：制作卡通角色模型的基本流程

四、制作目的

（1）了解卡通角色的概念和设计原理。

（2）掌握卡通角色头部模型的制作方法和技巧。

五、制作过程中需要解决的问题

（1）参考图的收集方法和途径。

（2）参考图的分析和有效元素的提取。

（3）卡通动画角色模型的布线原理和规律。

六、详细操作步骤

任务一：《汪汪队立大功》动画片简介

该动画片讲述 1 个精通科技的 10 岁男孩莱德在拯救了几只小狗后，把它们训练成本领高强的狗狗巡逻队。每只小狗的性格都很鲜明，也各有特长。例如，毛毛（斑点狗 Marshall）擅长火中急救，小砾（斗牛犬 Rubble）精通工程机械，阿奇（牧羊犬 Chase）是个超级特工，灰灰（混血犬 Rocky）是个维修能手，路马（拉布拉多犬 Zuma）最熟悉水中救援，天天（可卡颇犬 Skye）掌握各种航空技术。这些汪汪队员拥有这么多解决问题的能力，再加上莱德（Ryder）提供的装备，不管遇到多么困难和危险的救援任务，他们总是忘不了嬉闹一番，营造轻松的气氛。每次，幽默乐观的汪汪队总能顺利完成任务。

下面介绍《汪汪队立大功》的 10 个角色

1. 莱德

莱德是汪汪队的队长，其责任是给队员分配任务，主要装备有飞行装备、救生衣、沙滩车、雪地摩托车、滑板、水上车辆。图 9.1 所示为莱德。

2. 毛毛

毛毛是汪汪队的消防员、急救员，主题色是红色。它热情、毛手毛脚，例如，乘电梯时经常撞翻其他汪汪队员；有些自卑，在集合时常引发队员们哄笑；对臭鼬气味过敏，害怕飞行。图 9.2 所示为毛毛。

3. 小砾

小砾充当工程师，爱好建筑，主题色是黄色。它可爱、积极、善良，喜欢吃腊肠、堆沙堡（它堆的沙堡很棒）、挖洞洞、滑雪和洗热水澡，害怕蜘蛛和鬼。图 9.3 所示为小砾。

图 9.1　莱德　　　　　　　图 9.2　毛毛　　　　　　　图 9.3　小砾

4. 阿奇

阿奇充当警察，主题色为深蓝色。它嗅觉灵敏，能追踪任何物体；对猫毛、羽毛和灰尘过敏。它经常使用扩音器警告市民们避免遇到麻烦，也会指挥交通。它还使用网阻止物体坠落或防止人们坠落，它有能力与猫头鹰和海狸等动物交流，它的超能力是闪电式奔跑。图 9.4 所示为阿奇。

5. 灰灰

灰灰的主要工作是使用回收物品修复破坏的物体，变废为宝。它使用的日常救援装备有绿色修理背包、飞行背包、救生衣、卡车和拖船。

灰灰的主题色是灰色，爪子是白色的，尾巴尖端是白色的，脸上的毛有一块是白色的，左眼周围有 1 个深灰色的圆圈，背部有 2 个灰色圆圈。它有 1 个黑色的鼻子和一对棕色的眼睛。它的右耳松弛，左耳有个缺口。它头上有一簇小而尖的毛。图 9.5 所示为灰灰。

6. 路马

路马是汪汪队的水上救生员、潜水员，主要工作是从水下紧急情况中拯救海洋动物。由于不经常需要它的服务，因此它是汪汪队中任务最少的成员，它的超能力是脚掌可以发射水柱。图 9.6 所示为路马。

图 9.4   阿奇

图 9.5   灰灰

图 9.6   路马

7. 天天

天天是汪汪队的飞行员，它的爱好是飞行和玩跳舞机，常用的装备是粉色普通飞行背包、超音波飞行背包、护目镜、飞行用头盔、直升机、三轮车、水上飞机、滑翔伞、飞天摩托车，害怕老鹰，喜欢阿奇。图 9.7 所示为天天。

8. 珠珠

珠珠是汪汪队的雪山巡逻员，图 9.8 所示为珠珠。

9. 塔可

塔可是一只金毛寻回犬，出现在《威力狗》系列中，拥有缩小身体的超能力，心地善良，乐于助人，很有礼貌，总是对别人用礼貌用语，与双胞胎妹妹艾拉生活在一起，和艾拉性格很相似，很有默契。图 9.9 所示为塔可。

图 9.7　天天　　　　　　　图 9.8　珠珠　　　　　　　图 9.9　塔可

10. 小克

　　小克是一只吉娃娃，耳朵较大，在加入汪汪队前脖子上围着红脖巾，身着深绿色服装，狗牌标志是"指南针"，象征着它的身份。它的大耳朵能听见来自很远的声音，它能使用钢索在丛林间飞跃，还会使用野外生存工具，会吹笛子。

　　小克还是丛林探险家，拥有野外生存装备，利用它的特长和汪汪队的其他成员一起执行任务。小克虽然怕黑暗，但它的责任心帮助它克服了内心的恐惧。图 9.10 所示为小克。

　　了解了《汪汪队立大功》的主要角色后，还需要收集莱德的参考图，如图 9.11 所示。

图 9.10　小克　　　　　　　　　　　图 9.11　莱德的参考图

　　提示：有关莱德的更多参考图请参看本书配套素材。

　　视频播放：关于具体介绍，请观看配套视频"任务一：《汪汪队立大功》动画片简介.wmv"。

任务二：制作卡通角色模型前的准备工作

在制作卡通角色模型前，要求读者了解如下几个问题。

（1）对该卡通角色进行详细的了解，如背景、性格、能力和职业等。

（2）了解该卡通角色的应用领域。

（3）了解该卡通角色模型的制作要求。

（4）了解该卡通角色在造型方面的要求。

1. 卡通角色的作用和意义

不可否认，1 个塑造成功的卡通角色会给人们带来精神和文化上的享受，推动经济的

发展。近年来，各类卡通角色的应用领域不断地扩展，有些深受人们喜欢的卡通角色还成为各种品牌形象。图 9.12 所示为各种有名的卡通角色。

图 9.12　各种有名的卡通角色

2. 卡通角色模型的制作要求

卡通角色主要有如下几个特点。
（1）形象夸张甚至变形。
（2）色彩比较鲜艳。
（3）机智幽默。
（4）视听呈现方式具体。
（5）具有想象力和创造性。
设计卡通角色造型时，需要注意以下事项。
（1）考虑卡通角色的整体性，即所塑造的角色形象是否符合剧本的要求。
（2）该卡通角色要有独特风格。

3. 了解卡通角色造型风格、模型比例和结构

1）卡通角色的造型风格
动画角色的造型风格主要有写实风格、夸张风格、卡通风格、漫画风格和装饰风格等，不同风格的角色具有不同的特点。例如，写实风格的角色形象比较接近它所代表的真实形象；夸张风格的角色形象比较夸张，变形程度比较大；卡通风格的角色富有想象力；漫画风格的角色比较幽默风趣；装饰风格的角色的形式感比较强。
大致了解所要制作的卡通角色造型风格后，可以着手收集相关参考图了。
2）卡通角色模型的比例和结构
卡通角色模型的比例一般以头长作为衡量标准，即身体的长度由几个头长组成。身体的结构可以借助几何图形分解或组合。掌握造型的基本形象特征，如高、矮、胖、瘦。掌握形象构成的特点，如正三角形、倒三角形、头与身体的大小比例等。
头部和脸形是造型重点，尤其需要重点研究卡通角色五官的特点与比例，因为它们体现卡通角色的思想、表情、神韵。

此外，卡通角色手的动作设计也非常重要，因为肢体语言主要通过手的动作来体现，所以不能忽视手的结构和形态。在制作模型过程中需要注意以下 3 点。

（1）手与腕的关系。

（2）手掌与手指的关系。

（3）拇指、小指和虎口的轮廓线。

卡通角色的脚动作也很重要，因此，在制作模型过程中需要注意以下 3 点。

（1）脚与踝的关系。

（2）脚掌的内、外侧边线。

（3）脚掌与脚趾的弯曲关系。

4. 卡通角色的造型步骤

卡通角色的造型步骤如下。

（1）几何图形的组合。任何物体的形态都可以分解成相似的几何图形，这些几何图形构成了物体形态的基本骨架。在制作卡通角色模型时，需要从大处着眼，把物体形态加以划分，从而制作出它的基本形态。

（2）夸张变形。所谓夸张变形是指在了解物体形态结构的基础上进行夸张变形，但不是随意扩大和缩小，而是根据内在骨骼结构、肌肉和毛发的走向变化，进行有规律的夸张变形。

视频播放：关于具体介绍，请观看配套视频"任务二：制作卡通角色模型前的准备工作.wmv"。

任务三：制作卡通角色模型的基本流程

制作卡通角色模型的基本流程如下。

（1）根据项目要求，设计卡通角色造型。

（2）分析卡通角色造型风格，制作角色的身体模型。

（3）在身体模型的基础上制作服饰模型。

（4）根据项目要求，对卡通角色模型分布 UV 和制作相关材质效果。

（5）对卡通角色进行绑定和动画调节。

（6）渲染输出和后期剪辑合成。

视频播放：关于具体介绍，请观看配套视频"任务三：制作卡通角色模型的基本流程.wmv"。

任务四：制作莱德的头部模型

莱德的头部模型的制作方法如下：根据参考图以立方体为基础模型，使用【平滑】命令，对立方体进行平滑处理和顶点调节。

步骤 01：收集参考图。本案例的主要参考图如图 9.13 所示。

步骤 02：创建 1 个立方体，该立方体的具体参数设置如图 9.14 所示。

图 9.13　莱德的参考图　　　　　　　　　图 9.14　立方体的具体参数设置

步骤 03：使用【平滑】命令，对创建的立方体进行平滑处理，把平滑的分段数设为 2。对平滑之后的模型进行顶点调节，效果如图 9.15 所示。

步骤 04：选择需要挤出的面，选择的面如图 9.16 所示。

步骤 05：使用【挤出】命令，对选择的面进行挤出和缩放，效果如图 9.17 所示。

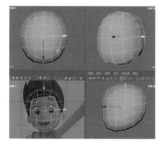

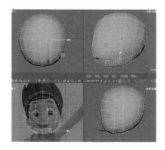

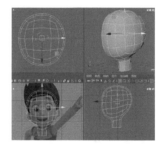

图 9.15　平滑处理和顶点　　　图 9.16　选择需要挤出的面　　　图 9.17　挤出和缩放之后的效果
　　　　　调节之后的效果

视频播放：关于具体介绍，请观看配套视频"任务四：制作莱德的头部模型.wmv"。

任务五：制作莱德的五官模型

1. 制作莱德的眼睛模型

步骤 01：使用【插入循环边】命令，给头部模型插入循环边，划分出眼睛和鼻子的区域。插入循环边之后的效果如图 9.18 所示。

步骤 02：选择需要进行切角处理的顶点，在菜单栏中单击【编辑网格】→【切角顶点】命令，对选择的顶点进行切角处理。切角处理之后的效果如图 9.19 所示。

步骤 03：使用【多切割】命令，对模型进行分割，再根据参考图调节顶点的位置。分割和调节之后的效果如图 9.20 所示。

步骤 04：选择需要挤出的面，使用【挤出】命令对选择的面进行挤出和调节，效果如图 9.21 所示。

步骤 05：创建 2 个球体，对它们进行缩放和位置调节，以制作眼睛模型，效果如图 9.22 所示。

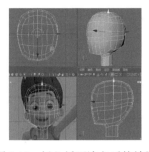

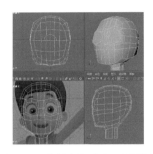

图 9.18　插入循环边之后的效果　　图 9.19　切角处理之后的效果　　图 9.20　分割和调节之后的效果

2. 制作莱德的鼻子模型

步骤 01：选择需要挤出鼻子的面，如图 9.23 所示。

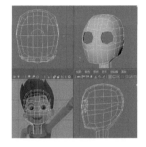

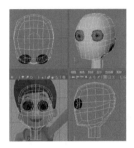

图 9.21　挤出和调节之后的效果　　图 9.22　眼睛效果　　图 9.23　选择需要挤出鼻子的面

步骤 02：使用【挤出】命令，对选择的面进行挤出和调节，效果如图 9.24 所示。

3. 制作莱德的嘴巴模型

步骤 01：使用【插入循环边】命令，给模型插入循环边并进行调节，效果如图 9.25 所示。

步骤 02：使用【多切割】命令，对模型进行分割，分割之后的效果如图 9.26 所示。

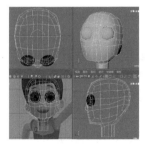
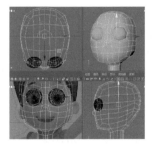
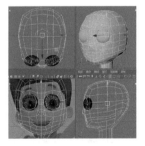

图 9.24　挤出和调节之后的效果　　图 9.25　插入循环边和调节之后的效果　　图 9.26　分割之后的效果

步骤 03：选择需要挤出的面，使用【挤出】命令进行挤出和调节。挤出和调节之后的嘴巴效果如图 9.27 所示。

步骤 04：创建 1 个立方体，对其进行调节，调节出牙齿的效果。调节之后的牙齿效果如图 9.28 所示。

4. 制作莱德的耳朵模型

莱德的耳朵模型制作方法与其鼻子的制作方法 样，即对选择的面进行挤出和调节。

步骤 01：使用【插入循环边】命令，给模型插入循环边，划分出耳朵的位置。插入循环边之后的效果如图 9.29 所示。

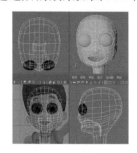　　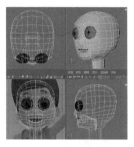

图 9.27　挤出和调节 　　　　图 9.28　调节之后的 　　　　图 9.29　插入循环边
之后的嘴巴效果 　　　　　　　牙齿效果 　　　　　　　　之后的效果

步骤 02：选择需要挤出耳朵的面，如图 9.30 所示。

步骤 03：使用【挤出】命令，根据参考图进行挤出和调节，调节出耳朵的效果。挤出和调节之后的耳朵效果如图 9.31 所示。

步骤 04：使用【多切割】命令，对耳朵位置重新布线。重新布线之后的耳朵效果如图 9.32 所示。

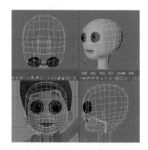　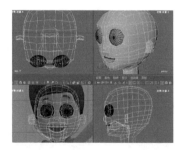　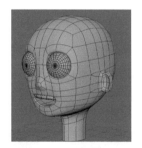

图 9.30　选择需要挤出 　　　　图 9.31　挤出和调节之后的 　　　　图 9.32　重新布线之后的
耳朵的面 　　　　　　　　　　耳朵效果 　　　　　　　　　　耳朵效果

视频播放：关于具体介绍，请观看配套视频"任务五：制作莱德的五官模型.wmv"。

任务六：制作莱德的头发模型

莱德头发模型的制作通过创建球体，根据参考图调节该球体的顶点来完成。

步骤 01：在顶视图中创建 1 个球体，其参数设置如图 9.33 所示。

步骤 02：删除球体的下半部，根据参考图对剩下的球体进行缩放和顶点调节，效果如图 9.34 所示。

步骤 03：复制经过上一步骤编辑的球体，根据参考图对复制的球体进行移动、缩放和顶点调节，效果如图 9.35 所示。

图 9.33　球体的参数设置

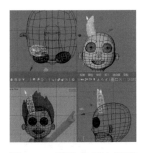

图 9.34　缩放和顶点调节之后的效果

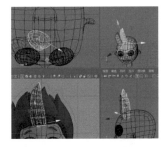

图 9.35　移动、缩放和顶点调节之后的效果

步骤 04：方法同"步骤 03"，继续复制调节之后的模型，根据参考图进行移动、缩放和顶点调节。制作好的莱德头发模型如图 9.36 所示。

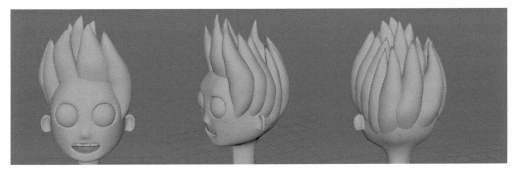

图 9.36　制作好的莱德头发模型

视频播放：关于具体介绍，请观看配套视频"任务六：制作莱德的头发模型.wmv"。

七、拓展训练

根据所学知识制作以下卡通角色的头部模型。

案例2　制作卡通角色的身体和服饰模型

一、案例内容简介

本案例主要介绍《汪汪队立大功》动画片中的男主角莱德的身体和服饰模型的制作原理、方法和技巧。

二、案例效果欣赏

三、案例制作流程（步骤）

任务六：制作莱德的裤子模型

任务五：制作莱德的鞋子模型

任务四：制作莱德的外套模型

案例2
制作卡通角色的身体和服饰模型

任务一：制作莱德的身体模型大形

任务二：制作莱德的手部模型

任务三：制作莱德的内衣模型

四、制作目的

（1）掌握卡通角色身体和服饰模型的制作方法和技巧。

（2）掌握卡通角色手部模型的结构特征。

（3）掌握卡通角色手部模型的制作原理、方法和技巧。

五、制作过程中需要解决的问题

（1）参考图的收集方法和途径。

（2）参考图的分析和有效元素的提取。

（3）卡通角色身体和服饰模型的布线原理和规律。

（4）卡通角色手部模型的结构和布线规律。

（5）卡通角色的手部模型与写实角色手部模型的异同点。

六、详细操作步骤

任务一：制作莱德的身体模型大形

1. 制作莱德的上身模型大形

步骤 01：在顶视图中创建 1 个圆柱体，其具体参数设置如图 9.37 所示。

步骤 02：删除圆柱体的顶面和底面，根据参考图，对创建的模型进行缩放和顶点调节，效果如图 9.38 所示。

步骤 03：使用【插入循环边】命令，给模型插入循环边，对插入循环边之后的模型进行调节，效果如图 9.39 所示。

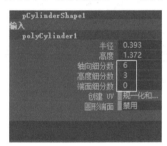 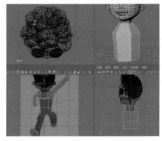 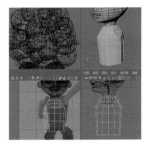

图 9.37　圆柱体的 具体参数设置 　　　图 9.38　缩放和顶点调节 之后的效果 　　　图 9.39　插入循环边和调节 之后的效果

步骤 04：选择需要挤出的面，使用【挤出】命令，对选择的面进行挤出和调节，效果如图 9.40 所示。

步骤 05：删除模型的一半，沿 X 轴把剩下的一半模型镜像复制 1 份，效果如图 9.41 所示。

步骤 06：使用【插入循环边】命令，在模型前后插入 1 条循环边。选择需要桥接的边，使用【桥接】命令，把选择的边进行桥接。插入循环边和桥接之后的效果如图 9.42 所示。

2. 制作莱德的下身模型大形

步骤 01：选择需要挤出的边界边，如图 9.43 所示。

步骤 02：使用【挤出】命令，对选择的边界边进行挤出和调节，效果如图 9.44 所示。

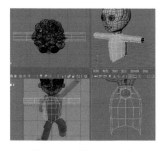

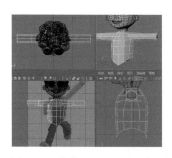

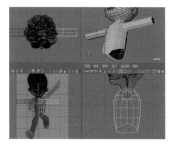

图 9.40　挤出和调节　　　　图 9.41　镜像复制之后的效果　　　　图 9.42　插入循环边和桥接
　　　　之后的效果　　　　　　　　　　　　　　　　　　　　　　　　　　之后的效果

步骤 03：使用【插入循环边】命令给下身模型插入循环边，效果如图 9.45 所示。

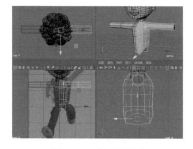

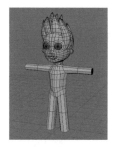

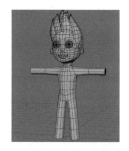

图 9.43　选择需要　　　　　图 9.44　挤出和调节　　　　图 9.45　插入循环边
　挤出的边界边　　　　　　　　之后的效果　　　　　　　　之后的效果

视频播放：关于具体介绍，请观看配套视频"任务一：制作莱德的身体模型大形.wmv"。

任务二：制作莱德的手部模型

莱德的手部模型的制作方法如下：创建立方体，调节该立方体的顶点；插入循环边和调节顶点位置，调节出手掌的模型大形；使用【挤出】命令，挤出手指模型。

步骤 01：创建 1 个立方体，调节该立方体顶点的位置，效果如图 9.46 所示。

步骤 02：选择边，使用【倒角】命令对选择的边进行倒角和调节，效果如图 9.47 所示。

步骤 03：选择需要挤出手指的面，使用【挤出】命令，对选择的面进行挤出和调节，效果如图 9.48 所示。

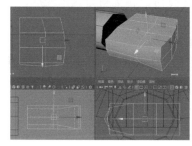

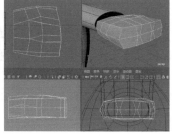

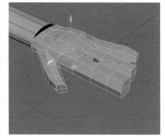

图 9.46　调节顶点位置　　　　图 9.47　倒角和调节　　　　图 9.48　挤出和调节
　之后的立方体效果　　　　　　　之后的效果　　　　　　　　之后的效果

步骤 04：使用【插入循环边】和【多切割】命令对手部重新布线，效果如图 9.49 所示。

步骤 05：选择手部模型和身体的一半模型，使用【结合】命令把身体的一半模型与手部模型结合为 1 个模型，效果如图 9.50 所示。

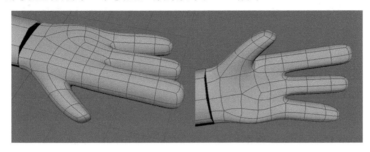
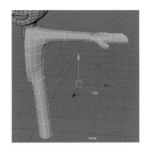

图 9.49　重新布线之后的手部效果　　　　　　图 9.50　结合之后的效果

步骤 06：先使用【目标焊接】命令，把手部与手腕处的顶点焊接，再使用【插入循环边】和【多切割】命令对焊接之后的模型进行布线，效果如图 9.51 所示。

步骤 07：把焊接和布线之后的一半身体模型镜像复制 1 份，选择复制的模型和原模型，使用【结合】命令把选择的所有模型结合为 1 个模型，再使用【合并】命令把结合处的顶点合并。结合和合并之后的模型效果如图 9.52 所示。

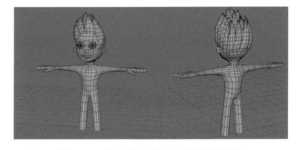

图 9.51　焊接和布线之后的效果　　　　　　图 9.52　结合和合并之后的模型效果

视频播放：关于具体介绍，请观看配套视频"任务二：制作莱德的手部模型.wmv"。

任务三：制作莱德的内衣模型

莱德的内衣模型的制作通过选择身体模型的面，对其进行挤出和重新布线来完成。

步骤 01：选择需要挤出的面，如图 9.53 所示。

步骤 02：使用【挤出】命令对选择的面进行挤出和调节，效果如图 9.54 所示。

步骤 03：先使用【插入循环边】命令给模型插入循环边；再使用【多切割】命令给模型添加边，对模型重新布线，效果如图 9.55 所示。

视频播放：关于具体介绍，请观看配套视频"任务三：制作莱德的内衣模型.wmv"。

任务四：制作莱德的外套模型

莱德的外套模型的制作通过创建圆柱体，对其进行挤出和编辑来完成。

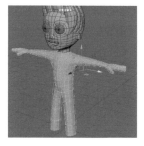

图 9.53　选择需要
挤出的面

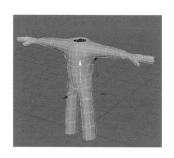

图 9.54　挤出和调节
之后的效果

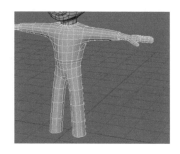

图 9.55　插入循环边和重新
布线之后的效果

步骤 01：在顶视图中创建 1 个圆柱体，把它的"轴向细分数"值设为 12，对创建的圆柱体进行缩放和调节，效果如图 9.56 所示。

步骤 02：使用【插入循环边】命令，给模型插入循环边。对插入的循环边进行调节，调节之后的效果如图 9.57 所示。

步骤 03：选择需要挤出衣袖的面，使用【挤出】命令对选择的面进行挤出并删除多余的面，效果如图 9.58 所示。

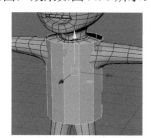

图 9.56　缩放和调节
之后的效果

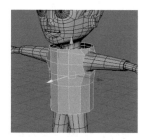

图 9.57　调节之后的
效果

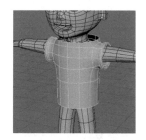

图 9.58　挤出和删除多余的
面之后的效果

步骤 04：使用【多切割】命令，根据外套的参考图，对模型重新布线并删除多余的面，效果如图 9.59 所示。

步骤 05：根据参考图对外套进行挤出和调节，效果如图 9.60 所示。

步骤 06：使用【插入循环边】命令在衣领处插入循环边，以固定衣领的结构。然后，删除看不到的面。插入循环边和删除面之后的效果如图 9.61 所示。

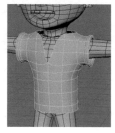

图 9.59　重新布线和删除
多余的面之后的效果

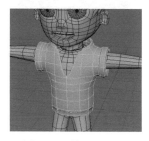

图 9.60　挤出和调节
之后的效果

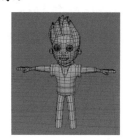

图 9.61　插入循环边和删除面
之后的效果

步骤 07：制作外套的衣兜。创建平面，使用【挤出】命令对创建的平面进行挤出。然后，根据参考图调节外套的衣兜效果。挤出和调节之后的衣兜效果如图 9.62 所示。

步骤 08：制作外套的 LOGO。创建平面并删除多余的面，进行挤出即可。制作好的 LOGO 效果如图 9.63 所示。

视频播放：关于具体介绍，请观看配套视频"任务四：制作莱德的外套模型.wmv"。

任务五：制作莱德的鞋子模型

莱德鞋子模型的制作通过创建和调节立方体，对其插入循环边，进行挤出和调节来完成。

步骤 01：在顶视图中创建 1 个立方体，根据参考图对创建的立方体进行调节，效果如图 9.64 所示。

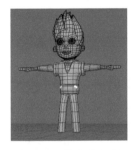 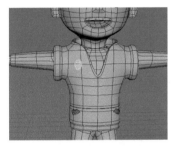 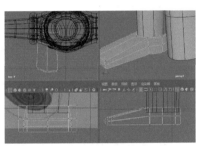

图 9.62　挤出和调节之后的衣兜效果　　图 9.63　制作好的 LOGO 效果　　图 9.64　创建和调节之后的立方体效果

步骤 02：选择需要挤出的面，使用【挤出】命令对选择的面进行挤出和调节，效果如图 9.65 所示。

步骤 03：使用【插入循环边】命令，给模型插入循环边并根据参考图调节其顶点的位置，效果如图 9.66 所示。

步骤 04：使用【多切割】命令，根据参考图对模型进行分割，效果如图 9.67 所示。

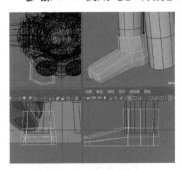 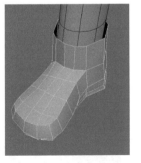 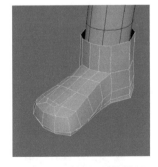

图 9.65　步骤 02 挤出和调节之后的效果　　图 9.66　插入循环边和顶点位置调节之后的效果　　图 9.67　切割之后的效果

步骤 05：选择需要挤出的面，使用【挤出】命令对选择的面进行挤出和调节，效果如图 9.68 所示。

步骤 06：根据参考图，使用【四边形绘制】命令绘制图形，如图 9.69 所示。

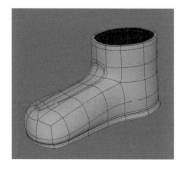

图 9.68　步骤 05 挤出和调节
之后的效果

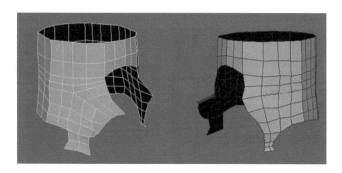

图 9.69　绘制的图形

步骤 08：使用【挤出】命令，对绘制的图形进行挤出和调节，效果如图 9.70 所示。

步骤 09：使用【插入循环边】命令，给模型插入循环边，以固定所挤出的模型的结构，删除模型内侧看不到的边，效果如图 9.71 所示。

步骤 10：把鞋子的 2 个模型结合为 1 个模型，再把最终的鞋子模型沿 X 轴镜像复制 1 份并调节好它们的位置，效果如图 9.72 所示。

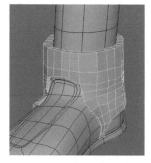

图 9.70　步骤 08 挤出和调节
之后的效果

图 9.71　插入循环边和删除
多余的边之后的效果

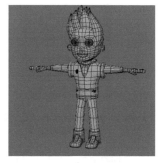

图 9.72　镜像复制和位置
调节之后的效果

视频播放：关于具体介绍，请观看配套视频"任务五：制作莱德的鞋子模型.wmv"。

任务六：制作莱德的裤子模型

莱德裤子模型的制作通过选择身体模型，对其进行提取、挤出和调节来完成。

步骤 01：选择需要提取的面，如图 9.73 所示。

步骤 02：在菜单栏中单击【编辑网格】→【提取】命令，把选择的面与模型分离。提取面之后的效果如图 9.74 所示。

步骤 03：再次选择需要提取的面，使用【挤出】命令，对提取的面进行挤出和调节，效果如图 9.75 所示。

步骤 04：制作裤兜。创建 1 个立方体，使用【插入循环边】命令，给创建的立方体插入循环边，效果如图 9.76 所示。

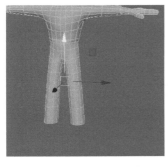

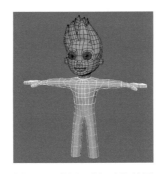

图 9.73　选择需要提取的面　　　图 9.74　提取面之后的效果　　　图 9.75　挤出和调节之后的效果

步骤 05：选择需要挤出的面，使用【挤出】命令，对其进行挤出和调节，效果如图 9.77 所示。

步骤 06：使用【插入循环边】命令，给裤兜模型插入循环边，效果如图 9.78 所示。

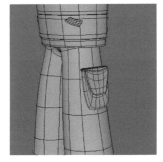

图 9.76　插入循环边之后的　　　图 9.77　挤出和调节　　　图 9.78　插入循环边
　　　　　立方体效果　　　　　　　　之后的效果　　　　　　　之后的裤兜效果

步骤 07：把制作好的裤兜模型镜像复制 1 份并调节好它们的位置，效果如图 9.79 所示。

步骤 08：使用【插入循环边】命令，在手臂的位置插入循环边，以便调节手臂姿势。插入循环边之后的效果如图 9.80 所示。

步骤 09：调节卡通角色的手臂姿势，调节之后的姿势如图 9.81 所示。

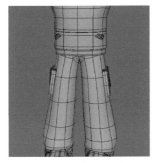

图 9.79　镜像复制和位置调节　　　图 9.80　插入循环边　　　图 9.81　调节之后的
　　　　　之后的效果　　　　　　　　之后的手臂效果　　　　　　　手臂姿势

视频播放：关于具体介绍，请观看配套视频"任务六：制作莱德的裤子模型.wmv"。

七、拓展训练

根据所学知识制作以下卡通角色的身体、裤子和鞋子模型。

参 考 文 献

[1] 火星时代. Maya 2011 大风暴[M]. 北京：人民邮电出版社，2011.

[2] 于泽：Maya 贵族 Polygon 的艺术[M]. 北京：北京大学出版社，2010.

[3] 张凡，刘若海. Maya 游戏角色设计[M]. 北京：中国铁道出版社，2010.

[4] 胡铮. 三维动画模型设计与制作[M]. 北京：机械工业出版社，2010.

[5] 张晗. Maya 角色建模与渲染完全攻略[M]. 北京：清华大学出版社，2009.

[6] 孙宇，李左彬. Maya 建模实战技法[M]. 北京：中国铁道出版社，2011.

[7] 环球数码（IDMT）. 动画传奇——Maya 模型制作[M]. 北京：清华大学出版社，2011.

[8] 刘畅. Maya 建模与渲染[M]. 北京：京华出版社，2011.

[9] 刘畅. Maya 动画与特效[M]. 北京：京华出版社，2011.

[10] 许广彤，祁跃辉. 游戏角色设计与制作[M]. 北京：人民邮电出版社，2010.

[11] 伍福军，张巧玲. Maya 2017 三维动画建模案例教程[M]. 北京：电子工业出版社，2017.

[12] 伍福军，张巧玲，张祝强. Maya 2011 三维动画基础案例教程[M]. 北京：北京大学出版社，2012.

[13] 伍福军，张巧玲. Maya 2019 三维动画基础案例教程[M]. 北京：电子工业出版社，2020.